기본부터 실력까지 한 권에 다 담은 유형서

동영상 강의 제공

모든 유형을 다 담은 해결의 법칙

BOOK 1

기본

수학

5·1

천재교육

언제나 만점이고 싶은 친구들 ────────

Welcome!

공부하기 싫어, 놀고 싶어!
공부는 지겹고, 어려워!
그 마음 잘 알아요.
그럼에도 꾸준히 공부하고 있는 여러분은
정말 대단하고, 칭찬받아 마땅해요.

여러분, 정말 미안해요.
공부를 지겹고 어려운 것으로 느끼게 해서요.

그래서 열심히 연구했어요.
공부하는 시간이 기다려지는 책을 만들려고요.
당장은 어려운 문제를 풀지 못해도 괜찮아요.
지금 여러분에겐 공부가 즐거워지는 것이 가장 중요하니까요.

이제 우리와 함께 재미있는 공부의 세계로 떠나볼까요?

#AII 유형
#유형별완벽학습

유형
해결의 법칙

Chunjae
Makes
Chunjae

▼

[유형 해결의 법칙] 초등 수학 5-1

기획총괄   김안나
편집개발   이근우, 서진호, 김현주, 김정민
디자인총괄   김희정
표지디자인   윤순미
내지디자인   박희춘, 이혜미
제작   황성진, 조규영

발행일   2022년 9월 15일 개정초판 2023년 9월 1일 2쇄
발행인   (주)천재교육
주소   서울시 금천구 가산로9길 54
신고번호   제2001-000018호
고객센터   1577-0902

유형 해결의 법칙 BOOK 1 QR 활용 안내

오답 노트

틀린 문제 저장! 출력!

학습을 마칠 때에는 **오답노트**에 어떤 문제를 틀렸는지 표시해.
나중에 틀린 문제만 모아서 다시 풀면 **실력도 쑥쑥** 늘겠지?

① 오답노트 앱을 설치 후 로그인
② 책 표지의 QR 코드를 스캔하여 내 교재 등록
③ 오답 노트를 작성할 교재 아래에 있는 ③⁴ 를 터치하여 문항 번호를 선택하기

틀린 문제는 모르는 채 넘어 가지 말자구!

문제 생성기

추가적인 문제는 QR을 찍으면 더 풀 수 있습니다.

기초 문제
QR 코드를 찍어 보세요.
새로운 문제를 계속 풀 수 있어요.

문제 생성기	
1. 덧셈과 뺄셈	
덧셈과 뺄셈-1	학습하기 인쇄
덧셈과 뺄셈-2	학습하기 인쇄

자세한 개념 동영상

단원별로 필요한 기본 개념은 QR을 찍어 동영상으로 자세하게 학습할 수 있습니다.

문제 풀이 동영상

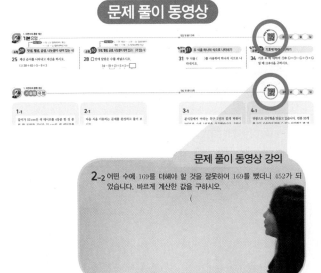

문제 풀이 동영상 강의

2-2 어떤 수에 169를 더해야 할 것을 잘못하여 169를 뺐더니 452가 되었습니다. 바르게 계산한 값을 구하시오.

(   )

구성과 특징

Book 1 기본 난이도 하와 중의 문제로 구성하였습니다.

1단계 핵심 개념 + 기초 문제

단원별로 꼭 필요한 핵심 개념만 모았습니다. 필요한 기본 개념은 QR을 찍어 동영상으로 학습할 수 있습니다.
단원별 기초 문제를 통해 기초력 확인을 하고 추가적인 문제는 QR을 찍으면 더 풀 수 있습니다.

▶ 개념 동영상 강의 제공   문제 생성기

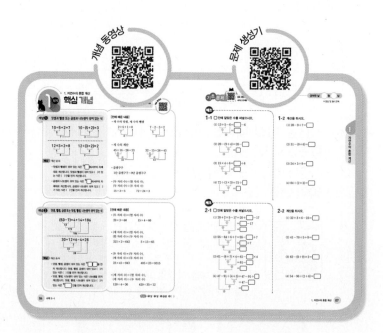

1단계 기본 문제

단원별로 쉽게 풀 수 있는 기본적인 문제만 모았습니다.

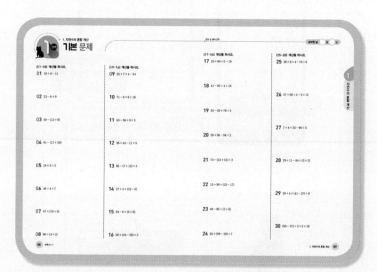

2단계 기본 유형 + 잘 틀리는 유형

단원별로 기본적인 유형에 해당하는 문제를 모았습니다.

▶ 동영상 강의 제공

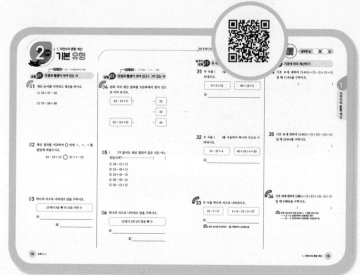

2 단계 서술형 유형

서술형 유형은 서술형 문제를 연습할 수 있습니다.

▶ 동영상 강의 제공

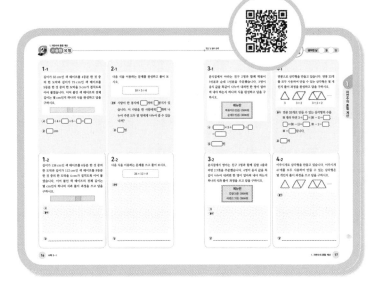

3 단계 유형 평가

단원별로 공부한 기본 유형을 제대로 공부했는지 유형 평가를 통해 복습할 수 있습니다.

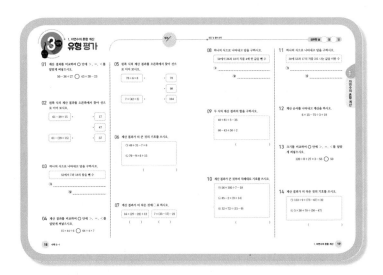

3 단계 단원 평가

단원 평가를 풀어 보면서 단원에서 배운 기본적인 개념과 문제를 다시 한 번 확실하게 기억할 수 있습니다.

👥 유사 문제 제공

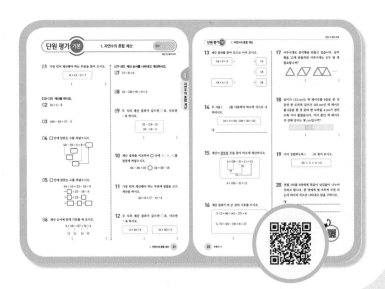

차례

1 자연수의 혼합 계산   5쪽

- ① 단계 핵심 개념+기초 문제 ···················· 6~7쪽
- ① 단계 기본 문제 ···································· 8~9쪽
- ② 단계 기본 유형+잘 틀리는 유형 ·········· 10~15쪽
- ② 단계 서술형 유형 ······························ 16~17쪽
- ③ 단계 유형 평가 ································· 18~20쪽
- ③ 단계 단원 평가 ································· 21~22쪽

2 약수와 배수   23쪽

- ① 단계 핵심 개념+기초 문제 ·················· 24~25쪽
- ① 단계 기본 문제 ································· 26~27쪽
- ② 단계 기본 유형+잘 틀리는 유형 ·········· 28~33쪽
- ② 단계 서술형 유형 ······························ 34~35쪽
- ③ 단계 유형 평가 ································· 36~38쪽
- ③ 단계 단원 평가 ································· 39~40쪽

3 규칙과 대응   41쪽

- ① 단계 핵심 개념+기초 문제 ·················· 42~43쪽
- ① 단계 기본 문제 ································· 44~45쪽
- ② 단계 기본 유형+잘 틀리는 유형 ·········· 46~51쪽
- ② 단계 서술형 유형 ······························ 52~53쪽
- ③ 단계 유형 평가 ································· 54~56쪽
- ③ 단계 단원 평가 ································· 57~58쪽

4 약분과 통분   59쪽

- ① 단계 핵심 개념+기초 문제 ·················· 60~61쪽
- ① 단계 기본 문제 ································· 62~63쪽
- ② 단계 기본 유형+잘 틀리는 유형 ·········· 64~69쪽
- ② 단계 서술형 유형 ······························ 70~71쪽
- ③ 단계 유형 평가 ································· 72~74쪽
- ③ 단계 단원 평가 ································· 75~76쪽

5 분수의 덧셈과 뺄셈   77쪽

- ① 단계 핵심 개념+기초 문제 ·················· 78~79쪽
- ① 단계 기본 문제 ································· 80~81쪽
- ② 단계 기본 유형+잘 틀리는 유형 ·········· 82~87쪽
- ② 단계 서술형 유형 ······························ 88~89쪽
- ③ 단계 유형 평가 ································· 90~92쪽
- ③ 단계 단원 평가 ································· 93~94쪽

6 다각형의 둘레와 넓이 95쪽

- ① 단계 핵심 개념+기초 문제 ·················· 96~97쪽
- ① 단계 기본 문제 ································· 98~99쪽
- ② 단계 기본 유형+잘 틀리는 유형 ·········· 100~105쪽
- ② 단계 서술형 유형 ······························ 106~107쪽
- ③ 단계 유형 평가 ································· 108~110쪽
- ③ 단계 단원 평가 ································· 111~112쪽

1 자연수의 혼합 계산

학습 계획표

계획표대로 공부했으면 ○표, 못했으면 △표 하세요.

내용	쪽수	날짜		확인
❶단계 핵심 개념+기초 문제	6~7쪽	월	일	
❶단계 기본 문제	8~9쪽	월	일	
❷단계 기본 유형+잘 틀리는 유형	10~15쪽	월	일	
❷단계 서술형 유형	16~17쪽	월	일	
❸단계 유형 평가	18~20쪽	월	일	
❸단계 단원 평가	21~22쪽	월	일	

1. 자연수의 혼합 계산
핵심 개념
1단계

개념에 대한 **자세한 동영상 강의**를 시청하세요.

개념 ① 덧셈과 뺄셈 또는 곱셈과 나눗셈이 섞여 있는 식

$$10-5+2=7 \qquad 10-(5+2)=3$$

$$12÷3×2=8 \qquad 12÷(3×2)=2$$

핵심 계산 순서

- 덧셈과 뺄셈이 섞여 있는 식은 **❶**[　]에서부터 차례대로 계산합니다. 덧셈과 뺄셈이 섞여 있고 ( )가 있는 식은 ( ) 안을 먼저 계산합니다.
- 곱셈과 나눗셈이 섞여 있는 식은 **❷**[　]에서부터 차례대로 계산합니다. 곱셈과 나눗셈이 섞여 있고 ( )가 있는 식은 ( ) 안을 먼저 계산합니다.

[전에 배운 내용]

- 세 수의 덧셈, 세 수의 뺄셈

  $$2+5+1=8 \qquad 7-2-3=2$$

- 세 수의 계산

  $$45+16-28=33 \qquad 32-15+26=43$$

- 곱셈구구

  1단 곱셈구구 ~ 9단 곱셈구구

- (두 자리 수)÷(한 자리 수),
  (두 자리 수)÷(두 자리 수)

  $$15÷3=5 \qquad 72÷24=3$$

개념 ② 덧셈, 뺄셈, 곱셈 또는 덧셈, 뺄셈, 나눗셈이 섞여 있는 식

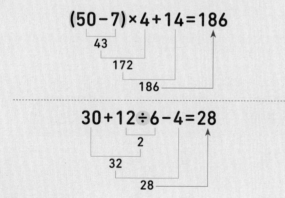

$$(50-7)×4+14=186$$

$$30+12÷6-4=28$$

핵심 계산 순서

- 덧셈, 뺄셈, 곱셈이 섞여 있는 식은 **❸**[　][　]을 먼저 계산합니다. 덧셈, 뺄셈, 곱셈이 섞여 있고 ( )가 있는 식은 ( ) 안을 먼저 계산합니다.
- 덧셈, 뺄셈, 나눗셈이 섞여 있는 식은 나눗셈을 먼저 계산합니다. 덧셈, 뺄셈, 나눗셈이 섞여 있고 ( )가 있는 식은 **❹**[　] 안을 먼저 계산합니다.

[전에 배운 내용]

- (두 자리 수)×(한 자리 수)

  $$20×3=60 \qquad 15×4=60$$

- (세 자리 수)×(한 자리 수),
  (한 자리 수)×(두 자리 수)

  $$321×2=642 \qquad 5×13=65$$

- (두 자리 수)×(두 자리 수),
  (세 자리 수)×(두 자리 수)

  $$23×41=943 \qquad 405×23=9315$$

- (세 자리 수)÷(한 자리 수),
  (세 자리 수)÷(두 자리 수)

  $$120÷4=30 \qquad 420÷35=12$$

정답 ❶ 앞 ❷ 앞 ❸ 곱셈 ❹ ( )

체크

1-1 ☐ 안에 알맞은 수를 써넣으시오.

(1) $13+5-6=\boxed{}_{①}-6$

$=\boxed{}_{②}$

(2) $20-(9+4)=20-\boxed{}_{①}$

$=\boxed{}_{②}$

(3) $15\times4\div6=\boxed{}_{①}\div6$

$=\boxed{}_{②}$

(4) $72\div(3\times3)=72\div\boxed{}_{①}$

$=\boxed{}_{②}$

1-2 계산을 하시오.

(1) $28-9+7=\boxed{}$

(2) $31-(9+6)=\boxed{}$

(3) $24\times3\div9=\boxed{}$

(4) $84\div(2\times3)=\boxed{}$

체크

2-1 ☐ 안에 알맞은 수를 써넣으시오.

(1) $20+2\times5-17=20+\boxed{}_{①}-17$

$=\boxed{}_{②}-17$

$=\boxed{}_{③}$

(2) $55-84\div6+7=55-\boxed{}_{①}+7$

$=\boxed{}_{②}+7$

$=\boxed{}_{③}$

(3) $61-(6+7)\times4=61-\boxed{}_{①}\times4$

$=61-\boxed{}_{②}$

$=\boxed{}_{③}$

(4) $47-91\div(4+3)=47-91\div\boxed{}_{①}$

$=47-\boxed{}_{②}$

$=\boxed{}_{③}$

2-2 계산을 하시오.

(1) $32+3\times6-23=\boxed{}$

(2) $41-70\div5+8=\boxed{}$

(3) $62-(8+9)\times2=\boxed{}$

(4) $54-96\div(2+6)=\boxed{}$

1 단계 기본 문제

[01~08] 계산을 하시오.

01 $16+8-11$

02 $23-6+9$

03 $40-(13+8)$

04 $61-(17+26)$

05 $16\times5\div2$

06 $36\div4\times7$

07 $47\times(10\div5)$

08 $96\div(4\times2)$

[09~16] 계산을 하시오.

09 $25+7\times4-34$

10 $71-6\times8+18$

11 $53-36+9\times3$

12 $38+44-11\times5$

13 $85-(7+12)\times3$

14 $27+4\times(22-6)$

15 $93-6\times(5+8)$

16 $56+(45-28)\times2$

[17~24] 계산을 하시오.

17 $25+60\div5-19$

18 $41-92\div4+16$

19 $52-35+78\div3$

20 $28+36-94\div2$

21 $73-(23+51)\div2$

22 $15+90\div(23-17)$

23 $40-96\div(2+6)$

24 $55+(99-29)\div7$

[25~30] 계산을 하시오.

25 $28+8\times4-75\div5$

26 $57+68\div4-5\times12$

27 $7\times4+25-96\div3$

28 $29+11-84\div(3\times2)$

29 $39+4\times(41-27)\div8$

30 $(85-37)\div3+2\times18$

1

자연수의 혼합 계산

2단계 기본유형

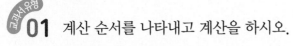

핵심 내용 +와 −는 앞에서부터 계산

유형 01 덧셈과 뺄셈이 섞여 있는 식

교과서유형 01 계산 순서를 나타내고 계산을 하시오.

(1) 34+27−45

(2) 70−58+36

02 계산 결과를 비교하여 ◯ 안에 >, =, <를 알맞게 써넣으시오.

44−19+14 ◯ 37+7−23

03 하나의 식으로 나타내고 답을 구하시오.

27에서 8을 뺀 뒤 10을 더한 수

(식) _____

(답) _____

핵심 내용 ( )안 계산 → +나 − 계산

유형 02 덧셈과 뺄셈이 섞여 있고 ( )가 있는 식

익힘책유형 04 왼쪽 식의 계산 결과를 오른쪽에서 찾아 선으로 이어 보시오.

43−12+9 ·

· 22

· 32

43−(12+9) ·

· 40

05 ( )가 없어도 계산 결과가 같은 식은 어느 것입니까?·····( )

① 18−(2+7)

② 15−(9+1)

③ 10+(8−3)

④ 20−(8−4)

⑤ 25−(2+3)

06 하나의 식으로 나타내고 답을 구하시오.

15에서 3과 2의 합을 뺀 수

(식) _____

(답) _____

핵심 내용 ×와 ÷는 앞에서부터 계산

유형 03 곱셈과 나눗셈이 섞여 있는 식

교과서 유형

07 계산 순서를 나타내고 계산하시오.

(1) $5\times16\div8$

(2) $105\div7\times9$

08 계산 결과를 비교하여 ○ 안에 >, =, <를 알맞게 써넣으시오.

$21\times33\div9$ ○ $90\div5\times6$

09 계산 결과가 작은 것부터 차례로 기호를 쓰시오.

㉠ $28\div7\times3$
㉡ $4\times16\div2$
㉢ $40\times3\div6$

( )

핵심 내용 ( ) 안 계산 → ×나 ÷ 계산

유형 04 곱셈과 나눗셈이 섞여 있고 ( )가 있는 식

10 계산이 바른 것에 ○표 하시오.

$3\times16\div4=10$	$40\div(2\times4)=5$
( )	( )

익힘책 유형

11 왼쪽 식의 계산 결과를 오른쪽에서 찾아 선으로 이어 보시오.

$72\div9\times5$ •	• 24
	• 40
$8\times(15\div5)$ •	• 44

12 계산 결과를 비교하여 ○ 안에 >, =, <를 알맞게 써넣으시오.

$56\div4\times7$ ○ $56\div(4\times7)$

핵심 내용 × 계산 → +와 −는 앞에서부터 계산

유형 **05** 덧셈, 뺄셈, 곱셈이 섞여 있는 식

13 다음 식을 보고 바르게 설명한 것은 어느 것입니까? ·······························( )

$$27-2\times6+9$$

① 뺄셈을 먼저 계산합니다.

② 덧셈을 먼저 계산합니다.

③ 앞에서부터 차례로 계산합니다.

④ 뒤에서부터 차례로 계산합니다.

⑤ 곱셈을 먼저 계산합니다.

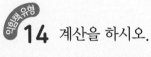

14 계산을 하시오.

(1) $5\times11-8+12$

(2) $43+13\times4-39$

15 계산 결과가 더 큰 것의 기호를 쓰시오.

$$\bigcirc \ 35+19-3\times7$$

$$\bigcirc \ 42-4\times6+17$$

( )

핵심 내용 ( ) 안 계산 → × 계산 → +와 −는 앞에서부터 계산

유형 **06** 덧셈, 뺄셈, 곱셈이 섞여 있고 ( )가 있는 식

16 두 식의 계산 결과의 차를 구하시오.

$$65-13\times4 \qquad 65-(13\times4)$$

( )

17 계산 결과가 더 작은 것에 ○표 하시오.

$$14\times(15-13)+12 \qquad 8\times(11-5)-4$$

( ) ( )

18 하나의 식으로 나타내고 답을 구하시오.

27에서 18과 10의 차를 3배 한 값을 뺀 수

식 _____

답 _____

▶ 핵심 내용 ÷ 계산 → +와 −는 앞에서부터 계산

유형 07 덧셈, 뺄셈, 나눗셈이 섞여 있는 식

교과서유형
19 계산 순서를 나타내고 계산하시오.

$$42 + 36 \div 4 - 6$$

20 계산 결과가 다른 칸에 색칠하시오.

$40 - 12 \times 3 + 14$
$27 \div 3 + 36 \div 4$
$24 + 64 \div 8 - 7$

21 두 식의 계산 결과의 합을 구하시오.

$9 + 60 \div 5 - 4$
$4 - 2 + 63 \div 9$

( )

▶ 핵심 내용 ( ) 안 계산 → ÷ 계산 → +와 −는 앞에서부터 계산

유형 08 덧셈, 뺄셈, 나눗셈이 섞여 있고 ( )가 있는 식

22 바르게 계산한 사람은 누구입니까?

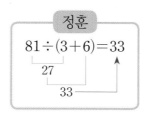

정훈
$81 \div (3+6) = 33$
27
33

선혜
$12 \div (11-8) = 4$
3
4

( )

약힘책유형
23 계산 결과가 큰 것부터 차례로 기호를 쓰시오.

㉠ $52 + 36 \div 9 - 5$
㉡ $67 - 3 \times (4 + 13)$
㉢ $52 + 36 \div (9 - 5)$

( )

24 하나의 식으로 나타내고 답을 구하시오.

10에 34와 26의 차를 4로 나눈 값을 더한 수

식 _____

답 _____

1
자연수의 혼합 계산

2단계 기본유형

유형 09 덧셈, 뺄셈, 곱셈, 나눗셈이 섞여 있는 식

25 계산 순서를 나타내고 계산을 하시오.

(1) $38+65÷5-9×3$

(2) $4×12-60÷4+26$

26 크기를 비교하여 ○ 안에 >, =, <를 알맞게 써넣으시오.

$16÷2+4×7-5$ ○ 30

27 계산이 잘못된 곳을 찾아 바르게 계산하시오.

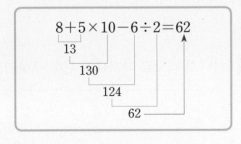

$$8+5×10-6÷2$$

유형 10 덧셈, 뺄셈, 곱셈, 나눗셈이 섞여 있고 ( )가 있는 식

28 □ 안에 알맞은 수를 써넣으시오.

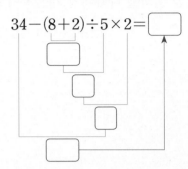

$$34-(8+2)÷5×2=\boxed{}$$

29 계산 순서를 나타내고 계산을 하시오.

$$6×9-98÷(4+3)$$

30 계산 결과가 더 작은 것의 기호를 쓰시오.

㉠ $92÷4+(50-24)×13$

㉡ $4×76+81÷(31-28)$

( )

1

자연수의 혼합 계산

31 두 식을 (   )를 사용하여 하나의 식으로 나타내시오.

| $6 \times 3 = 18$ | $90 \div 18 = 5$ |

식

34 기호 ◆에 대하여 ㉠◆㉡＝㉠－㉡＋㉠×㉡
일 때 11◆6을 구하시오.

(   )

35 기호 ●에 대하여 ㉠●㉡＝㉠＋(㉠－㉡)÷㉡
일 때 28●4를 구하시오.

(   )

32 두 식을 (   )를 사용하여 하나의 식으로 나타내시오.

| $31 - 27 = 4$ | $40 + 76 \div 4 = 59$ |

식

36 기호 ▣에 대하여 ㉠▣㉡＝㉠×(㉠＋㉡)－㉡÷㉠
일 때 5▣60을 구하시오.

(   )

KEY 혼합 계산식의 계산 순서는 (   ) 안을 먼저 계산
→ ×와 ÷는 앞에서부터 차례대로 계산
→ ＋와 －는 앞에서부터 차례대로 계산하면 돼.

33 두 식을 하나의 식으로 나타내시오.

| $10 - 7 = 3$ | $4 \times 8 - 15 \div 3 = 27$ |

식

KEY 계산 순서에 주의하여 (   )를 사용하여 나타내면 돼.

1-1

길이가 52 cm인 색 테이프를 4등분 한 것 중의 한 도막과 길이가 75 cm인 색 테이프를 5등분 한 것 중의 한 도막을 3 cm가 겹치도록 이어 붙였습니다. 이어 붙인 색 테이프의 전체 길이는 몇 cm인지 하나의 식을 완성하고 답을 구하시오.

식 ☐÷4+☐÷5-☐=☐

답 ☐ cm

2-1

다음 식을 이용하는 문제를 완성하고 풀어 보시오.

$$18 \times 5 \div 6$$

(문제) 사탕이 한 봉지에 ☐개씩 ☐봉지가 있습니다. 이 사탕을 한 사람에게 ☐개씩 나누어 주면 모두 몇 명에게 나누어 줄 수 있습니까?

답 ☐ 명

1-2

길이가 138 cm인 색 테이프를 6등분 한 것 중의 한 도막과 길이가 112 cm인 색 테이프를 8등분 한 것 중의 한 도막을 4 cm가 겹치도록 이어 붙였습니다. 이어 붙인 색 테이프의 전체 길이는 몇 cm인지 하나의 식과 풀이 과정을 쓰고 답을 구하시오.

식

풀이

답 _____

2-2

다음 식을 이용하는 문제를 쓰고 풀어 보시오.

$$26 \times 12 \div 8$$

(문제)

답 _____

1

자연수의 혼합 계산

3-1

분식집에서 아라는 친구 2명과 함께 떡볶이 3인분과 순대 1인분을 주문했습니다. 3명이 음식 값을 똑같이 나누어 내려면 한 명이 얼마씩 내야 하는지 하나의 식을 완성하고 답을 구하시오.

> **메뉴판**
> 떡볶이(1인분) 2500원
> 순대(1인분) 3000원

(식) $(\boxed{} \times 3 + \boxed{}) \div \boxed{}$

   $= \boxed{}$

(답) $\boxed{}$원

3-2

분식집에서 영아는 친구 3명과 함께 김밥 4줄과 라면 2그릇을 주문했습니다. 4명이 음식 값을 똑같이 나누어 내려면 한 명이 얼마씩 내야 하는지 하나의 식과 풀이 과정을 쓰고 답을 구하시오.

> **메뉴판**
> 김밥(1줄) 2000원
> 라면(1그릇) 3500원

(식)
(풀이)

(답) _____

4-1

면봉으로 삼각형을 만들고 있습니다. 면봉 33개를 모두 사용하여 만들 수 있는 삼각형은 몇 개인지 풀이 과정을 완성하고 답을 구하시오.

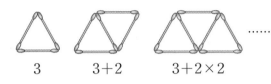

3   3+2   3+2×2   ……

(풀이) 면봉 33개로 만들 수 있는 삼각형의 수를 ■개라 하면 $3 + \boxed{} \times (■ - 1) = \boxed{}$, $\boxed{} \times (■ - 1) = \boxed{}$, $■ - 1 = \boxed{}$,

$■ = \boxed{}$입니다.

(답) $\boxed{}$개

4-2

이쑤시개로 삼각형을 만들고 있습니다. 이쑤시개 47개를 모두 사용하여 만들 수 있는 삼각형은 몇 개인지 풀이 과정을 쓰고 답을 구하시오.

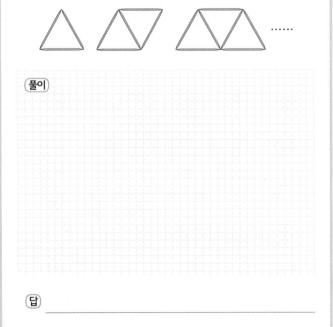

(풀이)

(답) _____

3 단계 · 1. 자연수의 혼합 계산
유형 평가

점수 /

01 계산 결과를 비교하여 ◯ 안에 >, =, <를 알맞게 써넣으시오.

$$50-36+27 \bigcirc 43+38-23$$

02 왼쪽 식의 계산 결과를 오른쪽에서 찾아 선으로 이어 보시오.

$61-29+15$ •	• 17
	• 47
$61-(29+15)$ •	• 57

03 하나의 식으로 나타내고 답을 구하시오.

52에서 7과 18의 합을 뺀 수

식 _____

답 _____

04 계산 결과를 비교하여 ◯ 안에 >, =, <를 알맞게 써넣으시오.

$$15\times44\div6 \bigcirc 64\div4\times7$$

05 왼쪽 식의 계산 결과를 오른쪽에서 찾아 선으로 이어 보시오.

$78\div6\times8$ •	• 78
	• 98
$7\times(42\div3)$ •	• 104

06 계산 결과가 더 큰 것의 기호를 쓰시오.

㉠ $49+31-7\times6$

㉡ $70-9\times6+15$

( )

07 계산 결과가 더 작은 것에 ◯표 하시오.

$16\times(27-22)+12$	$7\times(33-17)-22$
( )	( )

08 하나의 식으로 나타내고 답을 구하시오.

> 50에서 26과 18의 차를 4배 한 값을 뺀 수

(식) _____

(답) _____

09 두 식의 계산 결과의 합을 구하시오.

> $40+81\div3-35$
>
> $60-43+50\div2$

(   )

10 계산 결과가 큰 것부터 차례대로 기호를 쓰시오.

> ㉠ $56+105\div7-18$
>
> ㉡ $85-2\times(9+14)$
>
> ㉢ $32+72\div(15-9)$

(   )

11 하나의 식으로 나타내고 답을 구하시오.

> 30에 53과 17의 차를 2로 나눈 값을 더한 수

(식) _____

(답) _____

12 계산 순서를 나타내고 계산을 하시오.

$$6\times15-75\div3+19$$

13 크기를 비교하여 ◯ 안에 >, =, <를 알맞게 써넣으시오.

$$120\div8+27\times3-55 \;\bigcirc\; 50$$

14 계산 결과가 더 작은 것의 기호를 쓰시오.

> ㉠ $153\div9+(73-67)\times32$
>
> ㉡ $5\times38+78\div(50-47)$

(   )

15 두 식을 ( )를 사용하여 하나의 식으로 나타내시오.

> $23-18=5$ $58+85÷5=75$

식 _____

16 기호 ●에 대하여 ㉠●㉡=㉠+(㉠−㉡)÷㉡
일 때 30●6을 구하시오.

( )

 17 두 식을 하나의 식으로 나타내시오.

> $30-24=6$ $4×9-78÷6=23$

식 _____

 18 기호 ▣에 대하여 ㉠▣㉡=(㉠−㉡)÷㉡+㉡×㉠
일 때 40▣8을 구하시오.

( )

19 길이가 96 cm인 색 테이프를 4등분 한 것 중의 한 도막과 길이가 162 cm인 색 테이프를 9등분 한 것 중의 한 도막을 2 cm가 겹치도록 이어 붙였습니다. 이어 붙인 색 테이프의 전체 길이는 몇 cm인지 하나의 식과 풀이 과정을 쓰고 답을 구하시오.

식 _____

풀이 _____

_____

_____

답 _____

20 이쑤시개로 삼각형을 만들고 있습니다. 이쑤시개 71개를 모두 사용하여 만들 수 있는 삼각형은 몇 개인지 풀이 과정을 쓰고 답을 구하시오.

풀이 _____

_____

_____

_____

답 _____

정답 및 풀이 **8**쪽

1 자연수의 혼합 계산

01 가장 먼저 계산해야 하는 부분을 찾아 쓰시오.

$$6+13-2\times7$$

( )

[02~03] 계산을 하시오.

02 $16+5-8$

03 $100-49+27-3$

04 ☐ 안에 알맞은 수를 써넣으시오.

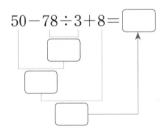

05 ☐ 안에 알맞은 수를 써넣으시오.

$64\div16+23-18\div9$
$=\boxed{}+23-18\div9$
$=\boxed{}+23-\boxed{}$
$=\boxed{}-\boxed{}=\boxed{}$

06 계산 순서에 맞게 기호를 써 보시오.

$5\times10-(17+3)\div4$
ⓐ   ⓑ   ⓒ   ⓓ

( )

[07~08] 계산 순서를 나타내고 계산하시오.

07 $72\div8\times6$

08 $32-(28+8)\div9\times3$

09 두 식의 계산 결과가 같으면 ○표, 다르면 ✕표 하시오.

$$33-(19-5)$$
$$33-19-5$$

( )

10 계산 결과를 비교하여 ○ 안에 >, =, <를 알맞게 써넣으시오.

$84-36+25$ ○ $54+38-18$

11 가장 먼저 계산해야 하는 부분에 밑줄을 긋고 계산을 하시오.

$$43+8\times(7-4)\div4$$

12 두 식의 계산 결과가 같으면 ○표, 다르면 ✕표 하시오.

$4+16\div2$ $(4+16)\div2$

( )

단원 평가 기본   1. 자연수의 혼합 계산

13 계산 결과를 찾아 선으로 이어 보시오.

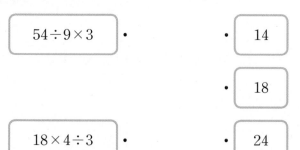

14 두 식을 ( )를 사용하여 하나의 식으로 나타내시오.

$$10 \times 2 = 20, \ 500 \div 20 = 25$$

식 _____

15 계산이 <u>잘못된</u> 곳을 찾아 바르게 계산하시오.

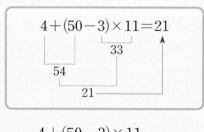

$$4 + (50 - 3) \times 11$$

16 계산 결과가 더 큰 것의 기호를 쓰시오.

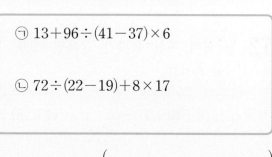

( )

17 이쑤시개로 삼각형을 만들고 있습니다. 삼각형을 13개 만들려면 이쑤시개는 모두 몇 개 필요합니까?

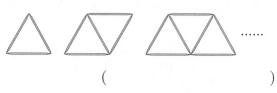

( )

18 길이가 112 cm인 색 테이프를 8등분 한 것 중의 한 도막과 길이가 102 cm인 색 테이프를 6등분 한 것 중의 한 도막을 4 cm가 겹치도록 이어 붙였습니다. 이어 붙인 색 테이프의 전체 길이는 몇 cm입니까?

( )

19 식이 성립하도록 ( )로 묶어 보시오.

$$35 \div 5 + 2 = 5$$

20 연필 2타를 8명에게 똑같이 남김없이 나누어 주려고 합니다. 한 명에게 몇 자루씩 주면 되는지 하나의 식으로 나타내고 답을 구하시오.

식 _____

답 _____

QR 코드를 찍어 **단원 평가** 를 더 풀어 보세요.

2 약수와 배수

학습 계획표

계획표대로 공부했으면 ○표, 못했으면 △표 하세요.

내용	쪽수	날짜		확인
❶단계 핵심 개념+기초 문제	24~25쪽	월	일	
❶단계 기본 문제	26~27쪽	월	일	
❷단계 기본 유형+잘 틀리는 유형	28~33쪽	월	일	
❷단계 서술형 유형	34~35쪽	월	일	
❸단계 유형 평가	36~38쪽	월	일	
❸단계 단원 평가	39~40쪽	월	일	

개념에 대한 **자세한 동영상 강의를** 시청하세요.

개념❶ 공약수와 최대공약수

18의 약수: 1, 2, 3, 6, 9, 18
12의 공약수: 1, 2, 3, 4, 6, 12
18과 12의 공약수: 1, 2, 3, 6
⇨ **18과 12의 최대공약수: 6**

핵심 공약수 중 가장 큰 수

- 어떤 수를 나누어떨어지게 하는 수를 그 수의
  ❶ ☐☐라고 합니다.
- 공약수는 공통된 약수이고 공약수 중 가장 큰 수는
  ❷ ☐☐공약수입니다.
- 공약수는 최대공약수의 ❸ ☐☐입니다.

[전에 배운 내용]

- (두 자리 수)÷(한 자리 수)
  $24 \div 4 = 6$ $34 \div 6 = 5 \cdots 4$

- (두 자리 수)÷(두 자리 수)
  $45 \div 15 = 3$ $47 \div 15 = 3 \cdots 2$

- (세 자리 수)÷(한 자리 수)
  $105 \div 3 = 35$ $106 \div 3 = 35 \cdots 1$

- (세 자리 수)÷(두 자리 수)
  $180 \div 20 = 9$ $192 \div 20 = 9 \cdots 12$

[앞으로 배울 내용]

- 약분하기

  $$\frac{6}{9} = \frac{6 \div 3}{9 \div 3} = \frac{2}{3}$$

개념❷ 공배수와 최소공배수

3의 배수: 3, 6, 9, 12, 15, 18, 21, 24, 27, ...
4의 배수: 4, 8, 12, 16, 20, 24, 28, ...
3과 4의 공배수: 12, 24, ...
⇨ **3과 4의 최소공배수: 12**

핵심 공배수 중 가장 작은 수

- 어떤 수를 1배, 2배, 3배, ... 한 수를 그 수의
  ❹ ☐☐라고 합니다.
- 공배수는 공통된 배수이고 공배수 중 가장 작은 수
  는 ❺ ☐☐공배수입니다.
- 공배수는 최소공배수의 ❻ ☐☐입니다.

[전에 배운 내용]

- (두 자리 수)×(한 자리 수)
  $13 \times 3 = 39$ $17 \times 4 = 68$

- (한 자리 수)×(두 자리 수),
  (두 자리 수)×(두 자리 수)
  $2 \times 35 = 70$ $15 \times 14 = 210$

- (세 자리 수)×(한 자리 수),
  (세 자리 수)×(두 자리 수)
  $423 \times 2 = 846$ $215 \times 17 = 3655$

[앞으로 배울 내용]

- 통분하기

  $$\left(\frac{2}{3}, \frac{1}{4} \right) \Rightarrow \left(\frac{2 \times 4}{3 \times 4}, \frac{1 \times 3}{4 \times 3} \right) \Rightarrow \left(\frac{8}{12}, \frac{3}{12} \right)$$

정답 ❶ 약수 ❷ 최대 ❸ 약수 ❹ 배수 ❺ 최소 ❻ 배수

체크

1-1 ☐ 안에 알맞은 수를 써넣으시오.

(1)

6의 약수: 1, ☐, ☐, ☐

15의 약수: 1, ☐, ☐, ☐

➡ 6과 15의 공약수: ☐, ☐

6과 15의 최대공약수: ☐

(2)

8의 약수: 1, ☐, ☐, ☐

12의 약수: 1, ☐, ☐, ☐, ☐, ☐

➡ 8과 12의 공약수: ☐, ☐, ☐

8과 12의 최대공약수: ☐

1-2 공약수와 최대공약수를 모두 구하시오.

(1)

24의 약수: 1, 2, 3, 4, 6, 8, 12, 24

30의 약수: 1, 2, 3, 5, 6, 10, 15, 30

공약수 (   )

최대공약수 (   )

(2)

36의 약수: 1, 2, 3, 4, 6, 9, 12, 18, 36

45의 약수: 1, 3, 5, 9, 15, 45

공약수 (   )

최대공약수 (   )

체크

2-1 ☐ 안에 알맞은 수를 써넣으시오.

(1)

3의 배수: 3, 6, 9, ☐, ☐, ...

5의 배수: 5, 10, 15, ☐, ☐, ...

➡ 3과 5의 공배수: ☐, ☐, ...

3과 5의 최소공배수: ☐

(2)

2의 배수: 2, 4, 6, 8, 10, ☐, ☐, ☐, ...

7의 배수: 7, ☐, ☐, ...

➡ 2와 7의 공배수: ☐, ☐, ...

2와 7의 최소공배수: ☐

2-2 공배수를 가장 작은 수부터 3개 쓰고 최소공배수를 구하시오.

(1)

4의 배수: 4, 8, 12, ...

6의 배수: 6, 12, 18, ...

공배수 (   )

최소공배수 (   )

(2)

8의 배수: 8, 16, 24, 32, 40, ...

12의 배수: 12, 24, 36, ...

공배수 (   )

최소공배수 (   )

2 약수와 배수

01 ☐ 안에 알맞은 말을 써넣으시오.

> 32를 1, 2, 4, 8, 16, 32로 나누면 나누어떨
> 어집니다.
> 1, 2, 4, 8, 16, 32는 32의 ☐ 입니다.

02 ☐ 안에 알맞은 수를 써넣고 12의 약수를 모두 구하시오.

$12 \div \boxed{} = 12$ $12 \div \boxed{} = 6$

$12 \div \boxed{} = 4$ $12 \div \boxed{} = 3$

$12 \div \boxed{} = 2$ $12 \div \boxed{} = 1$

(   )

03 ☐ 안에 알맞은 수를 써넣고 15의 약수를 모두 구하시오.

> $15 \div \boxed{} = 15$ $15 \div \boxed{} = 5$
>
> $15 \div \boxed{} = 3$ $15 \div \boxed{} = 1$

15의 약수 ⇨ _____

04 ☐ 안에 알맞은 말을 써넣으시오.

2는 14의 ☐ 입니다.

$14 = 7 \times 2$

14는 2의 ☐ 입니다.

05 ☐ 안에 알맞은 말을 써넣으시오.

> $20 = 5 \times 4$

20은 5와 4의 ☐ 이고,

5와 4는 20의 ☐ 입니다.

06 ☐ 안에 알맞은 수를 써넣으시오.

$7 \times 1 = \boxed{}$, $7 \times 2 = \boxed{}$,

$7 \times 3 = \boxed{}$, …

⇨ 7의 배수: $\boxed{}$, $\boxed{}$, $\boxed{}$, …

07 $50 = 2 \times 5 \times 5$입니다. ☐ 안에 알맞은 수를 써넣으시오.

50의 약수 $\begin{cases} 1, 2, 5, \\ 2 \times 5 = \boxed{}, \ 5 \times 5 = \boxed{}, \\ 2 \times 5 \times 5 = \boxed{} \end{cases}$

⇨ 50은 1, 2, 5, $\boxed{}$, $\boxed{}$, $\boxed{}$의 배수
입니다.

08 ☐ 안에 알맞은 말을 써넣으시오.

> $16 = 2 \times 2 \times 2 \times 2$

16은 2와 4의 ☐ 이고,

4와 8은 16의 ☐ 입니다.

09 16과 24의 최대공약수를 구하려고 합니다. ◯ 안에 알맞은 수를 써넣으시오.

$$16=2\times2\times2\times2$$
$$24=2\times2\times2\times3$$

⇨ 최대공약수: ◯ × ◯ × ◯ = ◯

10 27과 45의 최대공약수를 구하려고 합니다. ◯ 안에 알맞은 수를 써넣으시오.

$$27=3\times3\times3$$
$$45=3\times3\times◯$$

⇨ 최대공약수: 3 × ◯ = ◯

11 8과 12의 최대공약수를 구하려고 합니다. ◯ 안에 알맞은 수를 써넣으시오.

2) 8 12
2) 4 6
  2 3

⇨ 최대공약수:
◯ × ◯ = ◯

12 20과 30의 최대공약수를 구하려고 합니다. ◯ 안에 알맞은 수를 써넣으시오.

◯) 20 30
◯) 10 15
  2 3

⇨ 최대공약수:
◯ × ◯ = ◯

13 8과 12의 최소공배수를 구하려고 합니다. ◯ 안에 알맞은 수를 써넣으시오.

$$8=2\times2\times2$$
$$12=2\times2\times3$$

⇨ 최소공배수: 2 × 2 × ◯ × ◯ = ◯

14 10과 20의 최소공배수를 구하려고 합니다. ◯ 안에 알맞은 수를 써넣으시오.

$$10=2\times5$$
$$20=2\times◯\times◯$$

⇨ 최소공배수: ◯ × ◯ × ◯ = ◯

15 20과 24의 최소공배수를 구하려고 합니다. ◯ 안에 알맞은 수를 써넣으시오.

2) 20 24
2) 10 12
  5 6

⇨ 최소공배수: ◯ × ◯ × 5 × 6 = ◯

16 15와 30의 최소공배수를 구하려고 합니다. ◯ 안에 알맞은 수를 써넣으시오.

3) 15 30
◯) 5 10
  1 ◯

⇨ 최소공배수: 3 × ◯ × 1 × ◯ = ◯

2 약수와 배수

2단계 2. 약수와 배수
기본 유형

유형 01 약수

01 약수를 모두 구하시오.

(1) 16의 약수

⇨ _____

(2) 20의 약수

⇨ _____

02 36의 약수를 모두 찾아 ○표 하시오.

4	5	6	12	20

03 모든 자연수의 약수가 되는 수는 무엇입니까?

( )

04 48의 약수는 모두 몇 개입니까?

( )

유형 02 배수

05 배수를 가장 작은 수부터 4개 쓰시오.

(1) | 9의 배수 |

⇨ _____

(2) | 11의 배수 |

⇨ _____

06 8의 배수가 아닌 수에 ×표 하시오.

24	56	65	80	96

07 수 배열표를 보고 3의 배수에는 △표, 9의 배수에는 ○표 하시오.

48	49	50	51	52	53
54	55	56	57	58	59
60	61	62	63	64	65
66	67	68	69	70	71

08 어떤 수의 배수를 가장 작은 수부터 차례로 쓴 것입니다. ☐ 안에 알맞은 수를 써넣으시오.

7, 14, 21, ☐, 35, 42, ☐, 56, ...

→ **핵심 내용** 공약수는 두 수에 공통으로 있는 약수

유형 03 **공약수**

09 16과 12의 약수를 모두 구하고 16과 12의 공약수를 모두 구하시오.

16의 약수 (　　　　　　　　　　　)

12의 약수 (　　　　　　　　　　　)

16과 12의 공약수 (　　　　　　　　)

10 두 수의 공약수를 모두 구하시오.

(1)　| 10, 20 |

⇨ _____

(2)　| 35, 40 |

⇨ _____

11 12와 15의 공약수에 모두 ○표 하시오.

| 1　2　3　4　5　6 |

→ **핵심 내용** 최대공약수는 공약수 중 가장 큰 수

유형 04 **최대공약수**

12 30과 45의 공약수와 최대공약수를 모두 구하시오.

공약수 (　　　　　　　　　　　)

최대공약수 (　　　　　　　　　　)

13 어떤 두 수의 공약수입니다. 이 두 수의 최대공약수를 구하시오.

| 1, 2, 4, 8, 16 |

(　　　　　　　　　　　　　)

14 12와 30의 최대공약수를 구하시오.

(　　　　　　　　　　　　　)

15 두 수의 최대공약수를 오른쪽에서 찾아 선으로 이어 보시오.

| 32, 40 | ·　　　· | 6 |

| 42, 30 | ·　　　· | 8 |

2

약수와 배수

핵심 내용 곱셈식에서 구하거나 공약수로 나누어 구함

유형 05 최대공약수 구하기

16 ☐ 안에 알맞은 수를 써넣고 16과 20의 최대공약수를 구하시오.

$$16 = 4 \times \boxed{}$$
$$20 = \boxed{} \times \boxed{}$$

⇨ 16과 20의 최대공약수 (　　　　　　)

17 곱셈식을 보고 16과 24의 최대공약수를 구하시오.

$$16 = 2 \times 2 \times 2 \times 2$$
$$24 = 2 \times 2 \times 2 \times 3$$

(　　　　　　)

18 ☐ 안에 알맞은 수를 써넣으시오.

$$\boxed{})\underline{\ 15 \quad 30\ }$$
$$\boxed{})\underline{\ \ 5 \quad 10\ }$$
$$\ \ \boxed{} \quad \boxed{}$$

⇨ 최대공약수: $\boxed{} \times \boxed{} = \boxed{}$

19 ☐ 안에 알맞은 수를 써넣고, 36과 60의 최대공약수를 구하시오.

$$36 = 2 \times 2 \times 3 \times \boxed{}$$
$$60 = 2 \times \boxed{} \times \boxed{} \times 5$$

(　　　　　　)

20 최대공약수를 잘못 구한 쪽에 ×표 하시오.

$$2)\underline{\ 18 \quad 30\ }$$
$$3)\underline{\ \ 9 \quad 15\ }$$
$$\ \ \ 3 \quad\ \ 5$$

⇨ 최대공약수: 6

$$2)\underline{\ 34 \quad 102\ }$$
$$\ \ 17 \quad\ \ 51$$

⇨ 최대공약수: 2

(　　　　)　　　(　　　　)

21 최대공약수를 구하는 과정입니다. ㉠에 알맞은 수를 구하시오.

$$2)\underline{\ ㉠ \quad 32\ }$$
$$2)\underline{\ 14 \quad 16\ }$$
$$\ \ \ 7 \quad\ \ 8$$

(　　　　　　)

22 28과 70의 최대공약수를 구하시오.

(　　　　　　)

23 두 수의 최대공약수가 더 큰 것의 기호를 쓰시오.

㉠ 24, 30　　㉡ 20, 28

(　　　　　　)

→ 핵심 내용 공배수는 두 수에 공통으로 있는 배수

유형 06 **공배수**

24 두 수의 배수를 각각 4개씩 구하고 공배수를 2개 구하시오.

> 5, 10

5의 배수 (   )
10의 배수 (   )
5와 10의 공배수 (   )

25 두 수의 공배수를 가장 작은 수부터 3개 쓰시오.

> 6, 9

(   )

26 15의 배수도 되고, 20의 배수도 되는 수를 가장 작은 수부터 3개 쓰시오.

(   )

27 11부터 30까지의 수 중 2의 배수이면서 3의 배수인 수를 모두 쓰시오.

(   )

→ 핵심 내용 최소공배수는 공배수 중 가장 작은 수

유형 07 **최소공배수**

28 두 수의 공배수를 가장 작은 수부터 3개 쓰고, 최소공배수를 구하시오.

> 12, 9

공배수 (   )
최소공배수 (   )

29 어떤 두 수의 공배수를 가장 작은 수부터 쓴 것입니다. 두 수의 최소공배수를 구하시오.

> 12, 24, 36, 48, …

(   )

30 두 수의 최소공배수를 구하시오.

> 10, 14

(   )

31 두 수의 최소공배수가 더 큰 것의 기호를 쓰시오.

> ㉠ 16, 32   ㉡ 4, 20

(   )

2

약수와 배수

핵심 내용 곱셈식에서 구하거나 공약수로 나누어 구함

유형 08 **최소공배수 구하기**

32 □ 안에 알맞은 수를 써넣고 12와 14의 최소공배수를 구하시오.

$$12 = 6 \times \boxed{}$$

$$14 = \boxed{} \times \boxed{}$$

⇨ 12와 14의 최소공배수:

$$6 \times \boxed{} \times \boxed{} = \boxed{}$$

33 6과 21의 최소공배수를 구하려고 합니다. □ 안에 알맞은 수를 써넣으시오.

$$3 \overline{\smash{\big)}\, 6 \quad 21}$$
$$ 2 \quad 7$$

⇨ 최소공배수: $\boxed{} \times \boxed{} \times \boxed{} = \boxed{}$

34 곱셈식을 완성한 뒤 18과 24의 최소공배수를 구하시오.

$$18 = 2 \times 3 \times \boxed{}$$

$$24 = 2 \times \boxed{} \times \boxed{} \times \boxed{}$$

$$( )$$

35 두 수 가와 나의 최소공배수를 구하는 곱셈식을 쓰고, 계산하시오.

가$= 2 \times 2 \times 3 \times 7$ 나$= 2 \times 3 \times 3$

식 _____

36 두 수의 공약수로 나누는 과정을 쓰고 최소공배수를 구하시오.

$$\overline{\smash{\big)}\, 24 \quad 36}$$

⇨ 최소공배수: _____

37 8과 12의 최소공배수를 구하는 과정입니다. 틀린 부분을 찾아 바르게 고치시오.

$$2 \overline{\smash{\big)}\, 8 \quad 12}$$
$$ 4 \quad 6$$
⇨ 최소공배수: $2 \times 4 \times 6 = 48$

38 두 수의 최소공배수를 오른쪽에서 찾아 선으로 이어 보시오.

12, 16	·		·	40
8, 20	·		·	44
			·	48

잘 틀리는 유형 09 공약수와 최대공약수의 관계

39 ☐ 안에 알맞은 말을 써넣으시오.

> 18과 27의 공약수: 1, 3, 9
> 18과 27의 최대공약수: 9
> 최대공약수 9의 약수: 1, 3, 9

18과 27의 공약수는 18과 27의 최대공약수의

☐ 와 같습니다.

40 두 수와 최대공약수를 보고 공약수를 모두 구하시오.

수	최대공약수	공약수
56, 72	8	

합정유형 41 어떤 두 수의 최대공약수는 12입니다. 이 두 수의 공약수를 모두 구하시오.

(   )

KEY 두 수의 공약수를 구하려면 두 수의 최대공약수의 약수를 구하면 돼.

잘 틀리는 유형 10 공배수와 최소공배수의 관계

42 ☐ 안에 알맞은 말을 써넣으시오.

> 4와 5의 공배수: 20, 40, 60, ...
> 4와 5의 최소공배수: 20
> 최소공배수 20의 배수: 20, 40, 60, ...

4와 5의 공배수는 4와 5의 최소공배수의

☐ 와 같습니다.

43 최소공배수를 이용하여 두 수의 공배수를 3개 구하시오.

수	최소공배수	공배수
6, 8	24	

합정유형 44 어떤 두 수의 최소공배수는 12입니다. 이 두 수의 공배수를 3개 쓰시오.

(   )

KEY 두 수의 공배수를 구하려면 두 수의 최소공배수의 배수를 구하면 돼.

2 약수와 배수

2단계 서술형 유형

1-1

다음 중 48의 약수가 <u>아닌</u> 수를 찾는 풀이 과정을 완성하고 답을 구하시오.

| 12 | 10 | 8 |

풀이) 48을 나누어떨어지게 하는 수가 48의 ☐입니다.

48을 주어진 수로 나누어 보면

$48 \div 12 = $ ☐, $48 \div 10 = $ ☐ $\cdots$ ☐,

$48 \div 8 = $ ☐입니다.

따라서 48의 약수가 아닌 수는 ☐입니다.

답) ☐

1-2

다음 중 60의 약수가 <u>아닌</u> 수를 찾는 풀이 과정을 쓰고 답을 구하시오.

| 6 | 5 | 16 | 20 |

풀이)

답) _____

2-1

32를 나누어떨어지게 하는 수 중 8보다 큰 수를 모두 구하는 풀이 과정을 완성하고 답을 구하시오.

풀이) 32를 나누어떨어지게 하는 수는 32의 ☐입니다.

32의 약수는

☐, ☐, ☐, ☐, ☐, ☐이고

이 중 8보다 큰 수는 ☐, ☐입니다.

답) ☐, ☐

2-2

42를 나누어떨어지게 하는 수 중 7보다 큰 수를 모두 구하는 풀이 과정을 쓰고 답을 구하시오.

풀이)

답) _____

3-1

20보다 크고 70보다 작은 수 중 6과 8의 공배수는 모두 몇 개인지 풀이 과정을 완성하고 답을 구하시오.

풀이 ◻)6   8
  　　 3   ◻

6과 8의 최소공배수: ◻ × 3 × ◻ = ◻

6과 8의 공배수는 ◻, ◻, ◻, …
이고 이 중 20보다 크고 70보다 작은 수는
◻, ◻로 모두 ◻개입니다.

답 ◻개

4-1

16과 40의 공배수 중 가장 작은 세 자리 수는 얼마인지 풀이 과정을 완성하고 답을 구하시오.

풀이 ◻)16   40
  　　 2   ◻

16과 40의 최소공배수:

◻ × 2 × ◻ = ◻

16과 40의 공배수는 ◻, ◻, …이
므로 가장 작은 세 자리 수는 ◻입니다.

답 ◻

3-2

30보다 크고 60보다 작은 수 중 4와 6의 공배수는 모두 몇 개인지 풀이 과정을 쓰고 답을 구하시오.

풀이

답 _____

4-2

18과 24의 공배수 중 가장 작은 세 자리 수는 얼마인지 풀이 과정을 쓰고 답을 구하시오.

풀이

답 _____

3단계 유형 평가

01 64의 약수는 모두 몇 개입니까?

(   )

02 7의 배수가 <u>아닌</u> 수에 ×표 하시오.

| 21 | 42 | 54 | 63 | 84 | 96 |

03 18과 24의 공약수에 모두 ○표 하시오.

| 1 | 2 | 3 | 4 | 5 | 6 | 7 | 8 | 9 |

04 어떤 두 수의 공약수입니다. 이 두 수의 최대공약수를 구하시오.

| 1, 2, 4, 5, 10, 20 |

(   )

05 두 수의 최대공약수를 오른쪽에서 찾아 선으로 이어 보시오.

| 56, 72 | · · | 8 |
| 27, 63 | · · | 9 |

06 곱셈식을 보고 60과 72의 최대공약수를 구하시오.

$$60 = 2 \times 2 \times 3 \times 5$$
$$72 = 2 \times 2 \times 2 \times 3 \times 3$$

(   )

07 최대공약수를 구하는 과정입니다. ㉠에 알맞은 수를 구하시오.

```
3 ) ㉠   60
5 ) 15   20
      3    4
```

(   )

08 두 수의 최대공약수가 더 큰 것의 기호를 쓰시오.

> ㉠ 36, 42   ㉡ 35, 56

(   )

09 10부터 40까지의 수 중 3의 배수이면서 4의 배수인 수를 모두 구하시오.

(   )

10 어떤 두 수의 공배수를 가장 작은 수부터 쓴 것입니다. 두 수의 최소공배수를 구하시오.

> 15, 30, 45, 60, ...

(   )

11 두 수의 최소공배수가 더 큰 것의 기호를 쓰시오.

> ㉠ 5, 40   ㉡ 16, 48

(   )

12 곱셈식을 완성한 뒤 28과 36의 최소공배수를 구하시오.

$$28 = 2 \times 2 \times \square$$
$$36 = 2 \times \square \times \square \times \square$$

(   )

13 두 수의 공약수로 나누는 과정을 쓰고 최소공배수를 구하시오.

$$\overline{) 54 \quad 72}$$

⇨ 최소공배수: _____

14 두 수의 최소공배수를 오른쪽에서 찾아 선으로 이어 보시오.

15, 10	·		·	45
12, 18	·		·	36
			·	30

15 최대공약수를 이용하여 두 수의 공약수를 모두 구하시오.

수	최대공약수	공약수
36, 54	18	

16 최소공배수를 이용하여 두 수의 공배수를 3개 구하시오.

수	최소공배수	공배수
12, 15	60	

17 어떤 두 수의 최대공약수는 30입니다. 두 수의 공약수를 모두 구하시오.

(   )

18 어떤 두 수의 최소공배수는 28입니다. 두 수의 공배수를 3개 쓰시오.

(   )

19 48을 나누어떨어지게 하는 수 중 8보다 큰 수를 모두 구하는 풀이 과정을 쓰고 답을 구하시오.

풀이

답

20 15와 25의 공배수 중 가장 작은 세 자리 수는 얼마인지 풀이 과정을 쓰고 답을 구하시오.

풀이

답

정답 및 풀이 **14**쪽

01 36의 약수가 <u>아닌</u> 것은 어느 것입니까?
·····························( )

① 4 ② 9 ③ 12
④ 18 ⑤ 24

02 ☐ 안에 알맞은 수나 말을 써넣으시오.

4의 ☐

36 = 4 × 9

☐ 의 약수

03 56의 약수를 모두 구하시오.

( )

04 7의 배수를 가장 작은 수부터 4개 쓰시오.

( )

05 48과 64의 공약수를 모두 구하시오.

( )

06 28과 35의 최소공배수를 구하려고 합니다. ☐ 안에 알맞은 수를 써넣으시오.

7)28　35
　　4　5

⇨ 최소공배수: ☐ × ☐ × ☐ = ☐

07 식을 보고 ☐ 안에 약수와 배수 중 알맞은 말을 써넣으시오.

18=1×18,　18=2×9,　18=3×6

18은 1, 2, 3, 6, 9, 18의 ☐ 이고,
1, 2, 3, 6, 9, 18은 18의 ☐ 입니다.

08 두 수 가와 나의 최대공약수를 구하시오.

가=2×2×3×5　　나=2×3×7

( )

09 두 수가 약수와 배수의 관계인 것에 ○표 하시오.

6	42

( )

3	26

( )

10 빈칸에 알맞은 수를 써넣으시오.

수	최대공약수	공약수
30, 18		

11 서로 약수와 배수의 관계에 있는 것을 모두 고르시오. ·····················( )

① (3, 12) ② (4, 14) ③ (27, 6)
④ (30, 15) ⑤ (15, 40)

12 오른쪽 식을 보고 바르게 설명한 것을 찾아 기호를 쓰시오.

$$32 = 4 \times 8$$

- ㉠ 4의 약수는 32입니다.
- ㉡ 32의 약수는 8개입니다.
- ㉢ 32는 8의 배수입니다.

(   )

13 약수의 개수가 더 많은 수에 ◯표 하시오.

50   54

14 두 수의 최소공배수를 과정을 써서 구하시오.

)16   36

⇨ 최소공배수: _____

15 두 수의 최대공약수를 왼쪽의 빈칸에, 두 수의 최소공배수를 오른쪽 빈칸에 써넣으시오.

	36	54	

16 ☐ 안에 들어갈 수 있는 수를 모두 구하시오.

16은 ☐의 배수입니다.

(   )

17 60과 90의 공약수는 모두 몇 개입니까?

(   )

18 42와 70의 최대공약수를 구한 뒤 공약수를 모두 구하시오.

최대공약수 (   )

공약수 (   )

19 두 수의 최소공배수가 큰 것부터 차례로 기호를 쓰시오.

- ㉠ 8, 9
- ㉡ 6, 14
- ㉢ 12, 16
- ㉣ 25, 10

(   )

20 8과 20의 공배수 중 가장 큰 두 자리 수를 구하시오.

(   )

QR 코드를 찍어 단원 평가 를 더 풀어 보세요.

3 규칙과 대응

학습 계획표

계획표대로 공부했으면 ○표, 못했으면 △표 하세요.

내용	쪽수	날짜	확인
❶단계 핵심 개념+기초 문제	42~43쪽	월 일	
❶단계 기본 문제	44~45쪽	월 일	
❷단계 기본 유형+잘 틀리는 유형	46~51쪽	월 일	
❷단계 서술형 유형	52~53쪽	월 일	
❸단계 유형 평가	54~56쪽	월 일	
❸단계 단원 평가	57~58쪽	월 일	

개념에 대한 **자세한 동영상 강의**를 시청하세요.

개념❶ 두 양 사이의 관계 알아보기

자전거의 수(대)	1	2	3	...
바퀴의 수(개)	2	4	6	...

- 자전거가 1대씩 늘어날 때마다 바퀴가 2개씩 늘어납니다.
  ⇨ 바퀴의 수는 자전거의 수의 2배입니다.

- 바퀴가 2개씩 늘어날 때마다 자전거가 1대씩 늘어납니다.
  ⇨ 자전거의 수는 바퀴의 수를 2로 나눈 몫입니다.

핵심 두 양을 비교하기

[전에 배운 내용]
- 수의 배열에서 규칙 찾기

- 도형의 배열에서 규칙 찾기

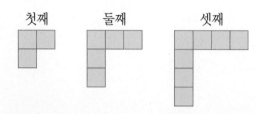

첫째　　둘째　　　셋째

넷째에 올 모양은 오른쪽으로 1개, 아래로 1개 늘어난 모양입니다.

[앞으로 배울 내용]
- 정비례 관계
- 반비례 관계

개념❷ 대응 관계를 식으로 나타내기

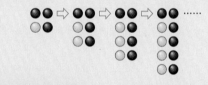

검은 바둑돌 수(개)	3	4	5	6	...
흰 바둑돌 수(개)	1	2	3	4	...

검은 바둑돌 수는 흰 바둑돌 수보다 2개 많습니다.
⇨ 검은 바둑돌 수를 ○, 흰색 바둑돌 수를 △라고 하면 △+2=○입니다.

핵심 기호를 사용하여 식으로 나타내기

위의 표에서 검은 바둑돌 수를 ○, 흰색 바둑돌 수를 △라고 하면 ○−❶[　]=△입니다.

[전에 배운 내용]
- 도형의 배열에서 규칙 찾기

- 계산식에서 규칙 찾기

- 생활 속에서 규칙적인 계산식 찾기

일	월	화	수	목	금	토
1	2	3	4	5	6	7
8	9	10	11	12	13	14
15	16	17	18	19	20	21
22	23	24	25	26	27	28
29	30					

아래 수에서 7을 빼면 위의 수가 됩니다.
오른쪽 수에서 1을 빼면 왼쪽 수가 됩니다.

[앞으로 배울 내용]
- 함수 이해하기
- 일차함수 이해하기

체크

1-1 자동차의 수와 바퀴의 수 사이의 대응 관계를 알아보려고 합니다. 물음에 답하시오.

(1) 규칙을 설명하시오.

자동차의 수가 ◻대씩 늘어날 때마다 바퀴의 수는 ◻개씩 늘어납니다.

(2) 자동차의 바퀴의 수는 자동차의 수의 몇 배입니까?

(   )

1-2 거미의 수와 다리의 수 사이의 대응 관계를 알아보려고 합니다. 물음에 답하시오.

(1) 규칙을 설명하시오.

거미의 수가 ◻마리씩 늘어날 때마다 다리의 수는 ◻개씩 늘어납니다.

(2) 거미 다리의 수는 거미의 수의 몇 배입니까?

(   )

3

규칙과 대응

체크

2-1 ♡와 ◇ 사이의 대응 관계를 식으로 나타내려고 합니다. 물음에 답하시오.

(1) 표를 완성하시오.

♡	1	2	3	4
◇	2	3	4	

(2) ♡와 ◇ 사이의 대응 관계를 식으로 나타낸 것입니다. ◻ 안에 알맞은 수를 써넣으시오.

$$♡ + ◻ = ◇$$

2-2 ○와 △ 사이의 대응 관계를 식으로 나타내려고 합니다. 물음에 답하시오.

(1) 표를 완성하시오.

○	2	3	4	5
△	7	8	9	

(2) ○와 △ 사이의 대응 관계를 식으로 나타낸 것입니다. ◻ 안에 알맞은 수를 써넣으시오.

$$△ - ◻ = ○$$

1단계 기본 문제

[01~04] 분홍색 블록의 수와 연두색 블록의 수 사이의 대응 관계를 알아보려고 합니다. ☐ 안에 알맞은 수를 써넣으시오.

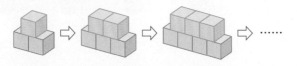

01 분홍색 블록은 ☐개씩 늘어납니다.

02 연두색 블록은 ☐개씩 늘어납니다.

03 분홍색 블록의 수는 연두색 블록의 수보다 ☐개 많습니다.

04 연두색 블록의 수는 분홍색 블록의 수보다 ☐개 적습니다.

[05~08] 사각형의 수와 원의 수 사이의 대응 관계를 알아보려고 합니다. ☐ 안에 알맞은 수를 써넣으시오.

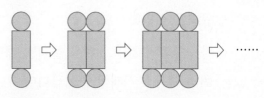

05 사각형은 ☐개씩 늘어납니다.

06 원은 ☐개씩 늘어납니다.

07 원의 수는 사각형의 수의 ☐배입니다.

08 사각형의 수는 원의 수를 ☐(으)로 나눈 몫입니다.

[09~12] ○와 △ 사이의 대응 관계를 식으로 나타내려고 합니다. ☐ 안에 알맞은 수를 써넣으시오.

○	4	5	6	7
△	8	10	12	14

09 △는 ○의 ☐배입니다.

10 대응 관계를 식으로 나타내면 ○×☐=△입니다.

11 ○는 △를 ☐(으)로 나눈 몫입니다.

12 대응 관계를 식으로 나타내면 △÷☐=○입니다.

[13~16] ■와 ☆ 사이의 대응 관계를 식으로 나타내려고 합니다. ☐ 안에 알맞은 수를 써넣으시오.

■	3	4	5	6
☆	2	3	4	5

13 ■는 ☆보다 ☐만큼 더 큰 수입니다.

14 대응 관계를 식으로 나타내면 ☆+☐=■입니다.

15 ☆은 ■보다 ☐만큼 더 작은 수입니다.

16 대응 관계를 식으로 나타내면 ■−☐=☆입니다.

3

규칙과 대응

유형 01 두 양 사이의 관계 알아보기(1)

[01~03] 도형의 배열을 보고 물음에 답하시오.

01 다음에 이어질 알맞은 모양을 그리시오.

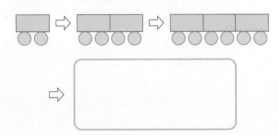

⇨

02 사각형이 10개일 때 필요한 원의 수는 몇 개입니까?

(   )

03 사각형의 수와 원의 수 사이의 대응 관계를 알아보시오.

> 원의 수는 사각형의 수의 ☐배입니다.

[04~07] 탁자의 수와 의자의 수 사이의 대응 관계를 알아보려고 합니다. 물음에 답하시오.

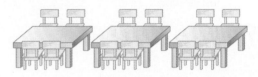

04 탁자가 2개일 때 의자는 몇 개입니까?

(   )

05 의자가 12개일 때 탁자는 몇 개입니까?

(   )

06 의자가 24개일 때 탁자는 몇 개입니까?

(   )

07 탁자의 수와 의자의 수 사이의 대응 관계를 알아보시오.

> 의자의 수는 탁자의 수의 ☐배입니다.

→ **핵심 내용** 두 양 사이의 대응 관계를 표로 나타내기

유형 02 두 양 사이의 관계 알아보기(2)

[08~10] 사각형의 수와 삼각형의 수 사이의 대응 관계를 알아보려고 합니다. 물음에 답하시오.

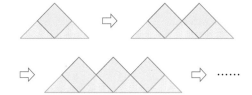

08 표를 완성하시오.

사각형의 수(개)	1	2	3	4	...
삼각형의 수(개)	2				...

09 사각형이 10개이면 삼각형은 몇 개입니까?

(　　　　　　)

10 삼각형의 수와 사각형의 수 사이의 대응 관계를 알아보시오.

삼각형의 수는 사각형의 수보다 ☐ 만큼 더 큰 수입니다.

[11~13] 달걀판에 달걀이 10개 들어 있습니다. 물음에 답하시오.

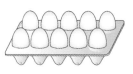

11 달걀판의 수와 달걀의 수 사이의 대응 관계를 나타낸 표를 완성하시오.

달걀판의 수(판)	1	2	3	4	5
달걀의 수(개)	10	20			

12 달걀판이 12개일 때 달걀은 몇 개 들어 있습니까?

(　　　　　　)

13 달걀판의 수와 달걀의 수 사이의 대응 관계를 알아보시오.

달걀의 수는 달걀판의 수의 ☐ 배입니다.

→ 핵심 내용 대응 관계 보고 알맞은 수 구하기

유형 03 대응 관계 보고 표 완성하기

14 △는 ○보다 3만큼 더 큰 수입니다. 표를 완성하시오.

○	4	5	6	7	8	9
△			9		11	12

15 □는 ☆보다 9만큼 더 작은 수입니다. 표를 완성하시오.

☆	19	20	21	22	23
□	10			13	14

16 ◇는 ○의 2배입니다. 표를 완성하시오.

○	5	6	7	8
◇	10			16

17 □를 4로 나누면 ♡입니다. 표를 완성하시오.

□	8	12	16	20	24
♡	2		4	5	

→ 핵심 내용 표에서 대응 관계 찾기

유형 04 표를 보고 대응 관계 알아보기

18 ♡와 △ 사이에는 어떤 대응 관계가 있는지 ☐ 안에 알맞은 수를 써넣으시오.

♡	1	2	3	4	5
△	5	10	15	20	25

┌ △는 ♡의 ☐배입니다.
└ △를 ☐로 나누면 ♡입니다.

19 표를 보고 ○와 △ 사이의 대응 관계를 쓰시오.

○	1	2	3	4	…
△	2	4	6	8	…

_____

20 표를 보고 △와 □ 사이의 대응 관계를 쓰시오.

△	1	2	3	4	…
□	8	9	10	11	…

_____

→ **핵심 내용** 기호를 사용하여 식으로 나타내기

유형 05 대응 관계를 식으로 나타내기

[21~24] 자동차 1대에 바퀴가 4개 있습니다. 물음에 답하시오.

21 표를 완성하시오.

자동차의 수(대)	1	2	3	4	...
바퀴의 수(개)	4	8			...

22 자동차가 8대일 때 바퀴는 몇 개 있습니까?

(   )

교과서유형
23 자동차의 수와 바퀴의 수 사이의 대응 관계를 쓰시오.

_____

24 자동차의 수와 바퀴의 수 사이의 대응 관계를 기호를 사용하여 식으로 나타내려고 합니다. ☐ 안에 알맞은 식을 써넣으시오.

> 자동차의 수를 ○, 바퀴의 수를 △라고 할 때 두 양 사이의 대응 관계를 식으로 나타내면
> ☐☐☐☐☐☐☐☐ 입니다.

[25~27] 한 바구니에 귤이 6개씩 담겨 있습니다. 물음에 답하시오.

25 표를 완성하시오.

바구니의 수(개)	1	2	3	4	5
귤의 수(개)	6	12			

26 바구니의 수와 귤의 수 사이의 대응 관계를 쓰시오.

_____

27 바구니의 수를 ○, 귤의 수를 △라고 할 때 두 양 사이의 대응 관계를 식으로 나타내시오.

⑤ _____

28 은주의 나이를 ○, 연도를 △라고 할 때 두 양 사이의 대응 관계를 식으로 나타내시오.

은주의 나이(살)	연도(년)
13	2020
14	2021
15	2022
16	2023
⋮	⋮

⑤ _____

3

규칙과 대응

2 단계 기본 유형

→ 핵심 내용 · 생활 속에서 규칙을 찾아 기호를 사용하여 식으로 나타내기

유형 06 생활 속에서 대응 관계를 찾아 식으로 나타내기

[29~32] 탁자의 수와 의자의 수 사이의 대응 관계를 알아보려고 합니다. 물음에 답하시오.

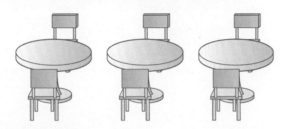

29 표를 완성하시오.

탁자의 수(개)	1	2	3		5	...
의자의 수(개)	2	4	6	8		...

30 □ 안에 알맞은 수를 써넣으시오.

(탁자의 수) × □ = (의자의 수)

31 탁자의 수를 ○, 의자의 수를 △라고 할 때 두 양 사이의 대응 관계를 식으로 나타내시오.

식 _____

32 탁자가 10개이면 의자는 몇 개입니까?

( )

[33~36] 의자의 수와 팔걸이의 수 사이의 대응 관계를 알아보려고 합니다. 물음에 답하시오.

33 표를 완성하시오.

의자의 수(개)	1	2	3		5	...
팔걸이의 수(개)	2	3	4	5		...

34 팔걸이의 수는 의자의 수보다 얼마만큼 더 큽니까?

( )

35 의자의 수를 ○, 팔걸이의 수를 △라고 할 때 두 양 사이의 대응 관계를 식으로 나타내시오.

식 _____

36 의자가 10개이면 팔걸이는 몇 개입니까?

( )

잘 틀리는 **유형 07** 대응 관계를 찾아 표 완성하기

37 대응 관계를 찾아 표를 완성하시오.

□	1	2	3	4	5
△	7	14			

38 대응 관계를 찾아 표를 완성하시오.

○	3	4	5	6	7
♡	5		7		

실정 유형 **39** 대응 관계를 찾아 표를 완성하시오.

◇	2	6	10	12	20
☆	6	10	14		

KEY 대응 관계를 찾아 ◇의 값에 주의하여 표를 완성합니다.

잘 틀리는 **유형 08** 대응 관계를 보고 예상하기

40 두 양 사이의 대응 관계를 식으로 나타내었습니다. ◇가 11일 때 ☆은 몇입니까?

$$◇+5=☆$$

(　　　　　　　　)

41 두 양 사이의 대응 관계를 식으로 나타내었습니다. □가 6일 때 ○는 몇입니까?

$$□×8=○$$

(　　　　　　　　)

실정 유형 **42** 두 양 사이의 대응 관계를 식으로 나타내었습니다. △가 20일 때 ○는 몇입니까?

$$○÷4=△$$

(　　　　　　　　)

KEY ○를 구하는 식으로 바꿉니다.

2단계 서술형 유형

1-1

그림을 보고 기린의 수와 다리의 수 사이에는 어떤 대응 관계가 있는지 풀이 과정을 완성하고 대응 관계를 쓰시오.

풀이 기린이 1마리 늘어날 때마다 다리의 수는 ☐개씩 늘어납니다.

따라서 기린 다리의 수는 기린의 수의 ☐배입니다.

답 기린 다리의 수는 기린의 수의 ☐배입니다.

1-2

그림을 보고 타조의 수와 다리의 수 사이에는 어떤 대응 관계가 있는지 풀이 과정을 쓰고 대응 관계를 쓰시오.

풀이

답 _____

2-1

자루의 수와 양파의 수 사이의 대응 관계를 나타낸 표입니다. 자루의 수와 양파의 수 사이에는 어떤 대응 관계가 있는지 풀이 과정을 완성하고 대응 관계를 쓰시오.

자루의 수(자루)	1	2	3	4	5
양파의 수(개)	8	16	24	32	40

풀이 자루의 수가 ☐자루씩 늘어날 때마다 양파의 수는 ☐개씩 늘어납니다.

따라서 양파의 수는 자루의 수의 ☐배입니다.

답 양파의 수는 자루의 수의 ☐배입니다.

2-2

상자의 수와 도넛의 수 사이의 대응 관계를 나타낸 표입니다. 상자의 수와 도넛의 수 사이에는 어떤 대응 관계가 있는지 풀이 과정을 쓰고 대응 관계를 쓰시오.

상자의 수(개)	1	2	3	4	5
도넛의 수(개)	12	24	36	48	60

풀이

답 _____

3-1

다음 표를 보고 ▲와 ● 사이의 대응 관계를 식으로 나타내려고 합니다. 풀이 과정을 완성하고 식을 쓰시오.

▲	1	2	3	4	5
●	5	6	7	8	9

(풀이) 표를 살펴보면 ▲가 1씩 커질 때마다 ●도 ☐씩 커집니다.

⇨ ●는 ▲보다 ☐만큼 더 큽니다.

(식) ▲ + ☐ = ●

3-2

다음 표를 보고 ☆과 □ 사이의 대응 관계를 식으로 나타내려고 합니다. 풀이 과정을 쓰고 식을 쓰시오.

☆	1	2	3	4	5
□	11	12	13	14	15

(풀이)

(식) _____

4-1

민주가 매달 500원씩 저금을 하려고 합니다. 저금한 개월 수를 ♡, 저금한 총 금액을 △라고 할 때 두 양 사이의 대응 관계를 식으로 나타내는 풀이 과정을 완성하고 식을 쓰시오.

(풀이) ♡와 △ 사이의 대응 관계를 표로 나타내면 다음과 같습니다.

♡	1	2	3	4	5
△	500	1000	1500		

따라서 ♡와 △ 사이의 대응 관계를 식으로 나타내면 ♡ × ☐ = △입니다.

(식) ♡ × ☐ = △

4-2

어느 박물관의 입장료는 900원입니다. 입장객 수를 ■, 입장료를 ♥라고 할 때 두 양 사이의 대응 관계를 식으로 나타내는 풀이 과정을 쓰고 식을 쓰시오.

(풀이)

(식) _____

3

규칙과 대응

3. 규칙과 대응

유형 평가

점수 /

[01~04] 탁자의 수와 의자의 수 사이에는 어떤 대응 관계가 있는지 알아보려고 합니다. 물음에 답하시오.

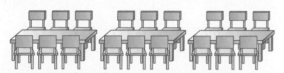

01 탁자가 2개일 때 의자는 몇 개입니까?

( )

02 의자가 18개일 때 탁자는 몇 개입니까?

( )

03 의자가 30개일 때 탁자는 몇 개입니까?

( )

04 탁자의 수와 의자의 수 사이의 대응 관계를 알아보시오.

의자의 수는 탁자의 수의 ☐ 배입니다.

[05~07] 사각형의 수와 삼각형의 수 사이의 대응 관계를 알아보려고 합니다. 물음에 답하시오.

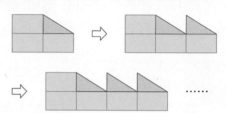

05 표를 완성하시오.

사각형의 수(개)	3	4	5	6	...
삼각형의 수(개)	1	2			...

06 사각형이 10개이면 삼각형은 몇 개입니까?

( )

07 삼각형의 수와 사각형의 수 사이의 대응 관계를 알아보시오.

삼각형의 수는 사각형의 수보다 ☐ 만큼 더 작은 수입니다.

08 ◇는 ◯의 3배입니다. 표를 완성하시오.

◯	4	5	6	7
◇	12			21

09 □를 2로 나누면 ♡입니다. 표를 완성하시오.

□	10	12	14	16	18
♡	5		7	8	

10 표를 보고 □와 △ 사이의 대응 관계를 쓰시오.

□	4	5	6	7	…
△	7	8	9	10	…

[11~12] 자전거 1대에 바퀴가 2개입니다. 물음에 답하시오.

11 표를 완성하시오.

자전거의 수(대)	1	2	3	4	…
바퀴의 수(개)	2	4			…

12 자전거의 수를 ◯, 바퀴의 수를 △라고 할 때 두 양 사이의 대응 관계를 식으로 나타내시오.

(식) _____

[13~14] 형의 나이와 동생의 나이 사이의 대응 관계를 알아보려고 합니다. 물음에 답하시오.

13 표를 완성하시오.

형의 나이(살)	13	14		16	…
동생의 나이(살)	8	9	10		…

14 형의 나이를 ◯, 동생의 나이를 △라고 할 때 대응 관계를 식으로 나타내시오.

(식) _____

15 대응 관계를 찾아 표를 완성하시오.

□	2	3	4	5	6
△	6	9			

16 두 양 사이의 대응 관계를 식으로 나타내었습니다. ◇가 17일 때 ☆은 몇입니까?

$$◇-8=☆$$

(   )

17 대응 관계를 찾아 표를 완성하시오.

◇	4	5	6	9	13
☆	16	20	24		

18 두 양 사이의 대응 관계를 식으로 나타내었습니다. △가 42일 때 ○는 몇입니까?

$$○÷6=△$$

(   )

19 그림을 보고 개미의 수와 다리의 수 사이에는 어떤 대응 관계가 있는지 풀이 과정을 쓰고 대응 관계를 쓰시오.

풀이 _____

_____

_____

_____

답 _____

20 다음 표를 보고 ☆과 □ 사이의 대응 관계를 식으로 나타내려고 합니다. 풀이 과정을 쓰고 식을 쓰시오.

☆	3	4	5	6	7
□	7	8	9	10	11

풀이 _____

_____

_____

_____

식 _____

정답 및 풀이 **20**쪽

01 표를 보고 ☐ 안에 알맞은 수를 써넣으시오.

언니의 나이(살)	14	15	16	17	…
유나의 나이(살)	12	13	14	15	…

⇨ 언니의 나이는 유나의 나이보다 ☐살 더 많습니다.

02 그림을 보고 ☐ 안에 알맞은 수를 써넣으시오.

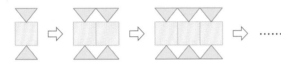

삼각형의 수는 사각형의 수의 ☐배입니다.

[03~05] 책상 한 개의 다리는 4개입니다. 물음에 답하시오.

03 표를 완성하시오.

책상의 수(개)	1	2	3	4	5
책상 다리의 수(개)	4				

04 책상의 수와 책상 다리의 수 사이에는 어떤 대응 관계가 있는지 쓰시오.

_____

_____

05 책상이 6개이면 책상 다리는 몇 개입니까?

( )

[06~07] 구슬이 한 통에 8개씩 들어 있습니다. 물음에 답하시오.

06 표를 완성하시오.

통의 수(개)	1	2	3	4	5
구슬의 수(개)	8	16			

07 통의 수와 구슬의 수 사이에는 어떤 대응 관계가 있는지 쓰시오.

_____

_____

08 ☐와 ○ 사이의 대응 관계를 식으로 바르게 나타낸 것은 어느 것입니까?………( )

☐	3	4	5	6	7
○	6	7	8	9	10

① ☐×2=○ ② ☐+3=○
③ ○+3=☐ ④ ○×2=☐
⑤ ○−2=☐

[09~10] ☐와 △ 사이의 대응 관계를 나타낸 표를 보고 물음에 답하시오.

☐	1	2	3	4	5	6
△	9	18	27	㉠	㉡	54

09 ㉠과 ㉡에 알맞은 수를 각각 구하시오.

㉠ ( )

㉡ ( )

10 ☐와 △ 사이의 대응 관계를 식으로 나타내시오.

식 _____

3 규칙과 대응

단원 평가 기본   3. 규칙과 대응

11 한 통에 만두가 5개씩 있습니다. 통의 수와 만두의 수 사이의 대응 관계를 쓰시오.

_____

_____

12 그림을 보고 서로 관계가 있는 두 양을 찾아 쓰시오.

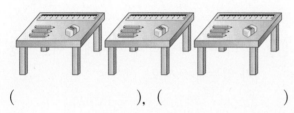

(   ), (   )

13 표를 보고 □와 △ 사이에는 어떤 대응 관계가 있는지 쓰시오.

□	1	2	3	4	5
△	5	10	15	20	25

_____

14 두 수 사이의 대응 관계를 식으로 나타낸 것을 찾아 선으로 이으시오.

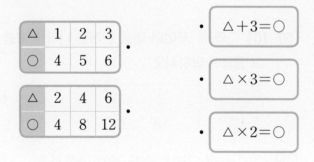

△	1	2	3
○	4	5	6

△	2	4	6
○	4	8	12

- $\triangle + 3 = \bigcirc$
- $\triangle \times 3 = \bigcirc$
- $\triangle \times 2 = \bigcirc$

15 ☆과 △ 사이의 대응 관계를 식으로 나타내시오.

☆	19	18	17	16	15
△	11	10	9	8	7

식 _____

[16~17] □와 ◇ 사이의 대응 관계를 나타낸 표입니다. 물음에 답하시오.

□	10	9	8	7	6	5
◇	8	7	6	5	4	3

16 □가 3일 때 ◇를 구하시오.

(   )

17 □와 ◇ 사이의 대응 관계를 식으로 나타내시오.

식 _____

18 △와 □ 사이의 대응 관계를 찾아 □의 수 중에서 잘못 들어간 수에 ○표 하시오.

△	8	9	10	11	12
□	12	13	14	11	16

19 ○는 △의 6배입니다. 표를 완성하시오.

△	3	4		8	
○			36		60

20 두 수 사이의 대응 관계를 쓰고, 식으로 나타내시오.

○	1	3	5	7	9
◇	12	14	16	18	20

_____

식 _____

QR 코드를 찍어 **단원 평가** 를 더 풀어 보세요.

4
약분과 통분

학습 계획표

계획표대로 공부했으면 ○표, 못했으면 △표 하세요.

내용	쪽수	날짜		확인
❶단계 핵심 개념+기초 문제	60~61쪽	월	일	
❶단계 기본 문제	62~63쪽	월	일	
❷단계 기본 유형+잘 틀리는 유형	64~69쪽	월	일	
❷단계 서술형 유형	70~71쪽	월	일	
❸단계 유형 평가	72~74쪽	월	일	
❸단계 단원 평가	75~76쪽	월	일	

개념에 대한 **자세한 동영상 강의를** 시청하세요.

개념① 약분

• $\frac{4}{8}$ 약분하기

8과 4의 공약수: 1, 2, 4

$$\Rightarrow \frac{4}{8} = \frac{4 \div 2}{8 \div 2} = \frac{2}{4}, \quad \frac{4}{8} = \frac{4 \div 4}{8 \div 4} = \frac{1}{2}$$

8과 4의 최대공약수: 4

$$\Rightarrow \frac{4}{8} = \frac{4 \div 4}{8 \div 4} = \frac{1}{2}$$

핵심 분모와 분자를 공약수로 나누기

분모와 분자를 공약수로 나누어 간단한 분수로 만드는 것을 ❶ [　][　]한다고 합니다.

[전에 배운 내용]

• 분수만큼은 얼마인지 알아보기

• 약수

어떤 수를 나누어떨어지게 하는 수를 그 수의 약수 라고 합니다.

• 공약수와 최대공약수

– 1, 3, 9는 9와 18의 공통된 약수이므로 공약수 입니다.
– 공약수 중 가장 큰 수인 9는 9와 18의 최대공약 수입니다.

[앞으로 배울 내용]

• 분수의 곱셈

분모는 분모끼리, 분자는 분자끼리 곱한 후 약분합 니다.

개념② 통분

• $\frac{1}{6}$ 과 $\frac{1}{4}$ 통분하기

6과 4의 곱: 24

$$\Rightarrow \frac{1}{6} = \frac{1 \times 4}{6 \times 4} = \frac{4}{24}, \quad \frac{1}{4} = \frac{1 \times 6}{4 \times 6} = \frac{6}{24}$$

6과 4의 최소공배수: 12

$$\Rightarrow \frac{1}{6} = \frac{1 \times 2}{6 \times 2} = \frac{2}{12}, \quad \frac{1}{4} = \frac{1 \times 3}{4 \times 3} = \frac{3}{12}$$

핵심 두 분모의 공배수를 곱하기

분수의 분모를 같게 하는 것을 ❷ [　][　]한다고 합 니다.

[전에 배운 내용]

• 분수의 크기 비교하기

• 배수

어떤 수를 1배, 2배, 3배, … 한 수를 그 수의 배 수라고 합니다.

• 공배수와 최소공배수

– 12, 24, 36, …은 3과 4의 공통된 배수이므로 공배수입니다.
– 공배수 중 가장 작은 수인 12는 3과 4의 최소공 배수입니다.

[앞으로 배울 내용]

• 분수의 덧셈과 뺄셈

분모가 다른 두 분수의 덧셈과 뺄셈은 두 분수를 통분한 후 계산합니다.

정답 ❶ 약분 ❷ 통분

기초 문제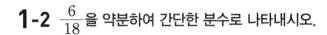

QR 코드를 찍어 보세요.
새로운 문제를 계속 풀 수 있어요.

공부한 날 ◯ 월 ◯ 일

● 정답 및 풀이 21쪽

4

약분과 통분

체크

1-1 $\dfrac{16}{24}$ 을 약분하여 간단한 분수로 나타내시오.

(1) $\dfrac{16}{24} = \dfrac{16 \div 2}{24 \div \boxed{}} = \dfrac{8}{\boxed{}}$

(2) $\dfrac{16}{24} = \dfrac{16 \div \boxed{}}{24 \div 4} = \dfrac{\boxed{}}{6}$

(3) $\dfrac{16}{24} = \dfrac{16 \div 8}{24 \div \boxed{}} = \dfrac{2}{\boxed{}}$

1-2 $\dfrac{6}{18}$ 을 약분하여 간단한 분수로 나타내시오.

(1) $\dfrac{6}{18} = \dfrac{6 \div 2}{18 \div \boxed{}} = \dfrac{3}{\boxed{}}$

(2) $\dfrac{6}{18} = \dfrac{6 \div 3}{18 \div \boxed{}} = \dfrac{2}{\boxed{}}$

(3) $\dfrac{6}{18} = \dfrac{6 \div 6}{18 \div \boxed{}} = \dfrac{1}{\boxed{}}$

체크

2-1 두 분모의 곱을 공통분모로 하여 통분하시오.

(1) $\left(\dfrac{4}{7}, \dfrac{3}{5} \right) \Rightarrow \left(\dfrac{4 \times 5}{7 \times 5}, \dfrac{3 \times 7}{5 \times 7} \right)$

$\Rightarrow \left(\dfrac{20}{\boxed{}}, \dfrac{21}{\boxed{}} \right)$

(2) $\left(\dfrac{2}{3}, \dfrac{5}{6} \right) \Rightarrow \left(\dfrac{2 \times \boxed{}}{3 \times 6}, \dfrac{5 \times \boxed{}}{6 \times 3} \right)$

$\Rightarrow \left(\dfrac{\boxed{}}{18}, \dfrac{\boxed{}}{18} \right)$

2-2 두 분모의 최소공배수를 공통분모로 하여 통분하시오.

(1) $\left(\dfrac{1}{6}, \dfrac{2}{9} \right) \Rightarrow \left(\dfrac{1 \times 3}{6 \times 3}, \dfrac{2 \times 2}{9 \times 2} \right)$

$\Rightarrow \left(\dfrac{3}{\boxed{}}, \dfrac{4}{\boxed{}} \right)$

(2) $\left(\dfrac{5}{8}, \dfrac{7}{20} \right) \Rightarrow \left(\dfrac{5 \times 5}{8 \times \boxed{}}, \dfrac{7 \times 2}{20 \times \boxed{}} \right)$

$\Rightarrow \left(\dfrac{25}{\boxed{}}, \dfrac{14}{\boxed{}} \right)$

기본 문제

01 □ 안에 알맞은 수를 써넣어 크기가 같은 분수를 만드시오.

(1) $\dfrac{3}{5} = \dfrac{3 \times 5}{5 \times \square} = \dfrac{\square}{\square}$

(2) $\dfrac{2}{7} = \dfrac{2 \times 3}{7 \times \square} = \dfrac{\square}{\square}$

(3) $\dfrac{5}{8} = \dfrac{5 \times \square}{8 \times 7} = \dfrac{\square}{\square}$

02 □ 안에 알맞은 수를 써넣어 크기가 같은 분수를 만드시오.

(1) $\dfrac{10}{20} = \dfrac{10 \div 10}{20 \div \square} = \dfrac{\square}{\square}$

(2) $\dfrac{6}{9} = \dfrac{6 \div 3}{9 \div \square} = \dfrac{\square}{\square}$

(3) $\dfrac{8}{28} = \dfrac{8 \div \square}{28 \div 4} = \dfrac{\square}{\square}$

03 분모와 분자의 공약수로 약분하시오.

(1) 공약수: 2

$\dfrac{8}{20} \Rightarrow \dfrac{\square}{\square}$

(2) 공약수: 3

$\dfrac{9}{18} \Rightarrow \dfrac{\square}{\square}$

(3) 공약수: 6

$\dfrac{12}{36} \Rightarrow \dfrac{\square}{\square}$

04 분모와 분자의 최대공약수로 약분하시오.

(1) 최대공약수: 4

$\dfrac{8}{20} \Rightarrow \dfrac{\square}{\square}$

(2) 최대공약수: 9

$\dfrac{9}{18} \Rightarrow \dfrac{\square}{\square}$

(3) 최대공약수: 12

$\dfrac{12}{36} \Rightarrow \dfrac{\square}{\square}$

05 두 분모의 곱으로 통분하시오.

(1) 분모의 곱: 8

$$\left(\frac{1}{2}, \frac{1}{4}\right) \Rightarrow \left(\frac{\Box}{8}, \frac{\Box}{8}\right)$$

(2) 분모의 곱: 24

$$\left(\frac{3}{4}, \frac{5}{6}\right) \Rightarrow \left(\frac{\Box}{24}, \frac{\Box}{24}\right)$$

(3) 분모의 곱: 80

$$\left(\frac{3}{8}, \frac{1}{10}\right) \Rightarrow \left(\frac{\Box}{80}, \frac{\Box}{80}\right)$$

06 두 분모의 최소공배수로 통분하시오.

(1) 최소공배수: 4

$$\left(\frac{1}{2}, \frac{1}{4}\right) \Rightarrow \left(\frac{\Box}{4}, \frac{\Box}{4}\right)$$

(2) 최소공배수: 12

$$\left(\frac{3}{4}, \frac{5}{6}\right) \Rightarrow \left(\frac{\Box}{12}, \frac{\Box}{12}\right)$$

(3) 최소공배수: 40

$$\left(\frac{3}{8}, \frac{1}{10}\right) \Rightarrow \left(\frac{\Box}{40}, \frac{\Box}{40}\right)$$

07 분수의 크기를 비교하여 ◯ 안에 >, <를 알맞게 써넣으시오.

(1) $\left(\frac{1}{2}, \frac{3}{4}\right) \Rightarrow \left(\frac{2}{4}, \frac{3}{4}\right) \Rightarrow \frac{1}{2} \bigcirc \frac{3}{4}$

(2) $\left(\frac{2}{3}, \frac{1}{6}\right) \Rightarrow \left(\frac{4}{6}, \frac{1}{6}\right) \Rightarrow \frac{2}{3} \bigcirc \frac{1}{6}$

(3) $\left(\frac{3}{5}, \frac{7}{10}\right) \Rightarrow \left(\frac{6}{10}, \frac{7}{10}\right) \Rightarrow \frac{3}{5} \bigcirc \frac{7}{10}$

08 분수의 크기를 비교하여 ◯ 안에 >, <를 알맞게 써넣으시오.

(1) $\left(\frac{1}{2}, \frac{1}{3}\right) \Rightarrow \left(\frac{3}{6}, \frac{2}{6}\right) \Rightarrow \frac{1}{2} \bigcirc \frac{1}{3}$

(2) $\left(\frac{3}{7}, \frac{5}{6}\right) \Rightarrow \left(\frac{18}{42}, \frac{35}{42}\right) \Rightarrow \frac{3}{7} \bigcirc \frac{5}{6}$

(3) $\left(\frac{2}{5}, \frac{1}{2}\right) \Rightarrow \left(\frac{4}{10}, \frac{5}{10}\right) \Rightarrow \frac{2}{5} \bigcirc \frac{1}{2}$

2단계 기본 유형

→ 핵심 내용 색칠한 부분이 같으면 크기가 같은 분수

유형 01 크기가 같은 분수 알아보기

01 분수만큼 색칠하고 알맞은 말에 ○표 하시오.

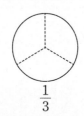
$\dfrac{1}{3}$

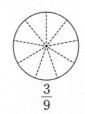
$\dfrac{3}{9}$

$\dfrac{1}{3}$과 $\dfrac{3}{9}$은 크기가 (같은 , 다른) 분수입니다.

02 분수만큼 수직선에 나타내고 크기가 같은 분수를 쓰시오.

$\dfrac{2}{8}$ |————————| 0   1

$\dfrac{2}{4}$ |————————| 0   1

$\dfrac{1}{4}$ |————————| 0   1

크기가 같은 분수는 ☐와/과 ☐입니다.

03 그림을 보고 ☐ 안에 알맞은 수를 써넣으시오.

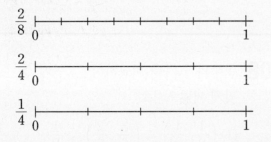

$$\dfrac{6}{12} = \dfrac{\square}{6} = \dfrac{\square}{2}$$

→ 핵심 내용 분모와 분자에 같은 수를 곱하거나 분모와 분자를 같은 수로 나눔

유형 02 크기가 같은 분수 만들기

04 크기가 같은 분수입니다. ☐ 안에 알맞은 수를 써넣으시오.

(1) $\dfrac{6}{20} = \dfrac{\square}{10}$ (2) $\dfrac{7}{21} = \dfrac{\square}{3}$

05 크기가 같은 분수입니다. ☐ 안에 알맞은 수를 써넣으시오.

$$\dfrac{5}{7} = \dfrac{\square}{14} = \dfrac{15}{\square} = \dfrac{\square}{28} = \cdots$$

06 주어진 분수와 크기가 같은 분수를 분모가 작은 것부터 차례로 3개 쓰시오.

$\boxed{\dfrac{5}{6}}$ ⇨ (   )

07 분모와 분자를 각각 2, 3, 6으로 나누어 만들 수 있는 크기가 같은 분수를 모두 쓰시오.

$\boxed{\dfrac{30}{42}}$ ⇨ (   )

핵심 내용 분모와 분자를 공약수로 나눔

익힘책 유형
08 크기가 같은 분수끼리 선으로 이으시오.

$\dfrac{1}{4}$ • • $\dfrac{8}{20}$

$\dfrac{2}{5}$ • • $\dfrac{5}{20}$

유형 03 분수를 간단하게 나타내기

11 주어진 분수를 약분하시오.

(1) $\dfrac{15}{45}$ ⇨ $\dfrac{\square}{15}$, $\dfrac{3}{\square}$

(2) $\dfrac{20}{24}$ ⇨ $\dfrac{\square}{12}$, $\dfrac{5}{\square}$

09 왼쪽 분수와 크기가 같은 분수를 모두 찾아 ○ 표 하시오.

$\dfrac{24}{36}$ $\dfrac{4}{6}$ $\dfrac{1}{3}$ $\dfrac{6}{9}$

익힘책 유형
12 기약분수로 나타내시오.

(1) $\dfrac{15}{24}$ ⇨ (   )

(2) $\dfrac{10}{32}$ ⇨ (   )

10 다음 중에서 크기가 같은 분수끼리 짝 지어진 것을 찾아 기호를 쓰시오.

㉠ $\left(\dfrac{2}{4}, \dfrac{8}{14}\right)$ ㉡ $\left(\dfrac{2}{10}, \dfrac{5}{30}\right)$

㉢ $\left(\dfrac{1}{8}, \dfrac{3}{24}\right)$ ㉣ $\left(\dfrac{1}{4}, \dfrac{4}{32}\right)$

(   )

13 왼쪽 분수를 약분한 분수를 오른쪽에서 찾아 선으로 이으시오.

$\dfrac{24}{30}$ • • $\dfrac{4}{6}$

$\dfrac{16}{24}$ • • $\dfrac{8}{10}$

$\dfrac{21}{49}$ • • $\dfrac{3}{7}$

4
약분과 통분

핵심 내용 ▶ 분모의 공배수를 공통분모로 함

14 약분했을 때 $\frac{3}{7}$이 되는 진분수를 3개 쓰시오.

$\left(\text{단, } \frac{3}{7}\text{은 제외합니다.}\right)$

(   )

15 보기 와 같이 분모와 분자를 최대공약수로 나누어 기약분수를 구하시오.

> 보기
> $$\frac{6}{24} = \frac{6 \div 6}{24 \div 6} = \frac{1}{4}$$

$\frac{12}{32}$

16 $\frac{8}{24}$에 대해 옳게 말한 것에 ○표 하시오.

> $\frac{8}{24}$을 기약분수로 나타내면 $\frac{2}{3}$입니다.   (   )

> $\frac{8}{24}$을 약분하여 만들 수 있는 분수는 모두 3개입니다.   (   )

유형 **04** 분모가 같은 분수로 나타내기

17 16과 24의 곱을 공통분모로 하여 $\frac{7}{16}$과 $\frac{5}{24}$를 통분하시오.

(   )

18 두 분모의 최소공배수를 공통분모로 하여 통분하시오.

$\left(\frac{7}{10}, \frac{8}{15}\right)$ ⇨ (   )

19 $\frac{11}{12}$과 $\frac{13}{18}$을 통분하려고 합니다. 공통분모가 될 수 있는 수는 무엇입니까?········(   )

① 30   ② 48   ③ 72

④ 86   ⑤ 104

20 두 분모의 공배수 중에서 가장 작은 수를 공통분모로 하여 통분하려고 합니다. 공통분모는 얼마입니까?

$\left(\frac{5}{16}, \frac{5}{12}\right)$

(   )

21 두 분수를 잘못 통분한 것에 ×표 하시오.

$$\left(\frac{3}{20}, \frac{9}{16}\right)$$

$$\left(\frac{6}{40}, \frac{18}{40}\right) \qquad \left(\frac{12}{80}, \frac{45}{80}\right)$$

(   )   (   )

22 $\frac{5}{6}$와 $\frac{1}{4}$을 두 가지 방법으로 통분하려고 합니다. 방법에 맞게 통분하시오.

(1) 두 분모의 곱을 공통분모로 하여 통분하기

(   )

(2) 두 분모의 최소공배수를 공통분모로 하여 통분하기

(   )

23 $\left(\frac{3}{4}, \frac{7}{30}\right)$을 통분한 것을 모두 찾아 기호를 쓰시오.

$\bigcirc \left(\frac{45}{60}, \frac{21}{60}\right) \qquad \bigcirc \left(\frac{45}{60}, \frac{14}{60}\right)$

$\bigcirc \left(\frac{90}{120}, \frac{28}{120}\right) \qquad \bigcirc \left(\frac{75}{120}, \frac{28}{120}\right)$

(   )

→ 핵심 내용 통분하여 분자를 비교

유형 **05** 분수의 크기 비교하기

24 □ 안에 알맞은 수를 써넣고 ○ 안에 >, =, <를 알맞게 써넣으시오.

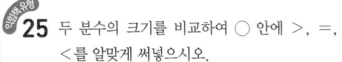

$$\frac{7}{9} = \frac{\square}{18} \bigcirc \frac{5}{6} = \frac{\square}{18}$$

25 두 분수의 크기를 비교하여 ○ 안에 >, =, <를 알맞게 써넣으시오.

(1) $\frac{4}{7} \bigcirc \frac{7}{10}$ (2) $\frac{3}{4} \bigcirc \frac{5}{9}$

26 분수의 크기를 바르게 비교한 것에 ○표 하시오.

$$\frac{17}{20} < \frac{31}{48} \qquad \frac{8}{15} < \frac{22}{35}$$

(   )   (   )

27 세 분수의 크기를 비교하여 □ 안에 알맞은 수를 써넣으시오.

$$\left(\frac{3}{7}, \frac{1}{2}, \frac{7}{9}\right) \Rightarrow \frac{\square}{\square} < \frac{\square}{\square} < \frac{\square}{\square}$$

4 약분과 통분

2 단계 **기본 유형**

핵심 내용 분수를 소수로 나타내거나
소수를 분수로 나타냄

28 두 분수의 크기를 비교하여 더 큰 분수를 위쪽의 빈 곳에 써넣으시오.

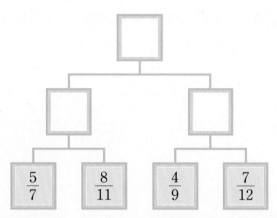

유형 **06** **분수와 소수의 크기 비교하기**

31 두 수의 크기를 비교하여 ○ 안에 >, =, < 를 알맞게 써넣으시오.

(1) $\dfrac{4}{5}$ ○ 0.5

(2) $1\dfrac{1}{4}$ ○ 1.65

29 다음 분수 중에서 가장 작은 분수를 찾아 쓰시오.

$$\dfrac{2}{5} \qquad \dfrac{4}{9} \qquad \dfrac{3}{10}$$

( )

32 집에서 더 가까운 곳은 어디입니까?

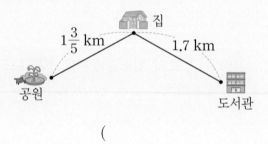

( )

30 가장 큰 분수에 ○표, 가장 작은 분수에 △표 하시오.

$$1\dfrac{5}{8} \qquad 1\dfrac{2}{3} \qquad 1\dfrac{17}{24}$$

33 분수와 소수의 크기를 비교하여 큰 수부터 차례로 쓰시오.

$$\dfrac{2}{5} \qquad 0.6 \qquad 1\dfrac{1}{2}$$

( )

공부한 날 ◯ 월 ◯ 일

잘 틀리는 유형 07 조건이 주어진 크기가 같은 분수 구하기

34 $\frac{3}{5}$과 크기가 같은 분수 중에서 분모가 10보다 크고 20보다 작은 분수를 쓰시오.

( )

35 $\frac{1}{4}$과 크기가 같은 분수 중에서 분모가 10보다 크고 20보다 작은 분수를 모두 쓰시오.

( )

36 $\frac{2}{3}$와 크기가 같은 분수 중에서 분자가 10보다 크고 20보다 작은 분수를 모두 쓰시오.

( )

KEY 분자가 10보다 크고 20보다 작도록 만듭니다.

잘 틀리는 유형 08 조건을 만족하는 공통분모 구하기

37 두 분수를 통분하려고 합니다. 공통분모가 될 수 있는 수 중에서 100보다 작은 수를 모두 구하시오.

$$\left(\frac{5}{12}, \frac{3}{16} \right)$$

( )

38 두 분수를 통분하려고 합니다. 공통분모가 될 수 있는 수 중에서 90보다 작은 수를 모두 구하시오.

$$\left(\frac{7}{18}, \frac{11}{12} \right)$$

( )

39 두 분수를 통분하려고 합니다. 공통분모가 될 수 있는 수 중에서 40보다 작은 두 자리 수를 모두 구하시오.

$$\left(\frac{1}{4}, \frac{5}{8} \right)$$

( )

KEY 40보다 작은 수 중에서 두 자리 수를 구합니다.

4

약분과 통분

2단계 서술형 유형

1-1

$\dfrac{24}{42}$와 크기가 같은 분수 중 분모가 7인 분수는 얼마인지 풀이 과정을 완성하고 답을 구하시오.

풀이) 분모가 7인 분수의 분자를 ▲라고 하면

$\dfrac{24}{42} = \dfrac{▲}{7}$입니다.

분모와 분자를 0이 아닌 같은 수로 나누면 크기가 같은 분수가 되므로

$\dfrac{24}{42} = \dfrac{24 \div \boxed{}}{42 \div \boxed{}} = \dfrac{\boxed{}}{7}$입니다.

답 $\boxed{}$

2-1

$\dfrac{16}{36}$을 기약분수로 나타내려고 합니다. 풀이 과정을 완성하고 답을 구하시오.

풀이)

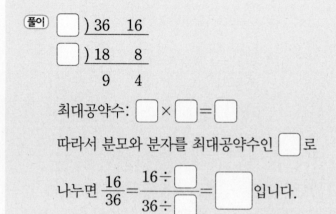

$\boxed{}$) 36 16
$\boxed{}$) 18 8
         9   4

최대공약수: $\boxed{} \times \boxed{} = \boxed{}$

따라서 분모와 분자를 최대공약수인 $\boxed{}$로

나누면 $\dfrac{16}{36} = \dfrac{16 \div \boxed{}}{36 \div \boxed{}} = \boxed{}$입니다.

답 $\boxed{}$

1-2

$\dfrac{32}{40}$와 크기가 같은 분수 중 분모가 10인 분수는 얼마인지 풀이 과정을 쓰고 답을 구하시오.

풀이)

답 _____

2-2

$\dfrac{12}{18}$를 기약분수로 나타내려고 합니다. 풀이 과정을 쓰고 답을 구하시오.

풀이)

답 _____

3-1

$\dfrac{3}{8}$ 과 $\dfrac{7}{12}$ 을 서로 다른 2가지 방법으로 통분하려고 합니다. 통분하는 풀이 과정을 완성하시오.

[방법 1] 두 분모의 곱을 공통분모로 하여 통분

$\left(\dfrac{3}{8}, \dfrac{7}{12}\right) \Rightarrow \left(\dfrac{3 \times \boxed{}}{8 \times \boxed{}}, \dfrac{7 \times \boxed{}}{12 \times \boxed{}}\right)$

$\Rightarrow \left(\boxed{}, \boxed{}\right)$

[방법 2] 두 분모의 최소공배수를 공통분모로 하여 통분

$\left(\dfrac{3}{8}, \dfrac{7}{12}\right) \Rightarrow \left(\dfrac{3 \times \boxed{}}{8 \times \boxed{}}, \dfrac{7 \times \boxed{}}{12 \times \boxed{}}\right)$

$\Rightarrow \left(\boxed{}, \boxed{}\right)$

3-2

$\dfrac{4}{9}$ 와 $\dfrac{8}{15}$ 을 서로 다른 2가지 방법으로 통분하는 풀이 과정을 쓰시오.

[방법 1]

[방법 2]

4-1

주스를 지훈이는 $\dfrac{8}{15}$ L, 연진이는 $\dfrac{7}{10}$ L 마셨습니다. 주스를 누가 더 많이 마셨는지 풀이 과정을 완성하고 답을 구하시오.

(풀이) 두 분모의 최소공배수 $\boxed{}$ 을 공통분모로 하여 통분하면

$\left(\dfrac{8}{15}, \dfrac{7}{10}\right) \Rightarrow \left(\dfrac{\boxed{}}{\boxed{}}, \dfrac{\boxed{}}{\boxed{}}\right)$ 입니다.

따라서 $\dfrac{\boxed{}}{\boxed{}} < \dfrac{\boxed{}}{\boxed{}}$ 이므로 $\boxed{}$ 이가 더 많이 마셨습니다.

(답) $\boxed{}$

4-2

미술 시간에 색 테이프를 은정이는 $\dfrac{9}{20}$ m, 수아는 $\dfrac{13}{32}$ m 사용했습니다. 누가 색 테이프를 더 많이 사용했는지 풀이 과정을 쓰고 답을 구하시오.

(풀이)

(답) _____

01 분수만큼 수직선에 나타내고 크기가 같은 분수를 쓰시오.

$\frac{4}{8}$ 0 ———————— 1

$\frac{2}{4}$ 0 ———————— 1

$\frac{3}{4}$ 0 ———————— 1

크기가 같은 분수는 [ ] 와/과 [ ] 입니다.

02 크기가 같은 분수입니다. ☐ 안에 알맞은 수를 써넣으시오.

$$\frac{4}{9} = \frac{\boxed{}}{18} = \frac{12}{\boxed{}} = \frac{\boxed{}}{36} = \cdots$$

03 주어진 분수와 크기가 같은 분수를 분모가 작은 것부터 차례로 3개 쓰시오.

$\frac{3}{11}$ ⇨ (   )

04 크기가 같은 분수끼리 선으로 이으시오.

$\frac{1}{4}$ ·   · $\frac{4}{32}$

$\frac{1}{8}$ ·   · $\frac{8}{32}$

05 기약분수로 나타내시오.

$\frac{14}{26}$ ⇨ (   )

06 약분했을 때 $\frac{1}{6}$ 이 되는 진분수를 3개 쓰시오.

$\left(\text{단, } \frac{1}{6} \text{은 제외합니다.}\right)$

(   )

07 보기 와 같이 분모와 분자를 최대공약수로 나누어 기약분수를 구하시오.

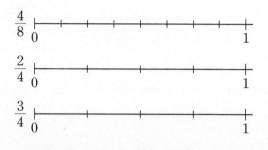

보기

$$\frac{8}{24} = \frac{8 \div 8}{24 \div 8} = \frac{1}{3}$$

$\frac{45}{75}$

08 15와 20의 곱을 공통분모로 하여 $\dfrac{4}{15}$와 $\dfrac{9}{20}$ 를 통분하시오.

( )

09 두 분모의 최소공배수를 공통분모로 하여 통분하시오.

$\left(\dfrac{5}{14},\ \dfrac{8}{21}\right) \Rightarrow ($)

10 $\dfrac{3}{10}$ 과 $\dfrac{11}{12}$ 을 두 가지 방법으로 통분하려고 합니다. 방법에 맞게 통분하시오.

(1) 두 분모의 곱을 공통분모로 하여 통분하기

( )

(2) 두 분모의 최소공배수를 공통분모로 하여 통분하기

( )

11 두 분수의 크기를 비교하여 ◯ 안에 >, =, <를 알맞게 써넣으시오.

(1) $\dfrac{4}{5}$ ◯ $\dfrac{13}{16}$ (2) $\dfrac{4}{9}$ ◯ $\dfrac{2}{7}$

12 세 분수의 크기를 비교하여 ☐ 안에 알맞은 수를 써넣으시오.

$\left(\dfrac{1}{2},\ \dfrac{4}{9},\ \dfrac{2}{5}\right) \Rightarrow \dfrac{\square}{\square} < \dfrac{\square}{\square} < \dfrac{\square}{\square}$

13 두 수의 크기를 비교하여 ◯ 안에 >, =, <를 알맞게 써넣으시오.

$\dfrac{13}{20}$ ◯ 0.7

14 분수와 소수의 크기를 비교하여 큰 수부터 차례로 쓰시오.

| $\dfrac{7}{10}$ | 0.8 | $\dfrac{3}{4}$ |

( )

4

약분과 통분

15 $\dfrac{7}{8}$ 과 크기가 같은 분수 중에서 분모가 20보다 크고 30보다 작은 분수를 쓰시오.

(   )

16 두 분수를 통분하려고 합니다. 공통분모가 될 수 있는 수 중에서 100보다 작은 수를 모두 구하시오.

$$\left(\dfrac{17}{20},\ \dfrac{3}{8}\right)$$

(   )

17 $\dfrac{3}{4}$ 과 크기가 같은 분수 중에서 분자가 20보다 크고 30보다 작은 분수를 모두 쓰시오.

(   )

18 두 분수를 통분하려고 합니다. 공통분모가 될 수 있는 수 중에서 30보다 작은 두 자리 수를 모두 구하시오.

$$\left(\dfrac{1}{3},\ \dfrac{2}{9}\right)$$

(   )

서술형

19 $\dfrac{9}{27}$ 와 크기가 같은 분수 중 분모가 3인 분수는 얼마인지 풀이 과정을 쓰고 답을 구하시오.

풀이

답

서술형

20 $\dfrac{7}{20}$ 과 $\dfrac{11}{30}$ 을 서로 다른 2가지 방법으로 통분하는 풀이 과정을 쓰시오.

[방법 1]

[방법 2]

정답 및 풀이 **28**쪽

01 □ 안에 알맞은 수를 써넣으시오.

$$\frac{3}{5} = \frac{\square}{10} = \frac{9}{\square}$$

02 왼쪽 분수와 크기가 같은 분수를 모두 찾아 ○ 표 하시오.

$$\boxed{\frac{12}{28}} \Rightarrow \left(\frac{1}{3}, \frac{3}{7}, \frac{7}{12}, \frac{6}{14} \right)$$

03 두 분모의 곱을 공통분모로 하여 통분하시오.

$$\left(\frac{7}{9}, \frac{11}{15} \right) \Rightarrow (\qquad\qquad)$$

04 두 분모의 최소공배수를 공통분모로 하여 통분하시오.

$$\left(\frac{9}{16}, \frac{5}{12} \right) \Rightarrow (\qquad\qquad)$$

05 기약분수로 나타내시오.

$$\boxed{\frac{20}{36}} \Rightarrow (\qquad\qquad)$$

06 $\frac{4}{9}$와 크기가 같은 분수를 분모가 작은 것부터 차례로 3개 쓰시오.

(   )

07 다음 중에서 기약분수를 모두 찾아 쓰시오.

$$\frac{3}{5} \qquad \frac{4}{8} \qquad \frac{8}{19} \qquad \frac{9}{27} \qquad \frac{18}{30}$$

(   )

08 두 분수 $\frac{4}{15}$와 $\frac{5}{12}$를 통분하려고 합니다. 공통분모가 될 수 <u>없는</u> 수는 어느 것입니까?

....(   )

① 60   ② 120   ③ 180

④ 240   ⑤ 320

09 두 수의 크기를 비교하여 ○ 안에 >, =, < 를 알맞게 써넣으시오.

$$0.28 \bigcirc \frac{2}{5}$$

10 더 큰 수의 기호를 쓰시오.

$$\text{㉠ } \frac{5}{8} \qquad\qquad \text{㉡ } 0.7$$

(   )

11 $\frac{24}{36}$를 약분하려고 합니다. 분모와 분자를 나눌 수 <u>없는</u> 수는 어느 것입니까?····(   )

① 2   ② 3   ③ 4
④ 6   ⑤ 8

12 두 분수를 각각 약분하시오.

$$\frac{21}{36} \qquad \frac{22}{36}$$

(   )

13 $\frac{32}{40}$와 크기가 같은 분수 중 분모가 20인 분수를 구하시오.

(   )

14 $\frac{1}{2}$과 크기가 같은 분수 중 분모가 42인 분수를 구하시오.

(   )

15 다음 중에서 $\frac{4}{7}$와 크기가 같은 분수를 모두 쓰시오.

$$\frac{6}{14} \qquad \frac{12}{21} \qquad \frac{20}{28} \qquad \frac{28}{49} \qquad \frac{27}{63}$$

(   )

16 $\left(\frac{7}{12}, \frac{5}{18}\right)$를 통분한 것을 모두 찾아 기호를 쓰시오.

㉠ $\left(\frac{21}{36}, \frac{10}{36}\right)$ ㉡ $\left(\frac{14}{36}, \frac{10}{36}\right)$

㉢ $\left(\frac{42}{72}, \frac{15}{72}\right)$ ㉣ $\left(\frac{42}{72}, \frac{20}{72}\right)$

(   )

17 주스를 민우는 $\frac{13}{15}$ L, 영미는 $\frac{7}{8}$ L 마셨습니다. 누가 주스를 더 많이 마셨습니까?

(   )

18 $\frac{4}{9}$, $\frac{13}{27}$, $\frac{7}{18}$의 크기를 비교하여 큰 분수부터 차례로 쓰시오.

(   )

19 $\frac{30}{45}$을 기약분수로 나타내려면 분모와 분자를 몇으로 나누어야 합니까?

(   )

20 공통분모가 될 수 있는 수 중에서 가장 작은 수로 $\frac{7}{12}$과 $\frac{4}{9}$를 통분하시오.

(   )

QR 코드를 찍어   단원 평가 를 더 풀어 보세요.

5

분수의 덧셈과 뺄셈

학습 계획표

계획표대로 공부했으면 ○표, 못했으면 △표 하세요.

내용	쪽수	날짜	확인
❶단계 핵심 개념+기초 문제	78~79쪽	월 일	
❶단계 기본 문제	80~81쪽	월 일	
❷단계 기본 유형+잘 틀리는 유형	82~87쪽	월 일	
❷단계 서술형 유형	88~89쪽	월 일	
❸단계 유형 평가	90~92쪽	월 일	
❸단계 단원 평가	93~94쪽	월 일	

핵심 개념
1 단계

개념에 대한 **자세한 동영상 강의**를 시청하세요.

개념 ① 분수의 덧셈

• 진분수의 덧셈

$$\frac{3}{4}+\frac{1}{2}=\frac{3}{4}+\frac{2}{4}=\frac{5}{4}=1\frac{1}{4}$$

• 대분수의 덧셈

$$1\frac{1}{2}+1\frac{1}{3}=1\frac{3}{6}+1\frac{2}{6}$$
$$=(1+1)+\left(\frac{3}{6}+\frac{2}{6}\right)=2\frac{5}{6}$$

핵심 통분한 후 더하기

[계산 방법]

① 분수를 통분한 후 자연수는 자연수끼리, 진분수는 진분수끼리 계산합니다.

② 진분수끼리 더할 때 계산한 후에 가분수일 경우 ❶ ☐☐☐ 로 나타냅니다.

[전에 배운 내용]

• 분모가 같은 진분수의 덧셈

$$\frac{1}{3}+\frac{1}{3}=\frac{2}{3}$$

－분모는 그대로 쓰고 분자끼리 더합니다.
계산한 후에 가분수일 경우 대분수로 나타냅니다.

• 분모가 같은 대분수의 덧셈

$$1\frac{1}{5}+1\frac{2}{5}=(1+1)+\left(\frac{1}{5}+\frac{2}{5}\right)=2\frac{3}{5}$$

－자연수는 자연수끼리, 진분수는 진분수끼리 계산합니다.
계산한 후에 가분수일 경우 대분수로 나타냅니다.

• 약분과 통분

개념 ② 분수의 뺄셈

• 진분수의 뺄셈

$$\frac{3}{4}-\frac{1}{2}=\frac{3}{4}-\frac{2}{4}=\frac{1}{4}$$

• 대분수의 뺄셈

$$1\frac{1}{2}-1\frac{1}{3}=1\frac{3}{6}-1\frac{2}{6}$$
$$=(1-1)+\left(\frac{3}{6}-\frac{2}{6}\right)=\frac{1}{6}$$

핵심 통분한 후 빼기

[계산 방법]

① 분수를 통분한 후 자연수는 자연수끼리, 진분수는 진분수끼리 계산합니다.

② 진분수끼리 계산할 수 없으면 ❷ ☐ 을 가분수로 나타내어 계산합니다.

[전에 배운 내용]

• 분모가 같은 진분수의 뺄셈

$$\frac{2}{3}-\frac{1}{3}=\frac{1}{3}$$

－분모는 그대로 쓰고 분자끼리 뺍니다.

• 분모가 같은 대분수의 뺄셈

$$3\frac{4}{5}-1\frac{3}{5}=(3-1)+\left(\frac{4}{5}-\frac{3}{5}\right)=2\frac{1}{5}$$

－자연수는 자연수끼리, 진분수는 진분수끼리 계산합니다.
진분수끼리 계산할 수 없으면 1을 가분수로 나타내어 계산합니다.

• 약분과 통분

정답 ▶ ❶ 대분수 ❷ 1

1-1 ☐ 안에 알맞은 수를 써넣으시오.

(1) $\dfrac{5}{8}+\dfrac{1}{6}=\dfrac{5\times\boxed{}}{8\times6}+\dfrac{1\times\boxed{}}{6\times8}$

$=\dfrac{\boxed{}}{48}+\dfrac{\boxed{}}{48}=\dfrac{\boxed{}}{48}=\dfrac{\boxed{}}{24}$

(2) $1\dfrac{1}{8}+3\dfrac{5}{12}=1\dfrac{\boxed{}}{24}+3\dfrac{\boxed{}}{24}$

$=(1+3)+\left(\dfrac{\boxed{}}{24}+\dfrac{\boxed{}}{24}\right)$

$=4+\dfrac{\boxed{}}{24}=\boxed{}\dfrac{\boxed{}}{24}$

1-2 ☐ 안에 알맞은 수를 써넣으시오.

(1) $\dfrac{4}{9}+\dfrac{2}{7}=\dfrac{4\times\boxed{}}{9\times7}+\dfrac{2\times\boxed{}}{7\times9}$

$=\dfrac{\boxed{}}{63}+\dfrac{\boxed{}}{63}=\dfrac{\boxed{}}{63}$

(2) $1\dfrac{2}{5}+2\dfrac{1}{2}=1\dfrac{\boxed{}}{10}+2\dfrac{\boxed{}}{10}$

$=(1+2)+\left(\dfrac{\boxed{}}{10}+\dfrac{\boxed{}}{10}\right)$

$=3+\dfrac{\boxed{}}{10}=\boxed{}\dfrac{\boxed{}}{10}$

2-1 ☐ 안에 알맞은 수를 써넣으시오.

(1) $\dfrac{6}{7}-\dfrac{5}{9}=\dfrac{6\times\boxed{}}{7\times9}-\dfrac{5\times\boxed{}}{9\times7}$

$=\dfrac{\boxed{}}{63}-\dfrac{\boxed{}}{63}=\dfrac{\boxed{}}{63}$

(2) $4\dfrac{2}{3}-1\dfrac{2}{7}=4\dfrac{\boxed{}}{21}-1\dfrac{\boxed{}}{21}$

$=(4-1)+\left(\dfrac{\boxed{}}{21}-\dfrac{\boxed{}}{21}\right)$

$=3+\dfrac{\boxed{}}{21}=\boxed{}\dfrac{\boxed{}}{21}$

2-2 ☐ 안에 알맞은 수를 써넣으시오.

(1) $\dfrac{4}{5}-\dfrac{1}{2}=\dfrac{4\times\boxed{}}{5\times2}-\dfrac{1\times\boxed{}}{2\times5}$

$=\dfrac{\boxed{}}{10}-\dfrac{\boxed{}}{10}=\dfrac{\boxed{}}{10}$

(2) $2\dfrac{4}{5}-1\dfrac{1}{4}=2\dfrac{\boxed{}}{20}-1\dfrac{\boxed{}}{20}$

$=(2-1)+\left(\dfrac{\boxed{}}{20}-\dfrac{\boxed{}}{20}\right)$

$=1+\dfrac{\boxed{}}{20}=\boxed{}\dfrac{\boxed{}}{20}$

5

분수의 덧셈과 뺄셈

기본 문제

[01~06] ☐ 안에 알맞은 수를 써넣으시오.

01 $\dfrac{3}{4}+\dfrac{1}{7}=\dfrac{\boxed{}}{28}+\dfrac{\boxed{}}{28}=\dfrac{\boxed{}}{28}$

02 $\dfrac{3}{8}+\dfrac{1}{6}=\dfrac{\boxed{}}{48}+\dfrac{\boxed{}}{48}=\dfrac{\boxed{}}{48}=\dfrac{\boxed{}}{24}$

03 $\dfrac{5}{12}+\dfrac{3}{10}=\dfrac{\boxed{}}{120}+\dfrac{\boxed{}}{120}$
$=\dfrac{\boxed{}}{120}=\dfrac{\boxed{}}{60}$

04 $\dfrac{6}{7}+\dfrac{3}{5}=\dfrac{\boxed{}}{35}+\dfrac{\boxed{}}{35}=\dfrac{\boxed{}}{35}=1\dfrac{\boxed{}}{35}$

05 $\dfrac{3}{4}+\dfrac{5}{8}=\dfrac{\boxed{}}{8}+\dfrac{\boxed{}}{8}=\dfrac{\boxed{}}{8}=1\dfrac{\boxed{}}{8}$

06 $\dfrac{7}{10}+\dfrac{8}{15}=\dfrac{\boxed{}}{30}+\dfrac{\boxed{}}{30}$
$=\dfrac{\boxed{}}{30}=1\dfrac{\boxed{}}{30}$

[07~12] ☐ 안에 알맞은 수를 써넣으시오.

07 $1\dfrac{1}{2}+2\dfrac{1}{3}=1\dfrac{\boxed{}}{6}+2\dfrac{\boxed{}}{6}=\boxed{}\dfrac{\boxed{}}{6}$

08 $1\dfrac{1}{12}+1\dfrac{3}{8}=1\dfrac{\boxed{}}{24}+1\dfrac{\boxed{}}{24}=\boxed{}\dfrac{\boxed{}}{24}$

09 $2\dfrac{5}{12}+1\dfrac{9}{16}=2\dfrac{\boxed{}}{48}+1\dfrac{\boxed{}}{48}$
$=\boxed{}\dfrac{\boxed{}}{48}$

10 $4\dfrac{3}{4}+1\dfrac{3}{5}=4\dfrac{\boxed{}}{20}+1\dfrac{\boxed{}}{20}$
$=5+\dfrac{\boxed{}}{20}=\boxed{}\dfrac{\boxed{}}{20}$

11 $2\dfrac{11}{15}+3\dfrac{9}{20}=2\dfrac{\boxed{}}{60}+3\dfrac{\boxed{}}{60}$
$=5+\dfrac{\boxed{}}{60}=\boxed{}\dfrac{\boxed{}}{60}$

12 $2\dfrac{10}{21}+1\dfrac{5}{6}=2\dfrac{\boxed{}}{42}+1\dfrac{\boxed{}}{42}$
$=3+\dfrac{\boxed{}}{42}=\boxed{}\dfrac{\boxed{}}{42}$

[13~18] ☐ 안에 알맞은 수를 써넣으시오.

13 $\dfrac{2}{5}-\dfrac{2}{7}=\dfrac{\boxed{}}{35}-\dfrac{\boxed{}}{35}=\dfrac{\boxed{}}{35}$

14 $\dfrac{5}{8}-\dfrac{1}{12}=\dfrac{\boxed{}}{96}-\dfrac{\boxed{}}{96}=\dfrac{\boxed{}}{96}=\dfrac{\boxed{}}{24}$

15 $\dfrac{3}{4}-\dfrac{3}{10}=\dfrac{\boxed{}}{40}-\dfrac{\boxed{}}{40}=\dfrac{\boxed{}}{40}=\dfrac{\boxed{}}{20}$

16 $\dfrac{3}{4}-\dfrac{7}{16}=\dfrac{\boxed{}}{16}-\dfrac{\boxed{}}{16}=\dfrac{\boxed{}}{16}$

17 $\dfrac{5}{6}-\dfrac{2}{9}=\dfrac{\boxed{}}{18}-\dfrac{\boxed{}}{18}=\dfrac{\boxed{}}{18}$

18 $\dfrac{7}{12}-\dfrac{5}{16}=\dfrac{\boxed{}}{48}-\dfrac{\boxed{}}{48}=\dfrac{\boxed{}}{48}$

[19~24] ☐ 안에 알맞은 수를 써넣으시오.

19 $3\dfrac{3}{5}-1\dfrac{1}{2}=3\dfrac{\boxed{}}{10}-1\dfrac{\boxed{}}{10}=\boxed{}\dfrac{\boxed{}}{10}$

20 $4\dfrac{5}{7}-1\dfrac{1}{4}=4\dfrac{\boxed{}}{28}-1\dfrac{\boxed{}}{28}=\boxed{}\dfrac{\boxed{}}{28}$

21 $5\dfrac{11}{12}-2\dfrac{5}{9}=5\dfrac{\boxed{}}{36}-2\dfrac{\boxed{}}{36}$

$\qquad\qquad =\boxed{}\dfrac{\boxed{}}{36}$

22 $4\dfrac{3}{4}-1\dfrac{5}{6}=4\dfrac{\boxed{}}{12}-1\dfrac{\boxed{}}{12}$

$\qquad\quad =3\dfrac{\boxed{}}{12}-1\dfrac{\boxed{}}{12}=2\dfrac{\boxed{}}{12}$

23 $3\dfrac{3}{14}-1\dfrac{1}{4}=3\dfrac{\boxed{}}{28}-1\dfrac{\boxed{}}{28}$

$\qquad\quad =2\dfrac{\boxed{}}{28}-1\dfrac{\boxed{}}{28}=1\dfrac{\boxed{}}{28}$

24 $2\dfrac{1}{4}-1\dfrac{7}{18}=2\dfrac{\boxed{}}{36}-1\dfrac{\boxed{}}{36}$

$\qquad\quad =1\dfrac{\boxed{}}{36}-1\dfrac{\boxed{}}{36}=\dfrac{\boxed{}}{36}$

5 분수의 덧셈과 뺄셈

2단계 기본 유형

→ 핵심 내용 통분하여 분자끼리 더하기

유형 01 받아올림이 없는 진분수의 덧셈

교과서유형
01 보기 와 같이 계산하시오.

보기
$$\frac{1}{8}+\frac{5}{14}=\frac{1\times14}{8\times14}+\frac{5\times8}{14\times8}$$
$$=\frac{14}{112}+\frac{40}{112}=\frac{54}{112}=\frac{27}{56}$$

$$\frac{3}{10}+\frac{5}{12}=\underline{\hspace{4cm}}$$

02 빈 곳에 알맞은 수를 써넣으시오.

$$\boxed{\frac{1}{3}} \quad \boxed{+\frac{2}{9}} \quad \boxed{}$$

03 다음의 수를 공통분모로 통분하여 계산하시오.

(1) 두 분모의 곱
$$\frac{1}{6}+\frac{3}{8}=$$

(2) 두 분모의 최소공배수
$$\frac{1}{10}+\frac{7}{8}=$$

→ 핵심 내용 통분하여 분자끼리 더하고
대분수로 나타내기

유형 02 받아올림이 있는 진분수의 덧셈

교과서유형
04 보기 와 같이 계산하시오.

보기
$$\frac{2}{3}+\frac{5}{6}=\frac{2\times6}{3\times6}+\frac{5\times3}{6\times3}$$
$$=\frac{12}{18}+\frac{15}{18}=\frac{27}{18}=1\frac{9}{18}=1\frac{1}{2}$$

$$\frac{3}{4}+\frac{3}{10}=\underline{\hspace{4cm}}$$

05 계산을 하시오.

(1) $\frac{2}{5}+\frac{2}{3}$

(2) $\frac{5}{6}+\frac{8}{9}$

06 빈 곳에 알맞은 수를 써넣으시오.

$$\boxed{\frac{3}{5}} \quad \boxed{+\frac{8}{15}} \quad \boxed{}$$

07 다음의 수를 공통분모로 통분하여 계산하시오.

(1) 두 분모의 곱

$\dfrac{3}{5} + \dfrac{7}{10} =$

(2) 두 분모의 최소공배수

$\dfrac{7}{9} + \dfrac{5}{12} =$

핵심 내용 통분하여 자연수는 자연수끼리, 분수는 분수끼리 계산

유형 **03** 받아올림이 없는 대분수의 덧셈

10 계산을 하시오.

(1) $2\dfrac{3}{5} + 4\dfrac{1}{3}$

(2) $3\dfrac{1}{8} + 4\dfrac{1}{6}$

11 빈 곳에 알맞은 대분수를 써넣으시오.

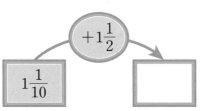

 08 값이 같은 것끼리 선으로 이으시오.

$\boxed{\dfrac{3}{4} + \dfrac{5}{12}}$ •

$\boxed{\dfrac{1}{2} + \dfrac{7}{12}}$ •

• $\boxed{1\dfrac{1}{6}}$

• $\boxed{1\dfrac{1}{12}}$

 12 $2\dfrac{2}{5} + 1\dfrac{1}{6}$ 을 두 가지 방법으로 계산하시오.

[방법 1] 자연수는 자연수끼리, 분수는 분수끼리 계산하기

$2\dfrac{2}{5} + 1\dfrac{1}{6} = $ _____

_____

[방법 2] 대분수를 가분수로 나타내어 계산하기

$2\dfrac{2}{5} + 1\dfrac{1}{6} = $ _____

_____

09 빈칸에 알맞은 분수를 써넣으시오.

+	$\dfrac{3}{5}$	$\dfrac{5}{8}$
$\dfrac{7}{12}$		

2단계 기본 유형

→ 핵심 내용 → 통분하여 계산하고 받아올림하여 자연수에 더하기

유형 04 **받아올림이 있는 대분수의 덧셈**

13 보기 와 같이 계산하시오.

보기

$$1\frac{3}{4}+2\frac{1}{2}=\frac{7}{4}+\frac{5}{2}=\frac{7}{4}+\frac{10}{4}$$
$$=\frac{17}{4}=4\frac{1}{4}$$

$$3\frac{2}{5}+1\frac{2}{3}=$$ _____

_____

14 계산을 하시오.

(1) $3\frac{5}{8}+2\frac{3}{4}$

(2) $1\frac{7}{12}+4\frac{8}{9}$

15 ☐ 안에 알맞은 대분수를 써넣으시오.

$2\frac{1}{6}$보다 $3\frac{14}{15}$만큼 더 큰 수는 ☐ 입니다.

16 빈 곳에 두 분수의 합을 대분수로 써넣으시오.

$2\frac{5}{12}$	$1\frac{7}{10}$

17 값이 같은 것끼리 선으로 이으시오.

$1\frac{3}{4}+2\frac{7}{10}$ •　　　• $4\frac{1}{4}$

$2\frac{4}{5}+1\frac{9}{20}$ •　　　• $4\frac{9}{20}$

18 빈칸에 알맞은 대분수를 써넣으시오.

+	$2\frac{5}{6}$	$3\frac{7}{8}$
$1\frac{7}{10}$		

핵심 내용 ▶ 통분하여 분자끼리 빼기

핵심 내용 ▶ 통분하여 자연수는 자연수끼리, 분수는 분수끼리 계산

유형 **05** 진분수의 뺄셈

유형 **06** 받아내림이 없는 대분수의 뺄셈

19 보기 와 같이 계산하시오.

보기

$$\frac{7}{9} - \frac{1}{6} = \frac{7 \times 6}{9 \times 6} - \frac{1 \times 9}{6 \times 9}$$
$$= \frac{42}{54} - \frac{9}{54} = \frac{33}{54} = \frac{11}{18}$$

$$\frac{5}{8} - \frac{3}{10} = \underline{\hspace{3cm}}$$

22 계산이 처음으로 잘못된 곳을 찾아 ○표 하고, 바르게 계산하시오.

$$4\frac{3}{4} - 2\frac{1}{3} = \frac{19}{4} - \frac{7}{3} = \frac{57}{12} - \frac{49}{12}$$
$$= \frac{8}{12} = \frac{2}{3}$$

20 계산을 하시오.

(1) $\dfrac{8}{9} - \dfrac{5}{6}$

(2) $\dfrac{7}{12} - \dfrac{1}{4}$

23 계산을 하시오.

(1) $4\dfrac{17}{20} - 2\dfrac{5}{12}$

(2) $9\dfrac{11}{14} - 6\dfrac{3}{8}$

21 빈 곳에 알맞은 수를 써넣으시오.

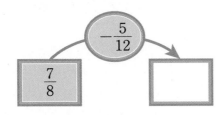

24 빈 곳에 두 분수의 차를 써넣으시오.

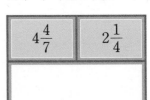

5

분수의 덧셈과 뺄셈

2 단계 **기본 유형**

유형 **07** 받아내림이 있는 대분수의 뺄셈

25 보기 와 같이 계산하시오.

보기

$$2\frac{2}{3} - 1\frac{5}{7} = \frac{8}{3} - \frac{12}{7} = \frac{56}{21} - \frac{36}{21} = \frac{20}{21}$$

$$4\frac{5}{9} - 2\frac{4}{5} = $$

26 계산을 하시오.

(1) $4\frac{3}{5} - 1\frac{7}{10}$

(2) $5\frac{4}{7} - 2\frac{3}{4}$

27 두 분수의 차를 구하시오.

$$7\frac{1}{4} \qquad 3\frac{5}{6}$$

( )

28 ☐ 안에 알맞은 대분수를 써넣으시오.

$3\frac{1}{2}$보다 $1\frac{2}{3}$만큼 더 작은 수는 ☐ 입니다.

29 값이 같은 것끼리 선으로 이으시오.

$$5\frac{2}{3} - 3\frac{3}{4}$$ ·

$$4\frac{1}{6} - 2\frac{7}{12}$$ ·

· $1\frac{5}{12}$

· $1\frac{7}{12}$

· $1\frac{11}{12}$

30 빈 곳에 알맞은 수를 써넣으시오.

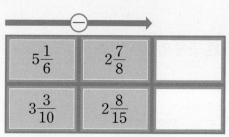

잘 틀리는 유형 08 길이의 합 구하기

31 ☐ 안에 알맞은 대분수를 써넣으시오.

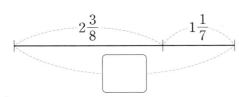

$2\frac{3}{8}$ $\qquad$ $1\frac{1}{7}$

☐

32 경희네 집에서 학교를 지나 병원까지 가는 거리는 몇 km입니까?

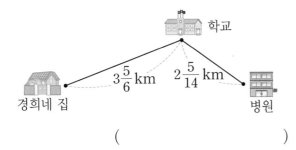

학교

$3\frac{5}{6}$ km $\quad$ $2\frac{5}{14}$ km

경희네 집 $\qquad$ 병원

(   )

신경향유형 33 같은 색 테이프끼리는 길이가 같습니다. 색 테이프를 겹치지 않게 이어 붙인 전체 길이는 몇 m입니까?

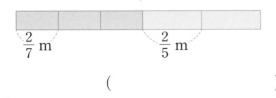

$\frac{2}{7}$ m $\qquad$ $\frac{2}{5}$ m

(   )

KEY 같은 색 테이프를 이어 붙인 길이부터 구해요.

잘 틀리는 유형 09 큰 수에서 작은 수 빼기

34 큰 수에서 작은 수를 빼면 얼마입니까?

$$3\frac{1}{2} \quad 2\frac{2}{5}$$

(   )

35 가장 큰 수에서 가장 작은 수를 뺀 값을 구하시오.

$$1\frac{1}{3} \quad 3\frac{3}{7} \quad 2\frac{1}{4}$$

(   )

신경향유형 36 가장 큰 수에서 가장 작은 수를 뺀 값을 구하시오.

$$5\frac{5}{8} \quad 5\frac{7}{12} \quad 2\frac{3}{5}$$

(   )

KEY 자연수 부분이 같으면 진분수 부분을 비교해요.

5 분수의 덧셈과 뺄셈

2단계 서술형 유형

1-1

혜림이는 주말 농장에서 상추를 $\dfrac{2}{5}$ kg, 고추를 $\dfrac{1}{2}$ kg 땄습니다. 혜림이가 딴 상추와 고추의 무게는 모두 몇 kg인지 풀이 과정을 완성하고 답을 구하시오.

풀이 (상추의 무게)＋(고추의 무게)

$$= \dfrac{2}{5} + \dfrac{\boxed{}}{\boxed{}} = \dfrac{\boxed{}}{10} + \dfrac{\boxed{}}{10}$$

$$= \dfrac{\boxed{}}{10} \text{ (kg)}$$

답 $\dfrac{\boxed{}}{\boxed{}}$ kg

1-2

정수는 주말 농장에서 방울토마토를 $\dfrac{3}{4}$ kg, 깻잎을 $\dfrac{1}{10}$ kg 땄습니다. 정수가 딴 방울토마토와 깻잎의 무게는 모두 몇 kg인지 풀이 과정을 쓰고 답을 구하시오.

풀이

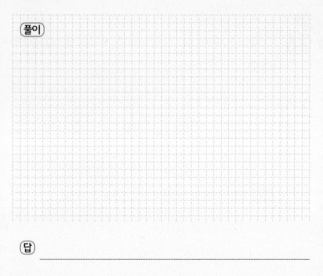

답 _____

2-1

몸무게가 $32\dfrac{2}{9}$ kg인 현수가 무게가 $2\dfrac{1}{6}$ kg인 강아지를 안고 저울 위에 올라갔습니다. 저울의 눈금은 얼마를 나타내는지 풀이 과정을 완성하고 답을 구하시오.

풀이 (현수의 몸무게)＋(강아지의 무게)

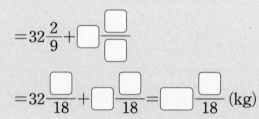

$$= 32\dfrac{2}{9} + \boxed{}\dfrac{\boxed{}}{\boxed{}}$$

$$= 32\dfrac{\boxed{}}{18} + \boxed{}\dfrac{\boxed{}}{18} = \boxed{}\dfrac{\boxed{}}{18} \text{ (kg)}$$

답 $\boxed{}$ kg

2-2

몸무게가 $31\dfrac{5}{12}$ kg인 진우가 무게가 $4\dfrac{3}{8}$ kg인 강아지를 안고 저울 위에 올라갔습니다. 저울의 눈금은 얼마를 나타내는지 풀이 과정을 쓰고 답을 구하시오.

풀이

답 _____

3-1

가장 큰 분수와 가장 작은 분수의 차는 얼마인지 풀이 과정을 완성하고 답을 구하시오.

$$\frac{1}{2} \qquad \frac{1}{3} \qquad \frac{1}{8}$$

풀이 단위분수는 분모가 작을수록 큰 분수이므로

$$\frac{1}{\square} > \frac{1}{\square} > \frac{1}{\square}$$ 입니다.

⇨ (가장 큰 분수)−(가장 작은 분수)

$$= \frac{1}{\square} - \frac{1}{\square} = \frac{\square}{8} - \frac{\square}{8} = \frac{\square}{8}$$

답 $\dfrac{\square}{\square}$

4-1

미술 시간에 철사 작품을 만드는 데 필요한 철사는 $1\frac{7}{12}$ m입니다. 현재 수현이가 가지고 있는 철사는 $1\frac{3}{20}$ m입니다. 철사는 몇 m 더 필요한지 풀이 과정을 완성하고 답을 구하시오.

풀이 (더 필요한 철사의 길이)

$$= 1\frac{7}{12} - 1\frac{\square}{\square} = 1\frac{\square}{60} - 1\frac{\square}{60}$$

$$= \frac{\square}{60} = \frac{\square}{30} \text{ (m)}$$

답 $\dfrac{\square}{\square}$ m

3-2

가장 큰 분수와 가장 작은 분수의 차는 얼마인지 풀이 과정을 쓰고 답을 구하시오.

$$\frac{2}{3} \qquad \frac{3}{4} \qquad \frac{4}{5}$$

풀이

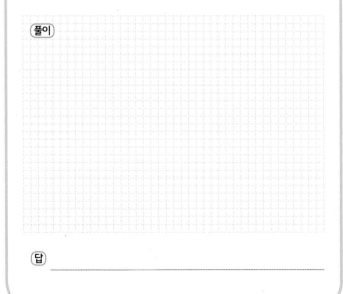

답 _____

4-2

미술 시간에 리본 작품을 만드는 데 필요한 리본은 $2\frac{3}{8}$ m입니다. 현재 용철이가 가지고 있는 리본은 $1\frac{5}{16}$ m입니다. 리본은 몇 m 더 필요한지 풀이 과정을 쓰고 답을 구하시오.

풀이

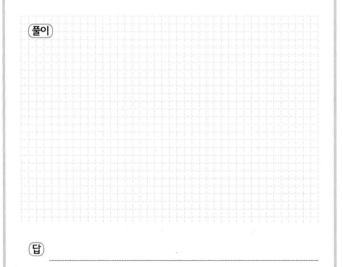

답 _____

3단계 유형 평가

점수

01 빈 곳에 알맞은 수를 써넣으시오.

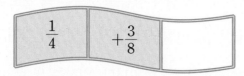

$$\frac{1}{4} \quad +\frac{3}{8}$$

02 계산을 하시오.

$$\frac{4}{5}+\frac{3}{10}$$

03 빈 곳에 알맞은 수를 써넣으시오.

$$\frac{4}{9} \quad +\frac{13}{18}$$

04 값이 같은 것끼리 선으로 이으시오.

$\frac{3}{4}+\frac{5}{16}$ •

• $1\frac{1}{16}$

$\frac{5}{8}+\frac{9}{16}$ •

• $1\frac{3}{16}$

05 계산을 하시오.

(1) $1\frac{1}{2}+1\frac{1}{4}$

(2) $2\frac{1}{3}+3\frac{2}{7}$

06 빈 곳에 알맞은 대분수를 써넣으시오.

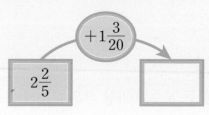

07 ☐ 안에 알맞은 대분수를 써넣으시오.

$2\frac{3}{4}$ 보다 $1\frac{7}{10}$ 만큼 더 큰 수는 ☐ 입니다.

08 빈 곳에 두 분수의 합을 대분수로 써넣으시오.

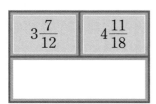

$3\frac{7}{12}$	$4\frac{11}{18}$

09 빈칸에 알맞은 대분수를 써넣으시오.

+	$2\frac{2}{3}$	$2\frac{8}{15}$
$1\frac{5}{9}$		

10 보기 와 같이 계산하시오.

보기

$$\frac{5}{6} - \frac{1}{8} = \frac{5 \times 4}{6 \times 4} - \frac{1 \times 3}{8 \times 3}$$
$$= \frac{20}{24} - \frac{3}{24} = \frac{17}{24}$$

$$\frac{7}{20} - \frac{2}{15} = \underline{\hspace{4cm}}$$

11 계산이 처음으로 잘못된 곳을 찾아 ○표 하고, 바르게 계산하시오.

$$2\frac{1}{2} - 1\frac{2}{7} = \frac{5}{2} - \frac{9}{7} = \frac{35}{14} - \frac{18}{14} = \frac{17}{14}$$
$$= 1\frac{7}{14} = 1\frac{1}{2}$$

12 ☐ 안에 알맞은 분수를 써넣으시오.

$2\frac{9}{16}$ 보다 $1\frac{17}{24}$ 만큼 더 작은 수는 ☐ 입니다.

13 두 분수의 차를 구하시오.

$3\frac{4}{7}$	$1\frac{8}{9}$

(　　　　　　　　　　　)

14 빈 곳에 알맞은 수를 써넣으시오.

$4\frac{1}{6}$	$1\frac{1}{4}$	
$2\frac{1}{12}$	$1\frac{3}{10}$	

5

분수의 덧셈과 뺄셈

15 □ 안에 알맞은 대분수를 써넣으시오.

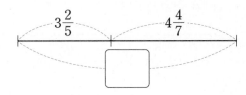

$3\frac{2}{5}$ $4\frac{4}{7}$

16 큰 수에서 작은 수를 빼면 얼마입니까?

$$2\frac{1}{6} \qquad 1\frac{7}{9}$$

( )

17 같은 색 테이프끼리는 길이가 같습니다. 색 테이프를 겹치지 않게 이어 붙인 전체 길이는 몇 m입니까?

$\frac{1}{4}$ m $\frac{3}{7}$ m

( )

18 가장 큰 수에서 가장 작은 수를 뺀 값을 구하시오.

$$3\frac{7}{11} \qquad 3\frac{9}{14} \qquad 1\frac{2}{5}$$

( )

서술형

19 연이는 고구마를 $\frac{5}{8}$ kg, 감자를 $\frac{7}{20}$ kg 캤습니다. 연이가 캔 고구마와 감자의 무게는 모두 몇 kg인지 풀이 과정을 쓰고 답을 구하시오.

풀이

답

서술형

20 작품을 만드는 데 필요한 끈은 $2\frac{3}{10}$ m입니다. 현재 가지고 있는 끈은 $1\frac{2}{5}$ m입니다. 끈은 몇 m 더 필요한지 풀이 과정을 쓰고 답을 구하시오.

풀이

답

01 그림을 보고 ☐ 안에 알맞은 수를 써넣으시오.

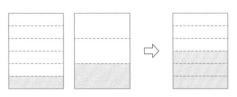

$$\frac{1}{6}+\frac{1}{3}=\frac{\boxed{}}{6}=\frac{\boxed{}}{2}$$

02 계산을 하시오.

(1) $\frac{1}{6}+\frac{5}{18}$ (2) $\frac{19}{24}-\frac{3}{4}$

03 계산을 하시오.

(1) $4\frac{7}{10}+2\frac{5}{8}$ (2) $9\frac{3}{5}-2\frac{7}{8}$

04 보기 와 같이 계산하시오.

보기

$$\frac{1}{2}-\frac{3}{8}=\frac{1\times8}{2\times8}-\frac{3\times2}{8\times2}=\frac{8}{16}-\frac{6}{16}$$
$$=\frac{2}{16}=\frac{1}{8}$$

$\dfrac{11}{12}-\dfrac{5}{6}=$ _____

_____

05 두 분수의 합을 구하시오.

$$4\frac{1}{6} \qquad 1\frac{5}{9}$$

(   )

06 빈 곳에 두 분수의 합을 써넣으시오.

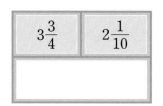

07 다음이 나타내는 수를 구하시오.

$3\dfrac{2}{9}$보다 $1\dfrac{8}{15}$만큼 더 작은 수

(   )

08 빈칸에 알맞은 대분수를 써넣으시오.

+	$2\frac{1}{3}$	$\frac{7}{12}$
$5\frac{5}{8}$		

09 빈칸에 알맞은 분수를 써넣으시오.

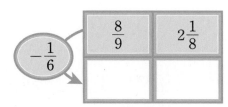

10 두 분수의 합과 차를 각각 구하시오.

$$\frac{2}{7}, \ \frac{2}{5}$$

합 (   )

차 (   )

단원 평가 기본   5. 분수의 덧셈과 뺄셈

11 두 분모의 최소공배수를 공통분모로 하여 뺄셈식을 계산하시오.

$$\frac{7}{12}-\frac{3}{8}=$$ _____

12 계산이 처음으로 잘못된 곳을 찾아 ○표 하고 바르게 계산하시오.

$$5\frac{1}{4}-2\frac{2}{7}=$$ _____

13 두 길이의 차를 구하시오.

$10\dfrac{29}{100}$ m $10\dfrac{3}{4}$ m

(_____)

14 두 길이의 합을 구하시오.

$2\dfrac{13}{20}$ cm $2\dfrac{2}{5}$ cm

(_____)

15 ☐ 안에 알맞은 분수를 써넣으시오.

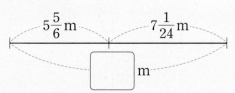

[16~17] $5\frac{1}{4}-2\frac{4}{7}$ 를 주어진 방법으로 계산하시오.

16   자연수는 자연수끼리, 분수는 분수끼리 계산하기

$$5\frac{1}{4}-2\frac{4}{7}$$

17   대분수를 가분수로 나타내어 계산하기

$$5\frac{1}{4}-2\frac{4}{7}$$

18 길이가 $1\dfrac{3}{10}$ m, $2\dfrac{5}{6}$ m인 철사 두 도막을 겹치지 않게 이으면 이은 철사의 길이는 몇 m입니까?

(_____)

19 집에서 우체국까지의 거리가 1 km가 넘으면 자전거를 타고, 1 km가 안 되면 걸어가려고 합니다. 어떤 방법으로 가면 됩니까?

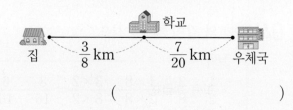

(_____)

20 가장 큰 분수와 가장 작은 분수의 차를 구하시오.

$3\dfrac{3}{4}$ $3\dfrac{5}{6}$ $3\dfrac{6}{7}$

(_____)

QR 코드를 찍어 단원 평가 를 더 풀어 보세요.

6
다각형의 둘레와 넓이

학습 계획표
계획표대로 공부했으면 ○표, 못했으면 △표 하세요.

내용	쪽수	날짜	확인
❶단계 핵심 개념+기초 문제	96~97쪽	월 일	
❶단계 기본 문제	98~99쪽	월 일	
❷단계 기본 유형+잘 틀리는 유형	100~105쪽	월 일	
❷단계 서술형 유형	106~107쪽	월 일	
❸단계 유형 평가	108~110쪽	월 일	
❸단계 단원 평가	111~112쪽	월 일	

1단계 핵심 개념

개념에 대한 **자세한 동영상 강의**를 시청하세요.

개념 ❶ 다각형의 둘레

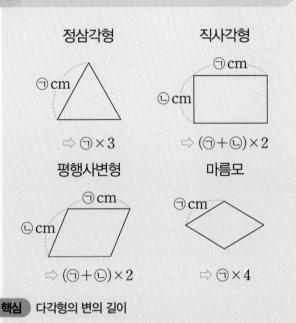

정삼각형

㉠cm

⇨ ㉠×3

직사각형

㉠cm
㉡cm

⇨ (㉠+㉡)×2

평행사변형

㉠cm
㉡cm

⇨ (㉠+㉡)×2

마름모

㉠cm

⇨ ㉠×4

핵심 다각형의 변의 길이

• (정다각형의 둘레)=(한 ❶[　　]의 길이)×(변의 수)

• (직사각형의 둘레)=(가로+세로)×❷[　　]

[전에 배운 내용]

• 이등변삼각형: 두 변의 길이가 같습니다.
• 정삼각형: 세 변의 길이가 모두 같습니다.
• 직사각형: 마주 보는 두 변의 길이가 각각 같습니다.
• 정사각형: 네 변의 길이가 모두 같습니다.
• 평행사변형: 마주 보는 두 변의 길이가 각각 같습니다.
• 마름모: 네 변의 길이가 모두 같습니다.
• 정다각형: 모든 변의 길이가 같습니다.

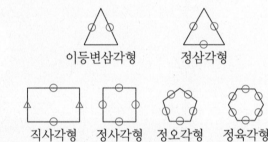

이등변삼각형　　정삼각형

직사각형　정사각형　정오각형　정육각형

개념 ❷ 다각형의 넓이

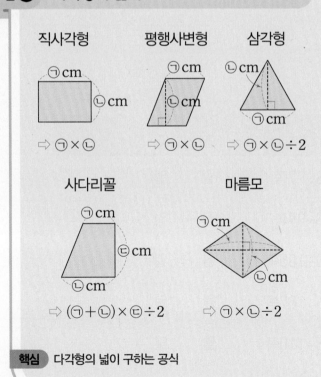

직사각형

㉠cm
㉡cm

⇨ ㉠×㉡

평행사변형

㉠cm
㉡cm

⇨ ㉠×㉡

삼각형

㉡cm
㉠cm

⇨ ㉠×㉡÷2

사다리꼴

㉠cm
㉢cm
㉡cm

⇨ (㉠+㉡)×㉢÷2

마름모

㉠cm
㉡cm

⇨ ㉠×㉡÷2

핵심 다각형의 넓이 구하는 공식

[전에 배운 내용]

평행　　평행　　평행

사다리꼴　　평행사변형　　마름모

• 두 직선이 서로 수직으로 만나면 한 직선을 다른 직선에 대한 수선 이라고 합니다.

수직
평행
수직

• 서로 이웃하지 않은 두 꼭짓점을 이은 선분을 대각 선이라고 합니다.

직사각형의 대각선

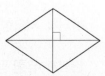

마름모의 대각선

정답 ❶ 변 ❷ 2

체크

1-1 정다각형의 둘레를 구하려고 합니다. ☐ 안에 알맞은 수를 써넣으시오.

(1)

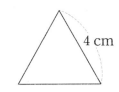

4 cm

$4+4+\boxed{}=4\times\boxed{}$
$=\boxed{}$ (cm)

(2)

5 cm

$5+5+5+\boxed{}=5\times\boxed{}$
$=\boxed{}$ (cm)

1-2 직사각형의 둘레를 구하려고 합니다. ☐ 안에 알맞은 수를 써넣으시오.

(1)

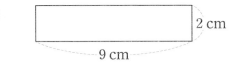

2 cm
9 cm

$9+2+\boxed{}+\boxed{}$
$=(9+2)\times\boxed{}=\boxed{}$ (cm)

(2)

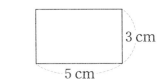

3 cm
5 cm

$5+3+\boxed{}+\boxed{}$
$=(5+3)\times\boxed{}=\boxed{}$ (cm)

체크

2-1 도형의 넓이를 구하려고 합니다. ☐ 안에 알맞은 수를 써넣으시오.

(1)

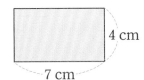

4 cm
7 cm

(직사각형의 넓이)$=7\times\boxed{}$
$=\boxed{}$ (cm^2)

(2)

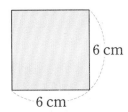

6 cm
6 cm

(정사각형의 넓이)$=6\times\boxed{}$
$=\boxed{}$ (cm^2)

2-2 도형의 넓이를 구하려고 합니다. ☐ 안에 알맞은 수를 써넣으시오.

(1)

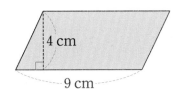

4 cm
9 cm

(평행사변형의 넓이)
$=\boxed{}\times\boxed{}=\boxed{}$ (cm^2)

(2)

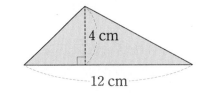

4 cm
12 cm

(삼각형의 넓이)
$=12\times\boxed{}\div\boxed{}=\boxed{}$ (cm^2)

6

다각형의 둘레와 넓이

[01~04] 정다각형의 둘레를 구하시오.

01

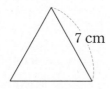

7 cm

(정삼각형의 둘레)=7×☐=☐ (cm)

02

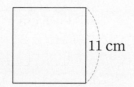

11 cm

(정사각형의 둘레)=11×☐=☐ (cm)

03

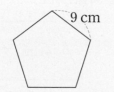

9 cm

(정오각형의 둘레)=9×☐=☐ (cm)

04

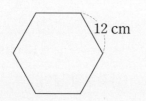

12 cm

(정육각형의 둘레)=12×☐=☐ (cm)

[05~08] 도형의 둘레를 구하시오.

05

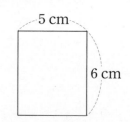

5 cm

6 cm

(직사각형의 둘레)

=(5+6)×☐=☐ (cm)

06

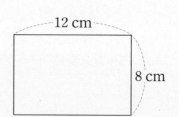

12 cm

8 cm

(직사각형의 둘레)

=(12+8)×☐=☐ (cm)

07

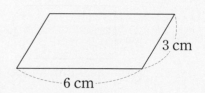

3 cm

6 cm

(평행사변형의 둘레)

=(6+☐)×☐=☐ (cm)

08

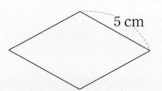

5 cm

(마름모의 둘레)

=5×☐=☐ (cm)

[09~12] 도형의 넓이를 구하시오.

09

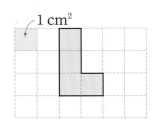

넓이가 1 cm²인 모눈 ☐칸으로 이루어진
도형이므로 넓이가 ☐ cm²입니다.

10

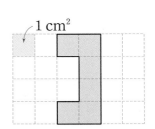

넓이가 1 cm²인 모눈 ☐칸으로 이루어진
도형이므로 넓이가 ☐ cm²입니다.

11

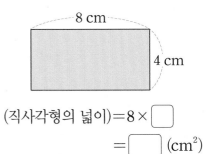

(직사각형의 넓이)=8×☐
=☐ (cm²)

12

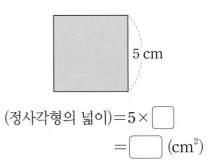

(정사각형의 넓이)=5×☐
=☐ (cm²)

[13~16] 도형의 넓이를 구하시오.

13

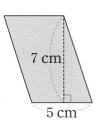

(평행사변형의 넓이)
=5×☐=☐ (cm²)

14

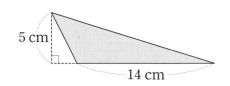

(삼각형의 넓이)
=14×☐÷☐=☐ (cm²)

15

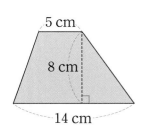

(사다리꼴의 넓이)
=(5+☐)×8÷☐=☐ (cm²)

16

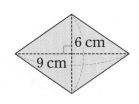

(마름모의 넓이)
=☐×☐÷2=☐ (cm²)

6

다각형의 둘레와 넓이

2단계 기본 유형

유형 01 정다각형의 둘레 구하기

01 정오각형의 둘레를 구하려고 합니다. □ 안에 알맞은 수를 써넣으시오.

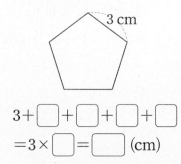

3 cm

$3+\boxed{}+\boxed{}+\boxed{}+\boxed{}$

$=3×\boxed{}=\boxed{}$ (cm)

02 정다각형의 둘레는 몇 cm인지 구하시오.

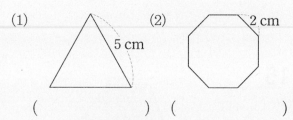

(1)   5 cm   (2)   2 cm

(   )   (   )

03 다음 액자는 한 변의 길이가 8 cm인 정사각형 모양입니다. 이 액자의 둘레는 몇 cm인지 구하시오.

(   )

유형 02 사각형의 둘레 구하기

04 직사각형의 둘레는 몇 cm인지 구하시오.

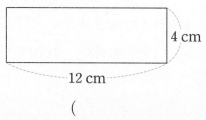

4 cm

12 cm

(   )

05 평행사변형의 둘레는 몇 cm인지 구하시오.

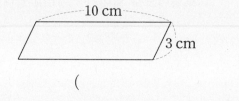

10 cm

3 cm

(   )

06 마름모의 둘레는 몇 cm인지 구하시오.

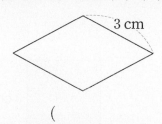

3 cm

(   )

→ 핵심 내용 ▸ 1 cm²가 ■개인 도형의 넓이는 ■ cm²

유형 **03** 1 cm² 알아보기

→ 핵심 내용 ▸ (직사각형의 넓이)＝(가로)×(세로)

유형 **04** 직사각형의 넓이 구하기

[07~08] 그림을 보고 물음에 답하시오.

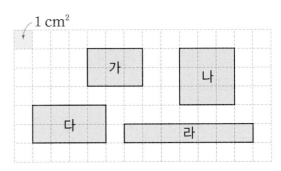

07 가, 나, 다, 라는 1 cm²가 몇 개입니까?

가: ☐개, 나: ☐개, 다: ☐개, 라: ☐개

08 넓이가 8 cm²인 것을 찾아 기호를 쓰시오.

( )

09 가, 나, 다 중에서 넓이가 가장 넓은 것의 넓이는 몇 cm²인지 구하시오.

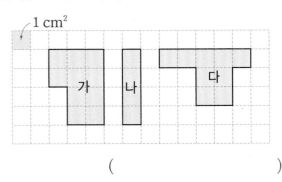

( )

10 직사각형의 넓이는 몇 cm²인지 구하시오.

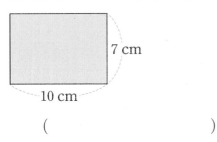

( )

11 사각형의 넓이는 몇 cm²인지 구하시오.

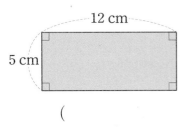

( )

12 두 직사각형의 넓이의 합은 몇 cm²인지 구하시오.

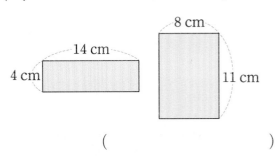

( )

6

다각형의 둘레와 넓이

2 단계 **기본 유형**

→ 핵심 내용 → (정사각형의 넓이)
  =(한 변의 길이)×(한 변의 길이)

→ 핵심 내용
  1 m²: 한 변의 길이가 1 m인 정사각형의 넓이
  1 km²: 한 변의 길이가 1 km인 정사각형의 넓이

유형 **05** 정사각형의 넓이 구하기

유형 **06** 1 m² , 1 km² 알아보기

13 정사각형의 넓이는 몇 cm²인지 구하시오.

( )

16 같은 넓이끼리 선으로 이어 보시오.

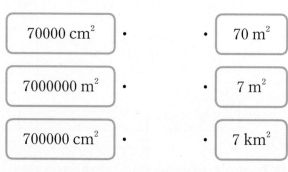

70000 cm²	•	•	70 m²
7000000 m²	•	•	7 m²
700000 cm²	•	•	7 km²

14 사각형의 넓이는 몇 cm²인지 구하시오.

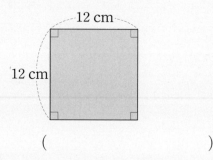

( )

17 직사각형의 넓이를 구하시오.

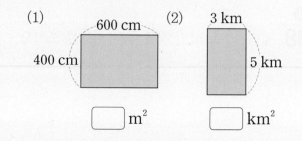

(1) 600 cm / 400 cm ☐ m²

(2) 3 km / 5 km ☐ km²

15 두 정사각형의 넓이의 차는 몇 cm²인지 구하시오.

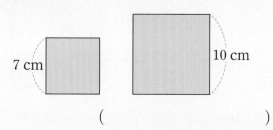

( )

18 넓이가 가장 넓은 것을 찾아 기호를 쓰시오.

㉠ 90000 cm²
㉡ 8 m²
㉢ 100000 cm²

( )

> **핵심 내용** (평행사변형의 넓이)=(밑변의 길이)×(높이)
> 밑변과 높이는 서로 수직

> **핵심 내용** (삼각형의 넓이)=(밑변의 길이)×(높이)÷2
> 밑변과 높이는 서로 수직

유형 **07** 평행사변형의 넓이 구하기

19 평행사변형의 높이를 나타내고 그 길이는 몇 cm 인지 구하시오.

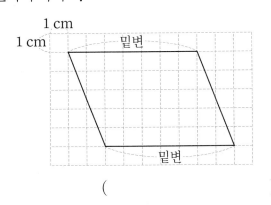

( )

교과서유형
20 평행사변형의 넓이는 몇 cm²인지 구하시오.

(1) (2)

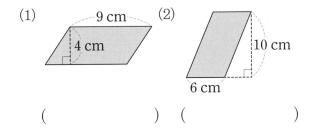

( ) ( )

교과서유형
21 넓이를 구할 수 있는 평행사변형의 기호를 쓰 고 넓이는 몇 cm²인지 구하시오.

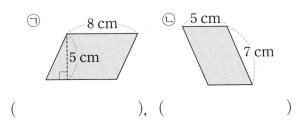

( ), ( )

유형 **08** 삼각형의 넓이 구하기

교과서유형
22 삼각형의 높이를 표시해 보시오.

(1) (2)

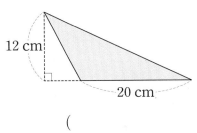

23 삼각형의 넓이는 몇 cm²인지 구하시오.

( )

24 어느 삼각형의 넓이가 몇 cm²만큼 더 넓은지 구하시오.

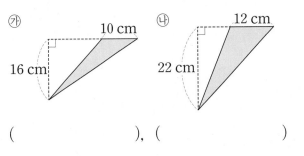

( ), ( )

6 다각형의 둘레와 넓이

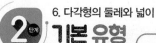

2 단계 **기본 유형**

핵심 내용 ▶ (사다리꼴의 넓이)=(윗변의 길이＋아랫변의 길이)×(높이)÷2
평행한 두 밑변과 높이는 수직

핵심 내용 ▶ (마름모의 넓이)
＝(두 대각선의 길이의 곱)÷2

유형 **09** 사다리꼴의 넓이 구하기

유형 **10** 마름모의 넓이 구하기

25 사다리꼴의 ☐ 안에 알맞은 말을 써넣으시오.

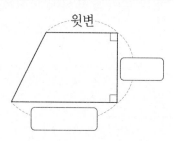

교과서 유형
28 마름모의 넓이를 구하려고 합니다. ☐ 안에 알맞은 수를 써넣으시오.

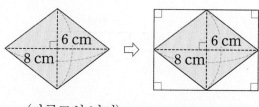

(마름모의 넓이)
＝(만들어진 직사각형의 넓이)÷2
＝☐×☐÷☐＝☐ (cm²)

익힘책 유형
26 사다리꼴의 넓이는 몇 cm²인지 구하시오.

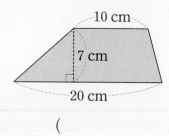

29 마름모의 넓이는 몇 cm²인지 구하시오.

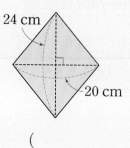

(   )

(   )

27 사다리꼴 ㉮와 ㉯ 중에서 넓이가 더 넓은 것의 기호를 쓰시오.

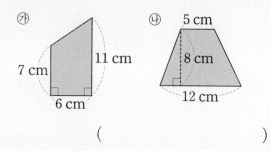

30 마름모 ㉮의 넓이와 마름모 ㉯의 넓이의 합은 몇 cm²인지 구하시오.

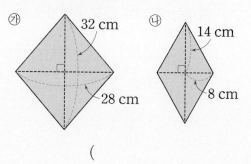

(   )

(   )

공부한 날 ○ 월 ○ 일

잘 틀리는 유형 ⑪ 넓이가 같은 평행사변형

31 넓이가 <u>다른</u> 하나를 찾아 기호를 쓰시오.

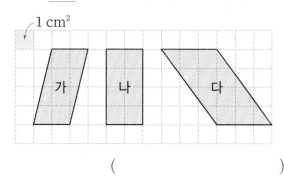

1 cm²

(   )

32 넓이가 <u>다른</u> 하나를 찾아 기호를 쓰시오.

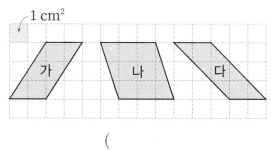

1 cm²

(   )

활용유형 33 주어진 평행사변형과 넓이가 같은 평행사변형을 서로 다른 모양으로 2개 더 그리시오.

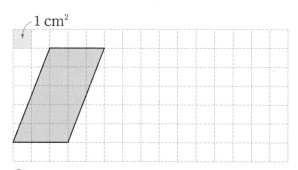

1 cm²

KEY 모양은 달라도 밑변의 길이와 높이가 같으면 평행사변형의 넓이는 같습니다.

잘 틀리는 유형 ⑫ 색칠한 도형의 넓이 구하기

34 색칠한 도형의 넓이는 몇 cm²인지 구하시오.

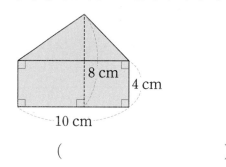

8 cm
4 cm
10 cm

(   )

35 색칠한 도형의 넓이는 몇 cm²인지 구하시오.

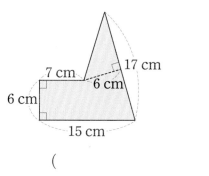

7 cm
17 cm
6 cm
6 cm
15 cm

(   )

활용유형 36 색칠한 도형의 넓이는 몇 cm²인지 구하시오.

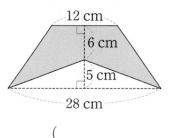

12 cm
6 cm
5 cm
28 cm

(   )

KEY 전체 도형의 넓이에서 색칠하지 않은 부분의 넓이를 뺍니다.

6. 다각형의 둘레와 넓이 **105**

6 다각형의 둘레와 넓이

2 단계 서술형 유형

1-1

두 정다각형의 둘레의 합은 몇 cm인지 풀이 과정을 완성하고 답을 구하시오.

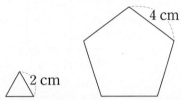

풀이 (정삼각형의 둘레)=2×□=□ (cm)

(정오각형의 둘레)=4×□=□ (cm)

⇨ (정삼각형의 둘레)+(정오각형의 둘레)

=□+□=□ (cm)

답 □ cm

2-1

평행사변형의 밑변의 길이가 15 cm, 넓이가 90 cm²일 때 높이는 몇 cm인지 풀이 과정을 완성하고 답을 구하시오.

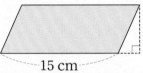

풀이 (평행사변형의 넓이)

=(밑변의 길이)×(□)

⇨ (높이)=(□)÷(□)

=□÷□=□ (cm)

답 □ cm

1-2

두 정다각형의 둘레의 합은 몇 cm인지 풀이 과정을 쓰고 답을 구하시오.

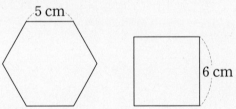

풀이

답 _____

2-2

평행사변형의 밑변의 길이가 9 cm, 넓이가 126 cm²일 때 높이는 몇 cm인지 풀이 과정을 쓰고 답을 구하시오.

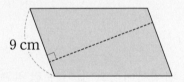

풀이

답 _____

3-1

직사각형의 넓이는 몇 m²인지 풀이 과정을 완성하고 답을 구하시오.

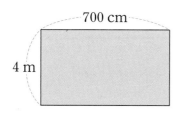

풀이 직사각형의 가로는 700 cm = ☐ m이고
세로는 4 m입니다.
따라서 직사각형의 넓이는
☐ × 4 = ☐ (m²)입니다.

답 ☐ m²

4-1

사다리꼴과 마름모의 넓이가 같을 때 마름모의 다른 대각선의 길이는 몇 cm인지 풀이 과정을 완성하고 답을 구하시오.

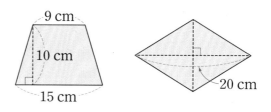

풀이 (사다리꼴의 넓이)
= (9 + ☐) × ☐ ÷ 2 = ☐ (cm²)
이고 마름모의 넓이와 같으므로
20 × (다른 대각선의 길이) ÷ 2 = ☐ ,
(다른 대각선의 길이) = ☐ (cm)입니다.

답 ☐ cm

3-2

직사각형의 넓이는 몇 m²인지 풀이 과정을 쓰고 답을 구하시오.

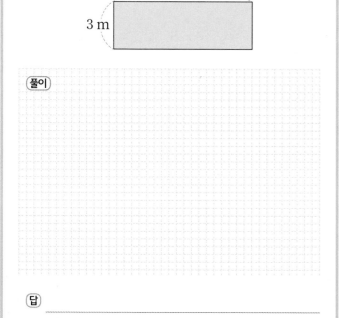

풀이

답 _____

4-2

평행사변형과 사다리꼴의 넓이가 같을 때 사다리꼴의 높이는 몇 cm인지 풀이 과정을 쓰고 답을 구하시오.

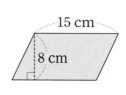 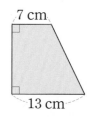

풀이

답 _____

01 정육각형의 둘레를 구하려고 합니다. ☐ 안에 알맞은 수를 써넣으시오.

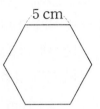
5 cm

$5+$☐$+$☐$+$☐$+$☐$+$☐
$=5×$☐$=$☐ (cm)

02 직사각형의 둘레는 몇 cm인지 구하시오.

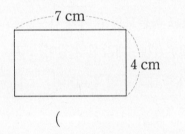
7 cm
4 cm

( )

03 평행사변형의 둘레는 몇 cm인지 구하시오.

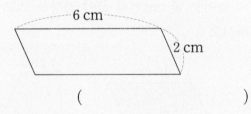
6 cm
2 cm

( )

04 넓이가 5 cm²인 것을 모두 찾아 ○표 하시오.

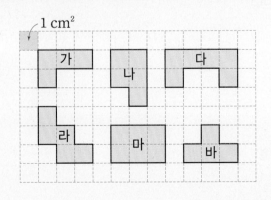
1 cm²
가 나 다
라 마 바

05 가, 나 중에서 넓이가 더 넓은 것의 넓이는 몇 cm²인지 구하시오.

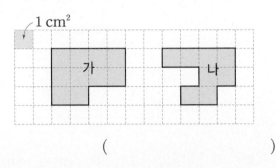
1 cm²
가 나

( )

06 직사각형의 넓이는 몇 cm²인지 구하시오.

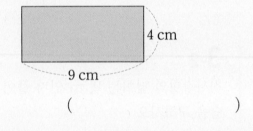
4 cm
9 cm

( )

07 두 직사각형의 넓이의 합은 몇 cm²인지 구하시오.

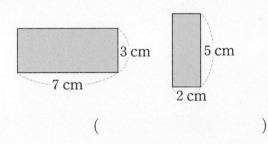
3 cm
7 cm
5 cm
2 cm

( )

08 정사각형의 넓이는 몇 cm²인지 구하시오.

16 cm

(　　　　　　)

09 같은 넓이끼리 선으로 이어 보시오.

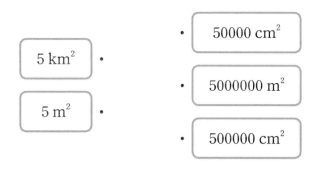

5 km² ·

5 m² ·

· 50000 cm²

· 5000000 m²

· 500000 cm²

10 평행사변형의 넓이는 몇 cm²인지 구하시오.

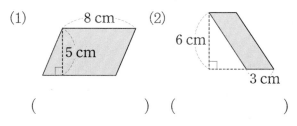

(1) 8 cm, 5 cm

(2) 6 cm, 3 cm

(　　　　) (　　　　)

11 삼각형의 넓이는 몇 cm²인지 구하시오.

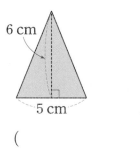

6 cm

5 cm

(　　　　　　)

12 어느 삼각형의 넓이가 몇 cm²만큼 더 넓은지 구하시오.

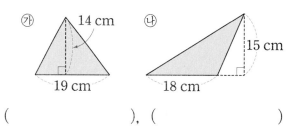

㉮ 14 cm, 19 cm ㉯ 15 cm, 18 cm

(　　　　), (　　　　)

13 사다리꼴의 넓이는 몇 cm²인지 구하시오.

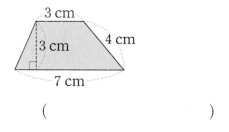

3 cm

3 cm, 4 cm

7 cm

(　　　　　　)

14 마름모 ㉮의 넓이와 마름모 ㉯의 넓이의 합은 몇 cm²인지 구하시오.

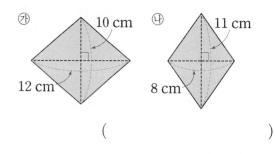

㉮ 10 cm, 12 cm ㉯ 11 cm, 8 cm

(　　　　　　)

6 다각형의 둘레와 넓이

15 넓이가 <u>다른</u> 하나를 찾아 기호를 쓰시오.

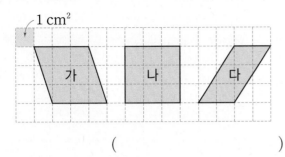

(   )

16 색칠한 도형의 넓이는 몇 cm^2인지 구하시오.

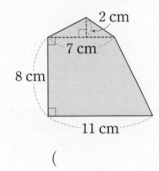

(   )

17 주어진 평행사변형과 넓이가 같은 평행사변형을 서로 다른 모양으로 2개 더 그리시오.

18 색칠한 도형의 넓이는 몇 cm^2인지 구하시오.

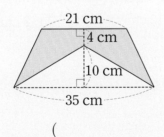

(   )

📢 서술형

19 평행사변형의 밑변의 길이가 14 cm, 넓이가 154 cm^2일 때 높이는 몇 cm인지 풀이 과정을 쓰고 답을 구하시오.

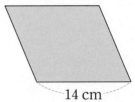

풀이

답

📢 서술형

20 다음 평행사변형과 사다리꼴의 넓이가 같을 때 사다리꼴의 높이는 몇 cm인지 풀이 과정을 쓰고 답을 구하시오.

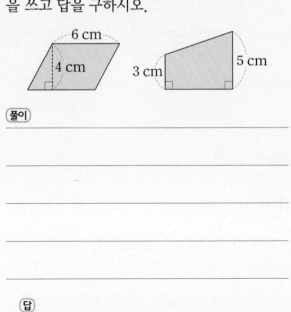

풀이

답

정답 및 풀이 **41**쪽

[01~02] ☐ 안에 알맞은 말을 써넣으시오.

01

평행사변형

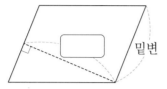

밑변

02 1 cm²는 한 변의 길이가 1 cm인 정☐각형
의 ☐입니다.

03 정오각형의 둘레는 몇 cm인지 구하시오.

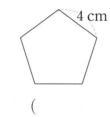

4 cm

(   )

04 평행사변형의 둘레는 몇 cm인지 구하시오.

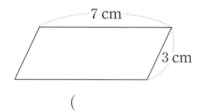

7 cm

3 cm

(   )

05 직사각형의 넓이는 몇 cm²인지 구하시오.

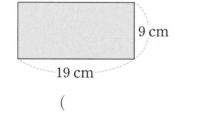

9 cm

19 cm

(   )

06 도형의 넓이는 몇 cm²인지 구하시오.

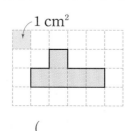

1 cm²

(   )

[07~08] 빈 곳에 알맞은 수를 써넣으시오.

07 서울특별시의 넓이: 605 km²

⇨ _____ m²

08 제주도의 넓이: 1850000000 m²

⇨ _____ km²

09 칠교놀이에 사용되는 7조각을 모두 모으면 다
음과 같이 정사각형 모양의 칠교판이 됩니다.
칠교판의 넓이는 몇 cm²입니까?

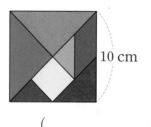

10 cm

(   )

10 보기 에서 알맞은 단위를 골라 ☐ 안에 써넣으
시오.

보기

km²   cm²   m²

교실의 넓이는 63 ☐입니다.

[11~12] 도형의 넓이는 몇 cm²인지 구하시오.

11

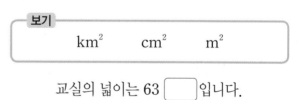

6 cm

9 cm

12

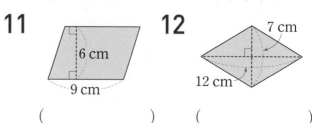

7 cm

12 cm

(   ) (   )

13 직선 가와 직선 나는 서로 평행합니다. 넓이가 다른 하나를 찾아 기호를 쓰시오.

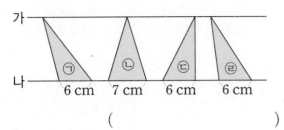

(   )

14 사다리꼴과 마름모 중 넓이가 더 넓은 것의 기호를 쓰시오.

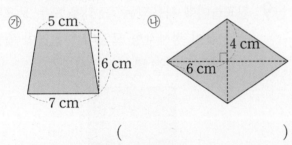

(   )

15 두 정다각형의 둘레가 각각 48 cm일 때 □ 안에 알맞은 수를 써넣으시오.

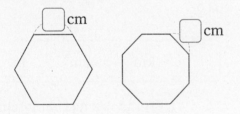

16 직사각형의 □ 안에 알맞은 수를 써넣으시오.

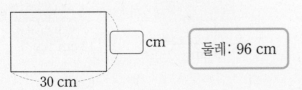

둘레: 96 cm

17 주어진 선분을 한 변으로 하는 넓이가 15 cm² 인 직사각형을 완성하시오.

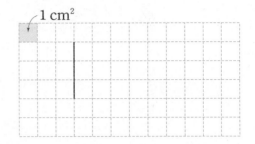

18 넓이가 가장 넓은 것부터 차례로 기호를 쓰시오.

㉠ 대각선의 길이가 각각 10 cm, 6 cm인 마름모

㉡ 밑변의 길이가 5 cm, 높이가 8 cm인 평행사변형

㉢ 밑변의 길이가 10 cm, 높이가 7 cm인 삼각형

(   )

19 정사각형의 □ 안에 알맞은 수를 써넣으시오.

넓이: 225 cm²

20 넓이가 6 cm²이고 모양이 다른 직사각형을 2개 그리시오.

QR 코드를 찍어 **단원 평가** 를 더 풀어 보세요.

배움으로 행복한 내일을 꿈꾸는
천재교육 커뮤니티 안내 ...

교재 안내부터 구매까지 한 번에!
천재교육 홈페이지

자사가 발행하는 참고서, 교과서에 대한 소개는 물론
도서 구매도 할 수 있습니다. 회원에게 지급되는 별을 모아
다양한 상품 응모에도 도전해 보세요!

다양한 교육 꿀팁에 깜짝 이벤트는 덤!
천재교육 인스타그램

천재교육의 새롭고 중요한 소식을 가장 먼저 접하고 싶다면?
천재교육 인스타그램 팔로우가 필수!
깜짝 이벤트도 수시로 진행되니 놓치지 마세요!

수업이 편리해지는
천재교육 ACA 사이트

오직 선생님만을 위한, 천재교육 모든 교재에 대한 정보가 담긴
아카 사이트에서는 다양한 수업자료 및 부가 자료는 물론
시험 출제에 필요한 문제도 다운로드하실 수 있습니다.

https://aca.chunjae.co.kr

천재교육을 사랑하는 샘들의 모임
천사샘

학원 강사, 공부방 선생님이시라면 누구나 가입할 수 있는 천사샘!
교재 개발 및 평가를 통해 교재 검토진으로 참여할 수 있는 기회는 물론
다양한 교사용 교재 증정 이벤트가 선생님을 기다립니다.

아이와 함께 성장하는 학부모들의 모임공간
튠맘 학습연구소

튠맘 학습연구소는 초·중등 학부모를 대상으로 다양한 이벤트와 함께
교재 리뷰 및 학습 정보를 제공하는 네이버 카페입니다.
초등학생, 중학생 자녀를 둔 학부모님이라면 튠맘 학습연구소로 오세요!

book.chunjae.co.kr

교재 내용 문의 ·················· 교재 홈페이지 ▶ 초등 ▶ 교재상담
교재 내용 외 문의 ·················· 교재 홈페이지 ▶ 고객센터 ▶ 1:1문의
발간 후 발견되는 오류 ············· 교재 홈페이지 ▶ 초등 ▶ 학습지원 ▶ 학습자료실

My name~

	초등학교
학년 반 번	
이름	

오답노트 앱 사용가능
틀린 문제 저장&출력
오답노트 앱을 다운받으세요 (안드로이드만 가능)

기본부터 실력까지 한 권에 다 담은 유형서

동영상 강의 제공

모든 유형을 다 담은 해결의 법칙

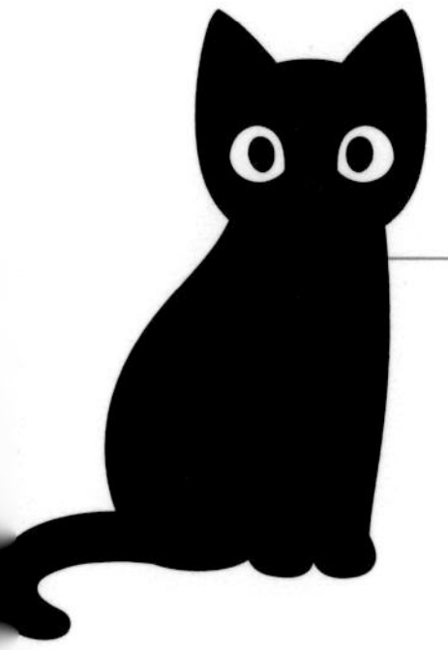

BOOK 2

실력

모바일 코칭 시스템

수학 5·1

천재교육

모든 유형을
다 담은
해결의 법칙

유형 해결의 법칙 BOOK 2 QR 활용 안내

오답 노트

오답노트 저장! 출력!

학습을 마칠 때에는 **오답노트**에 어떤 문제를 틀렸는지 표시해.
나중에 틀린 문제만 모아서 다시 풀면 **실력도 쑥쑥** 늘겠지?

① 오답노트 앱을 설치 후 로그인
② 책 표지의 QR 코드를 스캔하여 내 교재 등록
③ 오답 노트를 작성할 교재 아래에 있는 ● 를 터치하여 문항 번호를 선택하기

문항번호 선택

날짜별 또는 단원별 보기

인쇄 가능

틀린 문제는 모르는 채 넘어 가지 말자구!

모든 문제의 **풀이 동영상 강의 제공**

문제 풀이 동영상 강의

잘 틀리는 **실력 유형**
1. 자연수의 혼합 계산

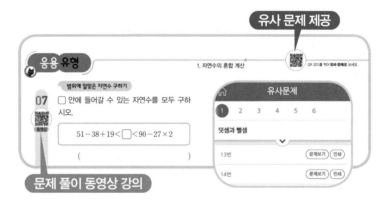

문제 풀이 동영상 강의

다르지만 **같은 유형**
1. 자연수의 혼합 계산

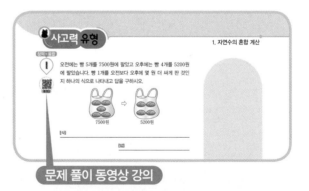

유사 문제 제공

응용 유형
1. 자연수의 혼합 계산

문제 풀이 동영상 강의

사고력 유형
1. 자연수의 혼합 계산

문제 풀이 동영상 강의

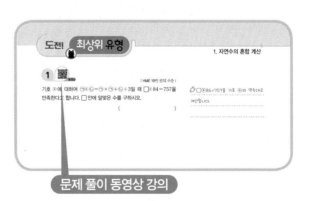

도전! 최상위 유형
1. 자연수의 혼합 계산

문제 풀이 동영상 강의

 **Book 2 실력** 난이도 중, 상과 최상위 문제로 구성하였습니다.

연습	완성	도전
잘 틀리는 실력 유형 다르지만 같은 유형	응용 유형	사고력 유형 최상위 유형

잘 틀리는 실력 유형

잘 틀리는 실력 유형으로 오답을 피할 수 있도록 연습하고 새 교과서에 나온 활동 유형으로 다른 교과서에 나오는 잘 틀리는 문제를 연습합니다.

▶ 동영상 강의 제공

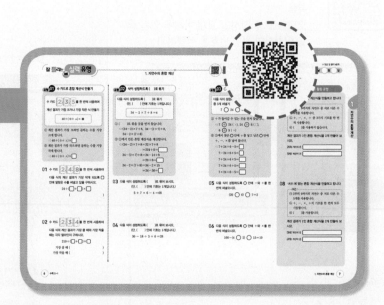

다르지만 같은 유형

다르지만 같은 유형으로 어려운 문제도 결국 같은 유형이라는 것을 안다면 쉽게 해결할 수 있습니다.

▶ 동영상 강의 제공

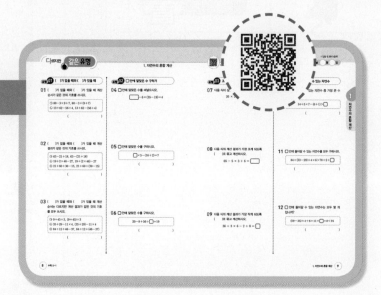

응용 유형

응용 유형 문제를 풀면서 어려운 문제도
풀 수 있는 힘을 키워 보세요.

▶ 동영상 강의 제공

👥 유사 문제 제공

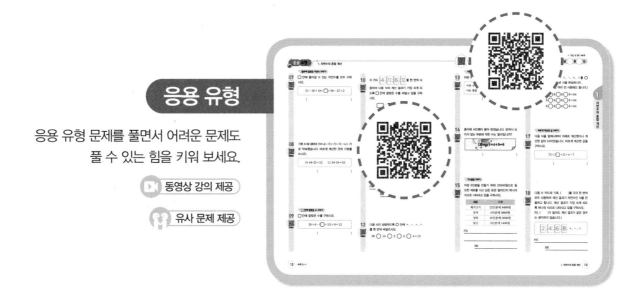

사고력 유형

평소 쉽게 접하지 않은 사고력 유형도
연습할 수 있습니다.

▶ 동영상 강의 제공

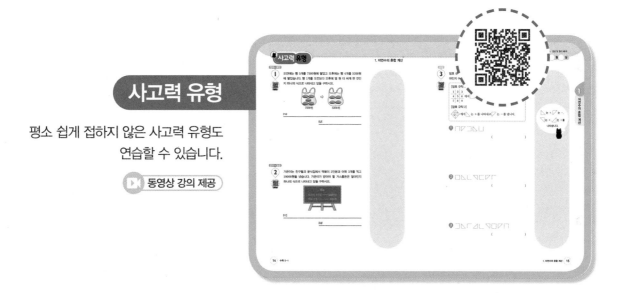

최상위 유형

도전! 최상위 유형~ 가장 어려운 최상위
문제를 풀려고 도전해 보세요.

▶ 동영상 강의 제공

Book2

차례

1 자연수의 혼합 계산

잘 틀리는 실력 유형	6~7쪽
다르지만 같은 유형	8~9쪽
응용 유형	10~13쪽
사고력 유형	14~15쪽
최상위 유형	16~17쪽

2 약수와 배수

잘 틀리는 실력 유형	20~21쪽
다르지만 같은 유형	22~23쪽
응용 유형	24~27쪽
사고력 유형	28~29쪽
최상위 유형	30~31쪽

3 규칙과 대응

잘 틀리는 실력 유형	34~35쪽
다르지만 같은 유형	36~37쪽
응용 유형	38~41쪽
사고력 유형	42~43쪽
최상위 유형	44~45쪽

4 약분과 통분

잘 틀리는 실력 유형	48~49쪽
다르지만 같은 유형	50~51쪽
응용 유형	52~55쪽
사고력 유형	56~57쪽
최상위 유형	58~59쪽

5 분수의 덧셈과 뺄셈

잘 틀리는 실력 유형	62~63쪽
다르지만 같은 유형	64~65쪽
응용 유형	66~69쪽
사고력 유형	70~71쪽
최상위 유형	72~73쪽

6 다각형의 둘레와 넓이

잘 틀리는 실력 유형	76~77쪽
다르지만 같은 유형	78~79쪽
응용 유형	80~83쪽
사고력 유형	84~85쪽
최상위 유형	86~87쪽

1

자연수의 혼합 계산

학습 계획표

계획표대로 공부했으면 ○표, 못했으면 △표 하세요.

내용	쪽수	날짜	확인
잘 틀리는 실력 유형	6~7쪽	월 일	
다르지만 같은 유형	8~9쪽	월 일	
응용 유형	10~13쪽	월 일	
사고력 유형	14~15쪽	월 일	
최상위 유형	16~17쪽	월 일	

유형 01 수 카드로 혼합 계산식 만들기

수 카드 2, 3, 5 를 한 번씩 사용하여

계산 결과가 가장 크거나 가장 작은 식 만들기

$$40 \div (\bullet + \blacktriangle) \times \blacksquare$$

① 계산 결과가 가장 크려면 곱하는 수를 가장 크게 합니다.

⇨ $40 \div (\bullet + \blacktriangle) \times \boxed{}$

② 계산 결과가 가장 작으려면 곱하는 수를 가장 작게 합니다.

⇨ $40 \div (\bullet + \blacktriangle) \times \boxed{}$

01 수 카드 2, 4, 8 을 한 번씩 사용하여

다음 식의 계산 결과가 가장 작게 되도록 ☐ 안에 알맞은 수를 써넣고 답을 구하시오.

$$24 \div (\boxed{} + \boxed{}) \times \boxed{}$$

(   )

02 수 카드 2, 3, 4 를 한 번씩 사용하여

다음 식의 계산 결과가 가장 클 때와 가장 작을 때는 각각 얼마인지 구하시오.

$$210 \div (\boxed{} + \boxed{}) \times \boxed{}$$

가장 클 때 (   )

가장 작을 때 (   )

유형 02 식이 성립하도록 ( )로 묶기

다음 식이 성립하도록 ( )로 묶기

(단, ( ) 안에 기호는 1개입니다.)

$$34 - 2 \times 7 + 8 = 4$$

① ( )로 묶을 곳을 먼저 찾습니다.

⇨ $(34-2) \times 7 + 8$, $34 - (2 \times 7) + 8$,

$34 - 2 \times (7+8)$

② ①에서 만든 혼합 계산식을 계산합니다.

⇨ $(34-2) \times 7 + 8 = 32 \times 7 + 8$

$= 224 + 8 = \boxed{}$

$34 - (2 \times 7) + 8 = 34 - 14 + 8$

$= 20 + 8 = \boxed{}$

$34 - 2 \times (7+8) = 34 - 2 \times 15$

$= 34 - 30 = \boxed{}$

03 다음 식이 성립하도록 ( )로 묶어 보시오.

(단, ( ) 안에 기호는 1개입니다.)

$$5 + 7 \times 6 - 4 = 68$$

04 다음 식이 성립하도록 ( )로 묶어 보시오.

(단, ( ) 안에 기호는 1개입니다.)

$$30 - 18 \div 3 + 6 = 28$$

QR 코드를 찍어 **동영상 특강**을 보세요.

유형 03 ◯ 안에 +, −, ×, ÷ 써넣기

다음 식이 성립하도록 ◯ 안에 +, −, ×, ÷ 중 3개 써넣기

7 ◯ 24 ◯ 6 ◯ 5=27

① ÷가 들어갈 수 있는 곳을 먼저 찾습니다.

⇨ 7 ÷ 24 (×), 24 ÷ 6 (◯),

6 ÷ 5 (×)

② ①에서 찾은 ◯ 안에 ÷를 넣고 남은 ◯ 안에 +, −, ×를 넣어 봅니다.

⇨ 7+24÷6−5=▢

7−24÷6+5=▢

7+24÷6×5=▢

7×24÷6+5=▢

7×24÷6−5=▢

05 다음 식이 성립하도록 ◯ 안에 −와 ÷를 한 번씩 써넣으시오.

(20 ◯ 6) ◯ 7=2

06 다음 식이 성립하도록 ◯ 안에 +와 ×를 한 번씩 써넣으시오.

100−(4 ◯ 2) ◯ 15=10

유형 04 새 교과서에 나온 활동 유형

07 \조건/에 맞는 혼합 계산식을 만들려고 합니다

┌─\조건/─────────────────┐

㉠ 2부터 9까지의 자연수 중 서로 다른 수 4개를 사용합니다.

㉡ +, −, ×, ÷ 중 3가지 기호를 한 번씩 사용합니다.

㉢ ( )를 사용하지 않습니다.

└──────────────────────┘

계산 결과가 1인 혼합 계산식을 2개 만들어 보시오.

[혼합 계산식 1] ▢

[혼합 계산식 2] ▢

08 \조건/에 맞는 혼합 계산식을 만들려고 합니다

┌─\조건/─────────────────┐

㉠ 2부터 9까지의 자연수 중 서로 다른 수 5개를 사용합니다.

㉡ +, −, ×, ÷의 기호를 한 번씩 모두 사용합니다.

㉢ ( )를 사용합니다.

└──────────────────────┘

계산 결과가 1인 혼합 계산식을 2개 만들어 보시오.

[혼합 계산식 1] ▢

[혼합 계산식 2] ▢

유형 01 ( )가 없을 때와 ( )가 있을 때

01 ( )가 없을 때와 ( )가 있을 때 계산 순서가 같은 것의 기호를 쓰시오.

> ㉠ $80-3\times9+7$, $80-3\times(9+7)$
> ㉡ $13+62-56\div4$, $13+62-(56\div4)$

( )

02 ( )가 없을 때와 ( )가 있을 때 계산 결과가 같은 것의 기호를 쓰시오.

> ㉠ $63-21+18$, $63-(21+18)$
> ㉡ $19+2\times46-27$, $19+(2\times46)-27$
> ㉢ $21+60\div30-15$, $21+60\div(30-15)$

( )

03 ( )가 없을 때와 ( )가 있을 때 계산 순서는 다르지만 계산 결과가 같은 것의 기호를 모두 쓰시오.

> ㉠ $9+45\div3$, $(9+45)\div3$
> ㉡ $35+29-11\times4$, $(35+29)-11\times4$
> ㉢ $84\div12+46-37$, $84\div12+(46-37)$

( )

유형 02 ☐안에 알맞은 수 구하기

04 ☐ 안에 알맞은 수를 써넣으시오.

$$\boxed{}-6\times(35-19)=4$$

05 ☐ 안에 알맞은 수를 구하시오.

> $\boxed{}\times5-(16+2)=7$

( )

06 ☐ 안에 알맞은 수를 구하시오.

> $20-8+56\div\boxed{}=19$

( )

유형 03 조건에 맞도록 (   )로 묶기

07 다음 식이 성립하도록 (   )로 묶어 보시오.

$$20 \times 9 \div 15 - 9 = 30$$

08 다음 식의 계산 결과가 가장 크게 되도록 (   )로 묶고 계산하시오.

$$65 - 5 \times 3 + 6 = \boxed{}$$

09 다음 식의 계산 결과가 가장 작게 되도록 (   )로 묶고 계산하시오.

$$36 \div 3 \times 6 - 2 + 8 = \boxed{}$$

유형 04 ☐ 안에 들어갈 수 있는 자연수

10 ☐ 안에 들어갈 수 있는 자연수 중 가장 큰 수를 구하시오.

$$14 + 5 \times 7 - (6+1) > \boxed{}$$

(   )

11 ☐ 안에 들어갈 수 있는 자연수를 모두 구하시오.

$$84 \div (33-29) + 4 \times 6 > 78 \div 2 + \boxed{}$$

(   )

12 ☐ 안에 들어갈 수 있는 자연수는 모두 몇 개입니까?

$$(59-35) \times 4 \div 6 + 11 + \boxed{} \times 8 < 91$$

(   )

1

자연수의 혼합 계산

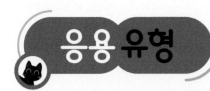

범위에 알맞은 자연수 구하기

01 ^❸☐ 안에 들어갈 수 있는 자연수를 모두 구하시오.

$$❶36-5\times3<☐<❷47-(8+13)$$

(   )

❶ 곱셈을 먼저 계산합니다.
❷ (   ) 안을 먼저 계산합니다.
❸ ❶과 ❷의 계산 결과 사이에 알맞은 자연수를 구합니다.

☐ 안에 알맞은 수 구하기

02 ^❷☐ 안에 알맞은 수를 구하시오.

$$❶40\div8+56\div☐=12$$

(   )

❶ 가장 먼저 계산할 수 있는 $40\div8$을 계산합니다.
$56\div☐=\triangle$라 놓고 덧셈과 뺄셈의 관계를 이용하여 $\triangle$의 값을 구합니다.
❷ 곱셈식과 나눗셈식의 관계를 이용하여 ☐의 값을 구합니다.

규칙을 찾아 계산하기

03 ^❶타일을 이용해서 모양을 만들고 있습니다. / ^❷넷째 모양을 만드는 데 필요한 타일은 모두 몇 개인지 +와 × 기호만 사용하여 하나의 식으로 나타내고 답을 구하시오.

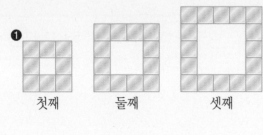

첫째   둘째   셋째

❶ 첫째: 8개, 둘째: 12개, 셋째: 16개
       +4   +4
❷ ❶에서 찾은 규칙을 이용하여 넷째 모양을 만드는 데 필요한 타일 수를 구하는 식을 만듭니다.

[식]

[답]

어떤 수 구하기

04 ❸어떤 수를 구하시오.

> ❶어떤 수에 / ❷24를 더한 후 9를 빼면 53입니다.

(   )

❶ 어떤 수를 ☐라 합니다.

❷ ☐ + 24 − 9 = 53

❸ ❷의 식에서 덧셈과 뺄셈의 관계를 이용하여 ☐의 값을 구합니다.

거스름돈 구하기

05 ❶카레 6인분을 만들기 위해 / ❷20000원으로 필요한 재료를 사고 남은 돈은 얼마인지 하나의 식으로 나타내고 답을 구하시오.

❶ 재료	가격
닭고기	2인분에 950원
감자	4인분에 3200원
양파	12인분에 1500원
당근	3인분에 1800원

[식]

[답]

❶ 닭고기 6인분: 2인분의 3배
감자 6인분: 1인분(3200 ÷ 4)의 6배
양파 6인분: 12인분의 반
당근 6인분: 3인분의 2배

❷ 20000원에서 ❶에서 구한 재룟값의 합을 뺍니다.

바르게 계산한 값 구하기

06 ❶다음 식을 앞에서부터 차례로 계산했더니 계산한 값이 1430이었습니다. / ❷바르게 계산한 값을 구하시오.

> ❶23 + 9 × ☐ − 17

(   )

❶ 23 + 9 × ☐ − 17 = 143

❷ 곱셈을 먼저 계산하고 덧셈과 뺄셈을 앞에서부터 계산합니다.

범위에 알맞은 자연수 구하기

07 ◻ 안에 들어갈 수 있는 자연수를 모두 구하시오.

$$51-38+19<\boxed{}<90-27\times2$$

( )

08 기호 ◆에 대하여 가◆나=가+가×가-나÷가로 약속했습니다. 바르게 계산한 것의 기호를 쓰시오.

㉠ 4◆32=12   ㉡ 5◆10=53

( )

◻ 안에 알맞은 수 구하기

09 ◻ 안에 알맞은 수를 구하시오.

$$29\times6-(\boxed{}+15)\times9=12$$

( )

10 수 카드 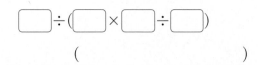 를 한 번씩 사용하여 다음 식의 계산 결과가 가장 크게 되도록 ◻ 안에 알맞은 수를 써넣고 답을 구하시오.

$$\boxed{}\div(\boxed{}\times\boxed{}\div\boxed{})$$

( )

규칙을 찾아 계산하기

11 타일을 이용해서 모양을 만들고 있습니다. 다섯째 모양을 만드는 데 필요한 타일은 모두 몇 개인지 -와 × 기호만 사용하여 하나의 식으로 나타내고 답을 구하시오.

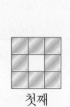 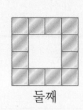 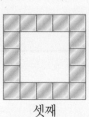

첫째   둘째   셋째

[식]

[답]

12 다음 식이 성립하도록 ○ 안에 +, -, ×, ÷ 를 한 번씩 써넣으시오.

$$30\bigcirc14\bigcirc2\bigcirc3\bigcirc4=13$$

QR 코드를 찍어 **유사 문제**를 보세요.

어떤 수 구하기

13 어떤 수를 구하시오.

> 어떤 수에서 3과 6의 곱을 뺀 후 20을 4로 나눈 몫을 더하면 37입니다.

( )

14 종이에 사인펜이 묻어 번졌습니다. 번져서 보이지 않는 부분에 적힌 수는 얼마입니까?

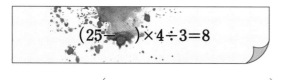

$$(25-\square)\times4\div3=8$$

( )

거스름돈 구하기

15 자장 8인분을 만들기 위해 20000원으로 필요한 재료를 사고 남은 돈은 얼마인지 하나의 식으로 나타내고 답을 구하시오.

재료	가격
돼지고기	12인분에 8400원
감자	4인분에 3600원
양파	16인분에 2000원
당근	2인분에 1400원

[식]

[답]

16 다음 식이 성립하도록 ＋, －, ×, ÷를 ○ 안에 써넣어 서로 다른 식을 완성하시오. (단, 같은 기호를 여러 번 사용해도 됩니다.)

$$8\bigcirc8\bigcirc8\bigcirc8=64$$
$$8\bigcirc8\bigcirc8\bigcirc8=64$$
$$8\bigcirc8\bigcirc8\bigcirc8=64$$

바르게 계산한 값 구하기

17 다음 식을 앞에서부터 차례로 계산했더니 계산한 값이 53이었습니다. 바르게 계산한 값을 구하시오.

$$72\div(\square+3)\times4-7$$

( )

18 다음 수 카드와 기호, ( )를 각각 한 번씩 모두 사용하여 계산 결과가 자연수인 식을 만들려고 합니다. 계산 결과가 가장 크게 되도록 하나의 식으로 나타내고 답을 구하시오. (단, ( )가 없어도 계산 결과가 같은 경우는 생각하지 않습니다.)

$$\boxed{2}, \boxed{4}, \boxed{6}, \boxed{8}, +, -, \div$$

[식]

[답]

1

오전에는 빵 5개를 7500원에 팔았고 오후에는 빵 4개를 5200원에 팔았습니다. 빵 1개를 오전보다 오후에 몇 원 더 싸게 판 것인지 하나의 식으로 나타내고 답을 구하시오.

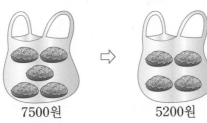

7500원 ⇨ 5200원

[식]

[답]

2

가은이는 친구들과 분식집에서 떡볶이 2인분과 어묵 3개를 먹고 10000원을 냈습니다. 가은이가 받아야 할 거스름돈은 얼마인지 하나의 식으로 나타내고 답을 구하시오.

메뉴
떡볶이 1인분·········3000원
어묵 1개················800원

[식]

[답]

코딩

3 암호 규칙이 다음과 같을 때 주어진 암호를 해석하여 계산하면 얼마인지 구하시오.

동영상

[암호 규칙 1]

1	2	3
4	5	6
7	8	9

에서 └ 는 2를 나타내고 ┐ 는 7을 나타냅니다.

[암호 규칙 2]

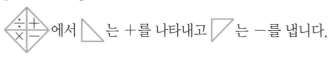 에서 △ 는 +를 나타내고 ▷ 는 −를 냅니다.

△ 는 +, ▷ 는 −,
▽ 는 ×, ◁ 는 ÷를
나타냅니다.

❶

(   )

❷

(   )

❸

(   )

1 동영상

| HME 19번 문제 수준 |

기호 ⊙에 대하여 ㉠⊙㉡=㉠×㉠+㉡÷3일 때 □⊙84=757을 만족한다고 합니다. □ 안에 알맞은 수를 구하시오.

(　　　　　　　　　)

□⊙84=757을 기호 ⊙의 약속대로 계산합니다.

2 동영상

| HME 20번 문제 수준 |

\조건/에 맞는 혼합 계산식을 만들려고 합니다

\조건/

㉠ 4를 6번 사용합니다.

㉡ 4를 2번 사용하면 44를 만들 수 있습니다.

㉢ +, −, ×, ÷의 기호를 한 번씩 모두 사용합니다.

㉣ (　　)를 사용합니다.

(1) 계산 결과가 21인 혼합 계산식을 만들어 보시오.

[혼합 계산식]

(2) 계산 결과가 18인 혼합 계산식을 만들어 보시오.

[혼합 계산식]

3

| HME 21번 문제 수준 |

다음 식을 앞에서부터 차례로 계산했더니 계산한 값이 18이었습니다. ●와 ▲가 한 자리 수이고 계산 결과는 자연수일 때 바르게 계산한 값을 구하시오.

$$8 + ● \times 5 - ▲ \div 3$$

(   )

4 동영상

| HME 22번 문제 수준 |

☐ 안에 2, 3, 4, 6, 8을 모두 한 번씩 써넣어 계산 결과가 자연수가 나오도록 합니다. 계산 결과가 가장 큰 값은 얼마인지 구하시오.

$$☐☐ - ☐☐ \div ☐$$

(   )

◇ (가장 큰 수)−(가장 작은 수)가 될 수 있도록 생각합니다.

계산식에 감춰진 미스터리

왜 계산 기호 +, −, ×, ÷는 숫자와 숫자 사이에 들어가는 것일까요?
숫자 앞이나 뒤에 기호를 붙여 쓰면 안 되는 걸까요?

우리가 흔히 사용하는 것처럼 111+1×2와 같은 방식의
표기법을 어려운 말로 **중위(中位) 표기법**이라고 해요.
식에서 **+와 ×는 앞뒤에 있는 두 수를 계산**하라는 뜻이죠.

이와는 달리 숫자의 앞에 계산 기호가 들어가는
+111×12와 같은 방식의 표기법을
전위(前位) 표기법이라 하고
계산 기호가 숫자 뒤에 오는 표기법을
후위(後位) 표기법이라고 해요.
이런 표기법은 낯설고 불편해 보이죠?

그래요!
우리는 수백 년 동안 중위 표기법만으로도
계산을 하는 데 어려움이 없었어요.
그런데 왜 전위 표기법이나 후위 표기법을 만들었을까요?
중위 표기법은 괄호가 없이는 정확하게 식을 표시할 수 없
다는 결점이 있기 때문이에요.
우리는 이미 괄호가 없을 때에는
덧셈, 뺄셈보다 곱셈, 나눗셈을 먼저해야 한다는 것을 알
고 있죠?
또 괄호가 있을 때는 계산 순서가 달라지죠.

그래서 복잡한 컴퓨터 프로그래밍에서는
괄호에 따른 계산 순서의 변화가 없는
전위 표기법이나 후위 표기법을 사용하는 것이
훨씬 간편하답니다.

2
약수와 배수

학습 계획표

계획표대로 공부했으면 ○표, 못했으면 △표 하세요.

내용	쪽수	날짜	확인
잘 틀리는 실력 유형	20~21쪽	월 일	
다르지만 같은 유형	22~23쪽	월 일	
응용 유형	24~27쪽	월 일	
사고력 유형	28~29쪽	월 일	
최상위 유형	30~31쪽	월 일	

유형 01 약수의 개수 구하기

어떤 수를 나누어떨어지게 하는 수 또는 두 수의 곱으로 나타내어 약수를 구한 다음 그 수를 셉니다.

例 21의 약수의 개수 구하기

$21 \div 1 = 21$, $21 \div 3 = \boxed{}$, $21 \div 7 = 3$,

$21 \div 21 = 1$

또는 $1 \times 21 = 21$, $3 \times 7 = 21$

➡ 21의 약수는 모두 $\boxed{}$개입니다.

01 48의 약수는 모두 몇 개입니까?

(   )

02 25를 어떤 수로 나누었을 때 나누어떨어지는 수는 모두 몇 개인지 구하시오.

(   )

03 약수의 개수가 가장 많은 수를 찾아 쓰시오.

45,   38,   30

(   )

유형 02 배수의 활용

어느 정류장에서 버스가 8시부터 12분 간격으로 출발합니다. 8시 30분까지 버스는 몇 번 출발합니까?

➡ 12분 간격이므로 $\boxed{}$의 배수인 시각에 출발합니다.

    8시, 8시 12분, 8시 $\boxed{}$분

따라서 버스는 $\boxed{}$번 출발합니다.

04 민희는 5일에 한 번씩 줄넘기를 합니다. 5월 5일에 줄넘기를 하였다면 5월 한 달 동안 민희가 줄넘기를 한 날짜를 모두 쓰시오.

(   )

05 터미널에서 미술관으로 가는 버스가 오전 10시부터 7분 간격으로 출발합니다. 오전 11시까지 버스는 몇 번 출발합니까?

(   )

06 어느 지하철이 출발역에서 4분 간격으로 출발한다고 합니다. 5시 30분에 첫 열차가 출발했다면 5번째로 출발하는 열차는 몇 시 몇 분에 출발합니까?

(   )

QR 코드를 찍어 **동영상 특강**을 보세요.

유형 **03** 어떤 수 구하기

> ▲로 나누어도 ●가 남고
> ■로 나누어도 ●가 남는 수

⇨ ▲와 ■의 [   ]보다 ●만큼 더 큰 수

07 9로 나누어도 4가 남고, 6으로 나누어도 4가 남는 두 자리 수 중 가장 작은 수를 구하시오.

(   )

08 어떤 수를 7로 나누어도 나머지가 2이고, 5로 나누어도 나머지가 2입니다. 어떤 수 중 100보다 작은 두 자리 수를 모두 구하시오.

(   )

09 22와 28을 어떤 수로 각각 나누면 나머지가 모두 4입니다. 어떤 수를 구하시오.

(   )

유형 **04** 새 교과서에 나온 활동 유형

10 크기가 같은 정사각형 6개로 만들 수 있는 직사각형은 다음과 같이 2가지입니다. 정사각형의 수를 알아보는 두 수의 곱셈식을 쓰고 6의 약수를 구하시오.

[식] _____

[식] _____

(   )

11 집의 창고에 있는 자물쇠의 비밀번호를 만들려고 합니다. 비밀번호는 네 자리 수이고 4의 배수가 되도록 만들 때 빈 곳에 알맞은 수를 모두 구하시오.

> **[4의 배수 판별법]**
> 끝의 두 자리 수가 00이거나 4의 배수인 수
> ㉖ 124, 324의 끝의 두 자리 수 24가 4의 배수이므로 124, 324는 4의 배수입니다.

(   )

2

약수와 배수

유형 01 2의 배수 활용

01 짝수이면 ○표, 홀수이면 △표 하시오.

31	76	194
( )	( )	( )

02 2의 배수를 모두 찾아 ○표 하시오.

20	2011
( )	( )

583	3014
( )	( )

03 어떤 수가 3의 배수이려면 각 자리 숫자의 합이 3의 배수이면 됩니다. 4782가 6의 배수인지 알아보시오.

(1) 4782가 2의 배수이면 ○표, 2의 배수가 아니면 ×표 하시오.

( )

(2) 4782가 3의 배수이면 ○표, 3의 배수가 아니면 ×표 하시오.

( )

(3) 4782가 6의 배수이면 ○표, 6의 배수가 아니면 ×표 하시오.

( )

유형 02 수 범위 안의 배수 구하기

04 50부터 80까지의 수 중 4의 배수를 모두 구하시오.

( )

서술형

05 두 자리 수 중 15의 배수를 모두 구하는 풀이 과정을 쓰고 답을 구하시오.

[풀이]

_____

_____

_____

[답]

_____

06 40부터 100까지의 수 중 7의 배수는 모두 몇 개 있습니까?

( )

유형 03 최대공약수의 활용

07 연필 36자루와 지우개 52개를 최대한 많은 학생들에게 남김없이 똑같이 나누어 주려고 합니다. 최대 몇 명의 학생에게 나누어 줄 수 있습니까?

(   )

08 사과 24개와 귤 42개를 최대한 많은 봉지에 남김없이 똑같이 나누어 담으려고 합니다. 봉지는 최대 몇 개가 필요한지 구하시오.

(   )

09 빵 45개와 우유 27개가 있습니다. 이것을 될 수 있는 대로 많은 학생들에게 남김없이 똑같이 나누어 주려고 합니다. 빵과 우유를 최대 몇 명에게 나누어 줄 수 있습니까?

(   )

유형 04 최소공배수의 활용

10 가로 9 cm, 세로 15 cm인 직사각형 모양의 카드를 늘어놓아 가장 작은 정사각형을 만들려고 합니다. 만들 수 있는 정사각형의 한 변의 길이는 몇 cm입니까?

(   )

11 직선 위에 시작점을 같이 하여 같은 방향으로 빨간색 점은 12 cm, 파란색 점은 18 cm 간격으로 찍어 나갑니다. 두 색깔의 점이 처음으로 같이 찍히는 곳은 시작점에서 몇 cm 떨어진 곳입니까?

(   )

12 수지와 연우는 운동장을 일정한 빠르기로 걷고 있습니다. 수지는 4분마다, 연우는 5분마다 운동장을 한 바퀴 돕니다. 두 사람이 출발점에서 같은 방향으로 동시에 출발할 때 출발 후 60분 동안 출발점에서 몇 번 다시 만나는지 구하시오.

(   )

2

약수와 배수

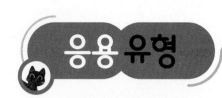

잘못된 설명 찾기

01 두 사람 중 잘못 말한 사람의 이름을 쓰시오.

> ❶ 희수: 20과 36의 공약수는 두 수를 모두 나누어 떨어지게 할 수 있어.
> ❷ 지혜: 20과 36의 공약수 중에서 가장 작은 수는 4야.

(   )

❶ 희수: 공약수는 어떤 수인지 생각합니다.
❷ 지혜: 두 수의 공약수를 구해 봅니다.

조건을 만족하는 수 구하기

02 \조건/을 만족하는 수를 구하시오.

> \조건/
> ❶ · 2보다 크고 9보다 작습니다.
> ❷ · 24의 약수입니다.
> ❸ · 홀수입니다.

(   )

❶ 처음 조건을 만족하는 수를 구합니다.
❷ ❶의 수 중 두 번째 조건을 만족하는 수를 구합니다.
❸ ❷의 수 중 세 번째 조건을 만족하는 수를 구합니다.

주어진 수에 가장 가까운 공배수 구하기

03 ❶12와 20의 공배수 중 / ❷200에 가장 가까운 수는 얼마입니까?

(   )

❶ 12와 20의 최소공배수의 배수를 구합니다.
❷ ❶의 수 중 200의 바로 앞의 수와 바로 뒤의 수를 구하여 더 가까운 수를 알아봅니다.

최대공약수, 최소공배수를 알 때 어떤 수 구하기

04 **❶**77과 어떤 수의 최대공약수는 11이고 최소공배수는 231입니다. / **❷**어떤 수를 구하시오.

( )

❶ 최대공약수와 최소공배수를 구하는 방법을 이용하여 다음과 같이 나타냅니다.

11) 77 (어떤 수)
$\overline{7\square}$

❷ 최소공배수를 구하는 방법을 이용하여 ☐ 를 구한 다음 어떤 수를 구합니다.

(나누는 수)−(나머지)=1일 때 어떤 수 구하기

05 **❶**5로 나누면 4가 남고 6으로 나누면 5가 남는 어떤 수가 있습니다. / **❷**어떤 수 중 100에 가장 가까운 수를 구하시오.

( )

❶ 나누는 수와 나머지의 차가 1이면 어떤 수 는 나누는 수의 배수에서 1을 뺀 수입니다.
❷ **❶**의 수 중 100에 가장 가까운 수를 구합 니다.

한 사람에게 나누어 준 수 구하기

06 **❶**사탕 65개와 초콜릿 50개를 어린이들에게 똑같이 나누어 주었더니 사탕은 1개, 초콜릿은 2개 남았습니다. / **❷**최대한 많은 어린이들에게 사탕과 초콜릿을 나누어 주었다면 / **❸**한 어린이에게 사탕과 초콜릿을 각각 몇 개씩 나누어 주었는지 차례로 쓰시오.

( ), ( )

❶ 남은 개수를 빼면 나누어 준 개수입니다.
❷ 최대공약수를 구해야 합니다.
❸ 나누어 준 사탕 수와 초콜릿 수를 각각 최대공약수로 나누어서 구합니다.

07

잘못된 설명 찾기

두 사람 중 잘못 말한 사람의 이름을 쓰시오.

> 윤수: 18과 24의 공배수는 18과 24의 최소공배수의 배수와 같아.
> 은미: 18과 24의 최대공약수는 최소공배수보다 커.

( )

08

\조건/을 만족하는 수를 모두 구하시오.

> \조건/
> • 3보다 크고 14보다 작습니다.
> • 4의 배수이고 16의 약수입니다.

( )

09

조건을 만족하는 수 구하기

\조건/을 만족하는 수를 모두 구하시오.

> \조건/
> • 5보다 크고 16보다 작습니다.
> • 3의 배수이고 12의 약수입니다.
> • 짝수입니다.

( )

10

\조건/을 만족하는 수 중 가장 작은 수를 구하시오.

> \조건/
> • 3으로 나누면 1이 남습니다.
> • 4로 나누면 2가 남습니다.

( )

11

주어진 수에 가장 가까운 공배수 구하기

18과 24의 공배수 중 500에 가장 가까운 수는 얼마입니까?

( )

12

진아와 경호가 규칙에 따라 각각 바둑돌 50개를 놓을 때 같은 자리에 검은 바둑돌이 놓이는 경우는 모두 몇 번입니까?

진아 ○○●○○○●○○○●○○○● ……
경호 ○●○○●○○●○○●○○●○○● ……

( )

QR 코드를 찍어 **유사 문제**를 보세요.

13 어느 역에서 대전행 기차는 10분마다, 부산행 기차는 15분마다 출발한다고 합니다. 오전 10시에 두 기차가 처음으로 동시에 출발하였다면 낮 12시까지 두 기차는 몇 번이나 동시에 출발하는지 구하시오.

( )

최대공약수, 최소공배수를 알 때 어떤 수 구하기

14 어떤 수와 39의 최대공약수는 13이고 최소공배수는 273입니다. 어떤 수를 구하시오.

( )

---

15 유리는 3일마다, 현우는 4일마다 도서관에 갑니다. 두 사람이 7월 1일에 도서관에서 만났다면 그 다음번에 도서관에서 다시 만나는 날짜를 구하고, 그때까지 유리는 도서관에 몇 번 더 가야 하는지 차례로 쓰시오.

( ), ( )

(나누는 수)−(나머지)=1일 때 어떤 수 구하기

16 6으로 나누면 5가 남고 7로 나누면 6이 남는 어떤 수가 있습니다. 어떤 수 중 100에 가장 가까운 수를 구하시오.

( )

---

17 43을 어떤 수로 나누면 나머지가 3이고, 54를 어떤 수로 나누면 나머지가 2입니다. 어떤 수를 구하시오.

( )

한 사람에게 나누어 준 수 구하기

18 구슬 60개와 공깃돌 43개를 어린이들에게 똑같이 나누어 주었더니 구슬은 4개, 공깃돌은 3개가 남았습니다. 최대한 많은 어린이들에게 구슬과 공깃돌을 나누어 주었다면 한 어린이에게 구슬과 공깃돌을 각각 몇 개씩 나누어 주었는지 차례로 쓰시오.

( ), ( )

2
약수와 배수

사고력 유형

[1~2] 육십갑자는 십간과 십이지를 결합하여 만든 60개의 간지입니다. 십간은 '갑, 을, 병, 정, 무, 기, 경, 신, 임, 계'이고 십이지는 '자, 축, 인, 묘, 진, 사, 오, 미, 신, 유, 술, 해'입니다. 십간십이지에서 십간의 첫째인 '갑'과 십이지의 첫째인 '자'를 붙여서 '갑자', 십간의 둘째인 '을'과 십이지의 둘째인 '축'을 붙여서 '을축', 십간의 셋째인 '병'과 십이지의 셋째인 '인'을 붙여서 '병인', ...과 같이 60개의 간지를 만들었고 똑같은 간지는 60년에 한 번씩 돌아옵니다. 사건이 일어난 해의 간지를 사건 이름 앞에 붙일 때 물음에 답하시오.

십간십이지(10간 12지)에서 10과 12의 최소공배수가 60이므로 60개의 간지를 만들 수 있습니다.

육십갑자

갑자	을축	병인	정묘	무진	기사	경오	신미	임신	계유
갑술	을해	병자	정축	무인	기묘	경진	신사	임오	계미
갑신	을유	병술	정해	무자	기축	경인	신묘	임진	계사
갑오	을미	병신	정유	무술	기해	경자	신축	임인	계묘
갑진	을사	병오	정미	무신	기유	경술	신해	임자	계축
갑인	을묘	병진	정사	무오	기미	경신	신유	임술	계해

문제 해결

1 조선 선조 때 임진왜란과 정유재란이 일어났습니다. 임진년(1592년)에 일본이 침입한 1차 전쟁이 임진왜란이고 몇 년 뒤인 정유년에 일본이 재침입한 2차 전쟁이 정유재란입니다. 정유재란이 일어난 해는 몇 년입니까?

(   )

1984년은 갑자년,
1985년은 을축년,
...
2022년은 임인년,
2023년은 계묘년,
...
2044년은 갑자년,
2045년은 을축년
입니다.

문제 해결

2 조선 말에 일어난 역사적인 사건을 순서대로 나타낸 것입니다. 빈 곳에 사건이 일어난 해를 써넣으시오.

임오군란		갑신정변		갑오개혁
	⇨	1884년	⇨	

창의·융합

3

1부터 50까지의 수를 차례로 말하면서 다음과 같은 놀이를 하였습니다. 손뼉을 치면서 발을 구르는 수를 모두 찾아 쓰시오.

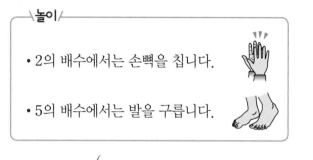

놀이

• 2의 배수에서는 손뼉을 칩니다.

• 5의 배수에서는 발을 구릅니다.

(　　　　　　　　　　　　　　)

코딩

4

9의 배수를 판정하는 순서도입니다. 순서도를 보고 9의 배수인지 아닌지 알아보시오.

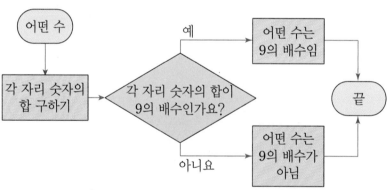

❶　56783은 9의 배수가 (맞습니다 , 아닙니다).

❷　2749860은 9의 배수가 (맞습니다 , 아닙니다).

2
약수와 배수

1 | HME 19번 문제 수준 |

\조건/을 만족하는 수는 모두 몇 개입니까?

> \조건/
> ㉠ 약수 중 하나는 5입니다.
> ㉡ 500보다 큰 세 자리 수입니다.
> ㉢ 6의 배수입니다.

(   )

2 | HME 20번 문제 수준 |

서로 다른 자연수 3개의 합은 667입니다. 이 세 수의 최대공약수가 가장 클 때 나올 수 있는 세 자리 수 중 가장 큰 수를 포함한 세 수를 구하시오.

(   )

◇ 667의 일의 자리 숫자가 7이므로

7×1=7, 9×3=27을 생각합니다.

3

| HME 21번 문제 수준 |

어떤 수의 약수의 개수는 3개입니다. 어떤 수가 될 수 있는 세 자리 수는 모두 몇 개입니까?

(　　　　　　　)

◇ 9의 약수는 1, 3, 9로 3개입니다.

4

| HME 22번 문제 수준 |

1부터 자연수를 차례로 늘어놓고 9의 배수를 모두 지웠습니다. 지우고 남은 수 중 200째에 있는 수를 구하시오.

1, 2, 3, 4, 5, 6, 7, 8, 9̶, 10, ...

(　　　　　　　)

약수로 재미있는 수 관계 찾기

고대 그리스의 수학자 피타고라스는 제자들과 함께 신기한 수의 현상을 찾아냈어요. 220과 284의 약수에서 재미있는 관계를 발견한 거예요. 어떤 발견이었을까요?

피타고라스와 제자들은 220의 약수인 1, 2, 4, 5, 10, 11, 20, 22, 44, 55, 110, 220 중에 자기 자신인 220을 제외하고 모든 약수를 더했어요. 더한 값은 284였지요.

이번에는 284의 약수인 1, 2, 4, 71, 142, 284에서 자기 자신인 284를 제외하고 나머지 약수를 모두 더했어요. 그런데 놀랍게도 상대방의 수인 220이 되는 거예요.

피타고라스가 제자들과 함께 발견한 두 수 220과 284의 약수의 현상으로 친화수가 탄생하게 되었어요. 친화수는 자기 자신 이외의 약수를 모두 더하면 서로 상대방 수가 되는 두 수들 중 짝수는 짝수끼리, 홀수는 홀수끼리 상대 수가 되는 것을 말해요.

그 후 오랜 기간 친화수가 발견되지 않았다가 1636년 페르마에 의해 17296과 18416도 친화수임이 알려졌답니다. 물론 그 후로도 수학자들은 더 많은 친화수를 찾아냈어요.

피타고라스 학파는 약수와 관계되어 부부수라는 것도 찾아냈어요.

부부수는 1과 자기 자신을 뺀 약수를 더하면 서로 상대방 수가 되는 두 수를 말해요.

48의 약수인 1, 2, 3, 4, 6, 8, 12, 16, 24, 48에서 1과 48을 빼고 모두 더하면 75가 돼요. 75의 약수인 1, 3, 5, 15, 25, 75에서 1과 75를 빼고 모두 더하면 상대방 수인 48이 되는 거예요. 짝수와 홀수가 상대수가 된다고 하여 이성인 짝수-홀수를 부부수라고 한 거예요? 재미있죠?

이처럼 약수와 관계있는 수에는 재미있는 현상을 가진 수들이 더 있답니다.

3

규칙과 대응

학습 계획표

계획표대로 공부했으면 ○표, 못했으면 △표 하세요.

내용	쪽수	날짜		확인
잘 틀리는 실력 유형	34~35쪽	월	일	
다르지만 같은 유형	36~37쪽	월	일	
응용 유형	38~41쪽	월	일	
사고력 유형	42~43쪽	월	일	
최상위 유형	44~45쪽	월	일	

유형 01 대응 관계를 찾아 표 완성하기

한 수가 1씩 커질 때마다 다른 한 수가 어떻게 변하는지 규칙을 찾아봅니다.

☆	1	2	3	4	5
△	3	6	9	12	

☆이 1씩 커질 때마다 △는 ☐씩 커지므로 △는 ☆의 3배입니다. 빈칸에 알맞은 수는 5의 ☐배인 ☐입니다.

01 대응 관계를 찾아 표를 완성하시오.

○	1	2	3	4	5
◇	4	5	6	7	

02 대응 관계를 찾아 표를 완성하시오.

☐	1	2	3	4	5
▽	30	60	90	120	

03 대응 관계를 찾아 표를 완성하시오.

♡	5	6	7	8	9
◎	40	48	56	64	

유형 02 대응 관계를 식으로 나타내기

각 양을 ○, △, ☐, ◇ 등의 기호로 나타내고 두 양 사이의 관계를 ＋, －, ×, ÷를 이용해 식으로 표현합니다.

강아지의 수(마리)	1	2	3	4	5
다리의 수(개)	4	8	12	16	20

강아지 다리의 수는 강아지의 수의 ☐배입니다. 강아지의 수를 ○, 다리의 수를 ☐라고 할 때 ○×☐＝☐입니다.

04 과자 상자 1개에 과자 12봉지가 들어 있습니다. 과자 상자의 수를 ○, 과자 봉지의 수를 △라고 할 때 두 양 사이의 대응 관계를 식으로 나타내시오.

[식]

05 동수는 2023년에 12살이고 2024년에 13살입니다. 연도를 ☐, 동수의 나이를 ▽라고 할 때 두 양 사이의 대응 관계를 식으로 나타내시오.

[식]

06 1초에 6 m씩 올라가는 엘리베이터가 있습니다. 시간을 ☆, 올라간 거리를 ◇라고 할 때 두 양 사이의 대응 관계를 식으로 나타내시오.

[식]

QR 코드를 찍어 **동영상 특강**을 보세요.

유형 03 대응 관계를 보고 예상하기

대응 관계를 식으로 나타내고 주어진 값을 식에 대입하여 다른 한 수를 구합니다.

○	1	2	3	4	…
♡	20	40	60	80	…

두 양 사이의 관계를 식으로 나타내면

○ × □ = ♡ 입니다. 따라서 ○이 8일 때 ♡는

8 × □ = □ 입니다.

07 수영을 한 시간과 소모된 열량 사이의 대응 관계를 나타낸 표입니다. 수영을 30분 동안 했을 때 소모된 열량은 몇 킬로칼로리인지 구하시오.

시간(분)	1	2	3	4	…
소모된 열량 (킬로칼로리)	9	18	27	36	…

(   )

08 장미의 수와 꽃다발의 수 사이의 대응 관계를 나타낸 표입니다. 장미가 120송이일 때 꽃다발의 수는 몇 개인지 구하시오.

장미의 수(송이)	5	10	15	20	…
꽃다발의 수(개)	1	2	3	4	…

(   )

유형 04 새 교과서에 나온 활동 유형

[09~11] 태민이가 규칙을 정하여 선분 ㄱㄴ의 한 점과 선분 ㄴㄷ의 한 점을 선분으로 이었습니다. 태민이가 만든 모양을 보고 물음에 답하시오.

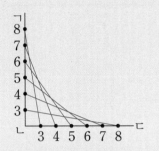

09 선분으로 이은 점에 쓰인 두 수 사이의 관계를 알아보려고 합니다. 표를 완성하시오.

선분 ㄱㄴ의 점에 쓰인 수	3	4	5	6	7	8
선분 ㄴㄷ의 점에 쓰인 수	8	7	6			

10 선분으로 이은 점에 쓰인 두 수 사이의 대응 관계를 쓰시오.

선분으로 이은 점에 쓰인 두 수의 □이/가 □(으)로 같습니다.

11 선분 ㄱㄴ의 점에 쓰인 수를 □, 선분 ㄴㄷ의 점에 쓰인 수를 △라고 할 때 두 수 사이의 대응 관계를 식으로 나타내시오.

[식]

유형 01 두 양 사이의 관계 알아보기

01 그림을 보고 책상의 수와 의자의 수 사이의 대응 관계를 표로 나타내시오.

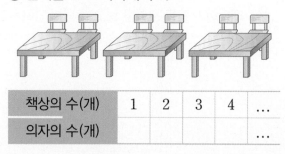

책상의 수(개)	1	2	3	4	...
의자의 수(개)					...

02 사각형이 한 개씩 늘어날 때마다 원은 몇 개씩 늘어납니까?

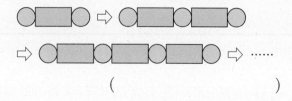

(   )

03 규칙적인 배열을 만들고 있습니다. 다음에 이어질 알맞은 모양을 그려보시오.

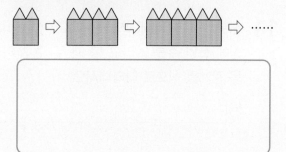

유형 02 두 양 사이의 관계를 설명하기

04 미술관에서 관람객에게 엽서를 3장씩 나누어 주고 있습니다. 대응 관계를 바르게 설명한 것을 찾아 기호를 쓰시오.

> ㉠ 엽서의 수는 관람객의 수의 3배입니다.
> ㉡ 엽서의 수는 관람객의 수보다 3만큼 더 많습니다.

(   )

05 상자에 감이 8개씩 들어 있습니다. 감의 수와 상자의 수 사이의 대응 관계를 잘못 설명한 사람을 찾아 이름을 쓰시오.

> 지윤: 감의 수를 ○로, 상자의 수를 □로 나타내면 □×8=○입니다.
> 종원: 상자가 1개씩 늘어날 때마다 감은 8개씩 늘어납니다.
> 선예: 상자의 수를 8로 나누면 감의 수와 같습니다.

(   )

06 흰 바둑돌의 수와 검은 바둑돌의 수 사이의 대응 관계를 2가지 방법으로 설명하시오.

[방법 1]

[방법 2]

QR 코드를 찍어 **동영상 특강**을 보세요.

유형 03 대응 관계를 식으로 나타내기

07 알맞은 카드를 골라 닭의 수와 다리의 수 사이의 대응 관계를 식으로 나타내시오.

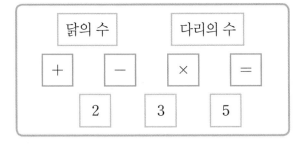

닭의 수		다리의 수
+	−	×	=
2	3	5

[식] _____

08 정우는 동생보다 3살이 많습니다. 정우의 나이를 □, 동생의 나이를 △라고 할 때 두 양 사이의 대응 관계를 식으로 나타내시오.

[식] _____

09 샤워기에서 1분에 12 L의 물이 나옵니다. □ 안에 기호를 정하고 식을 알맞게 써넣으시오.

> 샤워기를 사용한 시간을 □분, 나온 물의 양을 □ L라고 할 때 두 양 사이의 대응 관계를 식으로 나타내면 □ 입니다.

유형 04 큰 수에 대응하는 값 찾기

10 바둑돌이 규칙적으로 놓여 있습니다. 흰 바둑돌이 30개일 때 검은 바둑돌은 몇 개입니까?

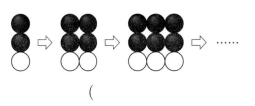

(　　　　　　)

11 다음과 같이 색 테이프를 가위로 잘랐습니다. 색 테이프가 50도막이 되려면 몇 번 잘라야 합니까?

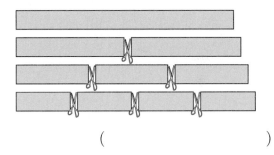

(　　　　　　)

12 삼각형의 수가 100개일 때 원의 수는 몇 개입니까?

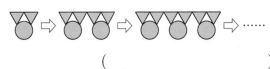

(　　　　　　)

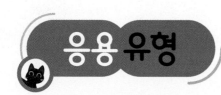

대응 관계 말하기

01 ❶축하 카드 한 장을 만드는 데 꽃 모양이 2개씩 필요합니다. / ❷카드의 수와 꽃 모양의 수 사이의 대응 관계를 쓰시오.

_____

_____

❶ 축하 카드 수가 1장 늘어날 때 꽃 모양이 몇 개씩 늘어나는지 알아봅니다.
❷ ❶에서 알아본 규칙을 카드의 수와 꽃 모양의 수를 넣어 대응 관계를 씁니다.

대응 관계를 식으로 나타내기

02 ❶만화 영화를 1초 동안 상영하려면 그림이 25장 필요합니다. / ❷만화 영화를 상영하는 시간을 △(초), 필요한 그림의 수를 ♡(장)이라고 할 때 △와 ♡ 사이의 대응 관계를 식으로 나타내시오.

[식]

_____

❶ △와 ♡ 사이의 대응 관계를 알아봅니다.
❷ ❶에서 알아본 △와 ♡ 사이의 대응 관계를 +, −, ×, ÷ 등을 이용하여 식으로 나타냅니다.

대응 관계를 이용하여 다른 한 수 구하기

03 ❶표를 보고 □와 ○ 사이의 대응 관계를 식으로 나타내시오. / ❷또 □=10일 때 ○의 값을 구하시오.

□	2	3	4	5	...
○	16	24	32	40	...

[식]

_____

(   )

❶ 표를 보고 □와 ○ 사이의 대응 관계를 알아봅니다.
❷ ❶의 식을 이용하여 □=10일 때 ○의 값을 구합니다.

표를 완성하고 대응 관계를 식으로 나타내기

04 **❶**표를 완성하고 / **❷**□와 △ 사이의 대응 관계를 식으로 나타내시오.

❶
□	1	2	3	4	5	6
△	1	4	7		13	

[식]

❶ □와 △ 사이의 대응 관계를 알아봅니다.
❷ ❶에서 알아본 □와 △ 사이의 대응 관계를 +, −, ×, ÷ 등을 이용하여 식으로 나타냅니다.

설명이 틀린 이유 쓰기

05 **❶**한 모둠에 6명씩 앉아 있습니다. / **❷**모둠의 수를 ○, 학생의 수를 △라고 할 때 설명이 틀린 이유를 쓰시오.

 모둠의 수와 학생의 수 사이의 대응 관계는 △×6=○로 나타낼 수 있고, ○÷6=△로 나타낼 수 있어.

❶ ○와 △ 사이의 대응 관계를 알 수 있습니다.
❷ 틀린 내용을 찾아 이유를 씁니다.

대응 관계에서 의자 수 구하기

06 **❷**식탁을 그림과 같이 붙여서 의자를 놓고 있습니다. 식탁을 8개 놓으려면 의자는 몇 개 필요합니까?

❶  ⇨ ······

( )

❶ 그림을 보고 식탁의 수와 의자의 수 사이의 대응 관계를 표로 나타낼 수 있습니다.
❷ 대응 관계를 나타낸 표를 이용하여 의자의 수를 구합니다.

3

규칙과 대응

대응 관계 말하기

07 책꽂이 한 칸에 책이 8권씩 꽂혀 있습니다. 책꽂이 칸 수와 책의 수 사이의 대응 관계를 쓰시오.

_____

_____

대응 관계를 식으로 나타내기

08 형이 1000원을 먼저 저금통에 저금을 한 다음 형과 동생이 1주일에 각자 1000원씩 저금하기로 했습니다. 동생이 모은 돈을 ○, 형이 모은 돈을 □라고 할 때 ○와 □ 사이의 대응 관계를 식으로 나타내시오.

[식]

_____

대응 관계를 이용하여 다른 한 수 구하기

09 표를 보고 ○와 □ 사이의 대응 관계를 식으로 나타내시오. 또 ○＝25일 때 □의 값을 구하시오.

○	10	11	12	13	…
□	7	8	9	10	…

[식]

(   )

10 도로의 시작부터 1 m 간격으로 가로등이 있습니다. 도로의 길이와 가로등의 수 사이의 대응 관계를 쓰시오. (단, 가로등의 두께는 생각하지 않습니다.)

1 m

_____

_____

표를 완성하고 대응 관계를 식으로 나타내기

11 표를 완성하고 □와 △ 사이의 대응 관계를 식으로 나타내시오.

□	2	4	6	8	10	12
△	2	3	4	5		

[식]

_____

12 표를 보고 ☆과 △ 사이의 대응 관계를 식으로 나타내시오. 또 ☆＝12일 때 △의 값을 구하시오.

☆	3	4	5	6	…
△	21	28	35	42	…

[식]

(   )

QR 코드를 찍어 **유사 문제**를 보세요.

13 표를 완성하고 ☆과 ○ 사이의 대응 관계를 식으로 나타내시오.

☆	1	2	3	4	5	6
○	4	9	14	19		

[식]

14 그림과 같이 성냥개비로 사각형을 만들고 있습니다. 만든 사각형의 수를 ☆, 성냥개비의 수를 □라고 할 때 표를 완성하고, ☆과 □ 사이의 대응 관계를 식으로 나타내시오.

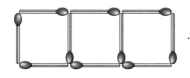

사각형의 수(☆)	1	2	3	4	...
성냥개비의 수(□)	4	7			...

[식]

15 물 0.5 L가 들어 있는 수조에 1분에 6 L씩 물이 나오는 수도꼭지를 틀어 물을 받았습니다. 물을 받은 시간을 □, 수조 안의 물의 양을 ♡라고 할 때 □와 ♡ 사이의 대응 관계를 식으로 나타내시오.

[식]

설명이 틀린 이유 쓰기

16 한 사람에게 사탕을 3개씩 나누어 주고 있습니다. 설명이 <u>틀린</u> 이유를 쓰시오.

대응 관계를 나타낸 식
☆×3=◇에서 ☆은 사탕의 수, ◇는 사람의 수를 나타내.

대응 관계에서 의자 수 구하기

17 회의 탁자를 그림과 같이 붙여서 의자를 놓고 있습니다. 회의 탁자를 5개 놓으려면 의자는 몇 개 필요합니까?

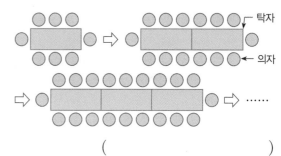

탁자
의자

(　　　　　　　　　)

18 규칙에 따라 모양을 만들고 있습니다. 12번째 모양은 가장 작은 정사각형이 몇 개입니까?

1번째　　　2번째　　　　3번째

(　　　　　　　　　)

문제 해결

1 여러 가지 도형을 요술 상자에 넣으면 규칙에 따라 숫자가 나옵니다. 요술 상자에 들어간 도형과 요술 상자에서 나온 수 사이의 대응 관계를 찾아 □ 안에 알맞은 수를 구하시오.

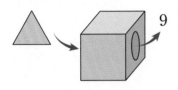 9 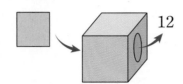 12

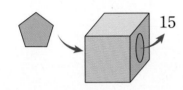 15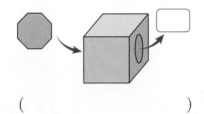

( )

요술 상자에 들어간 도형의 꼭짓점의 수를 세어 보세요.

문제 해결

2 다음과 같이 끈을 자르고 있습니다. 끈을 11도막으로 자르려면 몇 번 잘라야 하는지 구하시오.

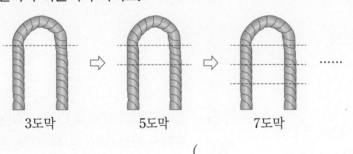

3도막 　　　5도막 　　　7도막

( )

● 정답 및 풀이 **58**쪽

3

여러 장의 그림을 누름 못을 사용하여 게시판에 붙이려고 합니다. 물음에 답하시오.

누름 못 →

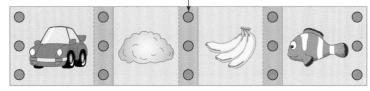

······

1 그림의 수와 누름 못의 수 사이에는 어떤 대응 관계가 있는지 표를 이용하여 알아보시오.

그림의 수(장)	1	2	3	4	5	…
누름 못의 수(개)						…

2 그림의 수를 □, 누름 못의 수를 △라고 할 때 두 양 사이의 대응 관계를 식으로 나타내시오.

[식] _____

3 그림 30장을 붙이려면 누름 못은 몇 개 필요한지 구하시오.

( )

그림이 1장씩 늘어날 때 누름 못의 수는 몇 개씩 늘어나는지 세어 보세요.

3

규칙과 대응

3. 규칙과 대응 **43**

도전! 최상위 유형

1

| HME 20번 문제 수준 |

검은 바둑돌과 흰 바둑돌을 다음과 같은 규칙으로 놓았습니다. 35번째 줄의 흰 바둑돌의 개수를 ㉠, 검은 바둑돌의 위치를 왼쪽에서부터 ㉡번째라고 할 때 ㉠＋㉡의 값을 구하시오.

1번째 줄 →
2번째 줄 →
3번째 줄 →
4번째 줄 →

(   )

2

| HME 20번 문제 수준 |

A★B는 A와 B의 합을 일정한 수로 나누는 규칙입니다. ㉠＋㉡의 값을 구하시오.

A	B	A★B
㉠	16	45
35	㉡	20
6.4	17.6	8

(   )

◇ A★B는 A와 B의 합을 몇으로 나누는 규칙인지 알아봅니다.

3

| HME 21번 문제 수준 |

수 n의 각 자리 숫자 중 홀수인 숫자들의 합을 $f(n)$이라고 합니다. 예를 들어 n이 2943일 때 $f(2943)=9+3=12$입니다. 다음 식의 값을 구하시오.

$$f(1)+f(2)+f(3)+\cdots+f(30)$$

(　　　　　　　　　　　　)

◇ 1에서 10까지의 수를 나열하면 1, 3, 5, 7, 9는 일의 자리에 각각 1번씩 사용되고 1은 십의 자리에 1번 더 사용됩니다.

4

| HME 21번 문제 수준 |

다음 표에서 2행 4열의 수 13을 (2, 4)=13으로 나타냅니다.
(1, 26)=㉠이고 (2, ㉠)=㉡일 때 ㉠+㉡의 값은 얼마인지 구하시오.

행＼열	1	2	3	4	…	26	…	㉠
1	0	4	8	12	…	㉠	…	
2	1	5	9	13	…		…	㉡

(　　　　　　　　　　　　)

3. 규칙과 대응　**45**

〈손자산경〉의 '손자의 문제'란?

중국에는 예로부터 수학에 관한 고전들이 많이 전해지고 있어요.
그중에는 수학 문제를 다루고 있는 책들도 꽤 있어서 많은 학자들이 책에 실린 수학 문제를 해결하기 위해 다양한 방법을 찾기도 했지요.
당나라에서 수학 교과서로 쓰였던 〈손자산경〉이라는 책에는 다음과 같이 '손자의 문제'라는 수학 문제가 실려 있어요.

손자의 문제

'물건이 몇 개 있는지 총수는 알 수 없다.
다만, 3개씩 세면 2개가 남고 5개씩 세면 3개가 남고 7개씩 세면 2개가 남는다고 한다.
물건의 총수는 얼마인가?'

많은 학자들이 이 문제를 풀기 위해 구하려고 하는 것이 무엇인지 생각하고 조건에 맞는 수를 찾아내기 시작했어요.
그 해법은 다음과 같아요.
우선 3개씩, 5개씩, 7개씩 세었을 때 남는 개수가 2개로 같은 두 수 3, 7에 알맞은 조건의 수를 찾아요. 3으로 나누면 2가 남고 7로 나누어도 2가 남으니까 3과 7로 모두 나누어떨어지는 수 21, 42, 63, …을 찾아 여기에 남는 수 2를 더하면 되지요. 나머지 조건은 5로 나누어 3이 남는다는 것이므로 5로 나누었을 때 나머지가 3인 수를 찾으면 돼요. 5로 나누었을 때 나머지가 3인 수는 일의 자리가 3 또는 8이어야 하므로 3과 7로 나누었을 때 2가 남는 수 중에서 일의 자리가 3이나 8인 수를 찾으면 된답니다. 이런 문제에서는 보통 가장 작은 수를 구하므로 찾은 수 중 가장 작은 수인 23이 정답이 되지요.

'손자의 문제'는 그 자체로도 매우 흥미롭지만 고대 중국의 역법 계산과도 깊은 관련이 있었다고 해요. 우리가 보기에는 단순히 하나의 문제같지만 실생활에 적용되어 중요한 역할을 했다는 것이 놀랍지 않나요?

4

약분과 통분

학습 계획표

계획표대로 공부했으면 ○표, 못했으면 △표 하세요.

내용	쪽수	날짜	확인
잘 틀리는 실력 유형	48~49쪽	월 일	
다르지만 같은 유형	50~51쪽	월 일	
응용 유형	52~55쪽	월 일	
사고력 유형	56~57쪽	월 일	
최상위 유형	58~59쪽	월 일	

유형 01 분모와 분자를 더해 분수 구하기

$\dfrac{1}{2}$ 과 크기가 같은 분수 중에서 분모와 분자의 합이 4보다 크고 7보다 작은 분수 구하기

① 분모와 분자에 0이 아닌 같은 수를 곱하여 크기가 같은 분수를 만듭니다.

$\Rightarrow \dfrac{1}{2} = \dfrac{\boxed{}}{\boxed{}} = \dfrac{3}{6} = \cdots$

② ①에서 구한 분수의 분모와 분자를 더합니다.

$\Rightarrow 2+1=3,\ 4+2=\boxed{},\ 6+3=\boxed{}$

③ 조건에 맞는 분수를 구합니다. $\Rightarrow \boxed{}$

01 $\dfrac{1}{4}$ 과 크기가 같은 분수 중에서 분모와 분자의 합이 10보다 크고 20보다 작은 분수를 구하시오.

(   )

02 $\dfrac{2}{3}$ 와 크기가 같은 분수 중에서 분모와 분자의 합이 10보다 크고 20보다 작은 분수를 구하시오.

(   )

03 $\dfrac{3}{5}$ 과 크기가 같은 분수 중에서 분모와 분자의 합이 10보다 크고 30보다 작은 분수를 모두 구하시오.

(   )

유형 02 ■에 알맞은 수 구하기

진분수 $\dfrac{\blacksquare}{6}$ 가 기약분수일 때 ■ 구하기

① $\dfrac{\blacksquare}{6}$ 가 진분수이므로 ■는 6보다 작은 자연수입니다.

$\Rightarrow 1,\ 2,\ 3,\ 4,\ \boxed{}$

② $\dfrac{\blacksquare}{6}$ 가 기약분수이므로 ■와 6의 공약수는 1뿐이어야 합니다.

$\Rightarrow \blacksquare = 1,\ \boxed{}$

04 진분수 $\dfrac{\blacksquare}{8}$ 가 기약분수일 때 ■에 알맞은 자연수를 모두 쓰시오.

(   )

05 진분수 $\dfrac{\blacksquare}{7}$ 가 기약분수일 때 ■에 알맞은 자연수를 모두 쓰시오.

(   )

06 진분수 $\dfrac{\blacksquare}{10}$ 가 기약분수일 때 ■에 알맞은 자연수를 모두 쓰시오.

(   )

유형 **03** 사이에 있는 분수 구하기

$\dfrac{1}{5}$보다 크고 $\dfrac{2}{7}$보다 작은 분수 중에서 분모가 35인 분수 구하기

① 공통분모가 35인 분수로 통분합니다.

$$\left(\dfrac{1}{5},\ \dfrac{2}{7}\right) \Rightarrow \left(\dfrac{1\times7}{5\times7},\ \dfrac{2\times5}{7\times5}\right)$$

$$\Rightarrow \left(\dfrac{\boxed{}}{35},\ \dfrac{\boxed{}}{35}\right)$$

② 분수의 크기를 비교합니다.

$\dfrac{\boxed{}}{35}$보다 크고 $\dfrac{\boxed{}}{35}$보다 작으므로 구하는

분수는 $\boxed{}$, $\boxed{}$입니다.

07 $\dfrac{1}{5}$보다 크고 $\dfrac{1}{4}$보다 작은 분수 중에서 분모가 40인 분수를 구하시오.

( )

08 $\dfrac{7}{9}$보다 크고 $\dfrac{11}{12}$보다 작은 분수 중에서 분모가 36인 분수를 모두 구하시오.

( )

유형 **04** 새 교과서에 나온 활동 유형

[09~11] 분수 막대를 보고 물음에 답하시오.

1							
$\frac{1}{2}$				$\frac{1}{2}$			
$\frac{1}{3}$		$\frac{1}{3}$			$\frac{1}{3}$		
$\frac{1}{4}$		$\frac{1}{4}$		$\frac{1}{4}$		$\frac{1}{4}$	
$\frac{1}{6}$	$\frac{1}{6}$	$\frac{1}{6}$		$\frac{1}{6}$	$\frac{1}{6}$	$\frac{1}{6}$	
$\frac{1}{8}$	$\frac{1}{8}$	$\frac{1}{8}$	$\frac{1}{8}$	$\frac{1}{8}$	$\frac{1}{8}$	$\frac{1}{8}$	$\frac{1}{8}$

09 $\dfrac{1}{2}$ 막대 1개는 $\dfrac{1}{4}$ 막대 몇 개와 같습니까?

( )

10 $\dfrac{1}{3}$ 막대 2개는 $\dfrac{1}{6}$ 막대 몇 개와 같습니까?

( )

11 $\dfrac{3}{4}$과 $\dfrac{5}{8}$ 중에서 어느 분수가 더 큽니까?

( )

유형 01 분자가 같은 분수의 크기 비교

01 두 분수의 크기를 비교하여 ◯ 안에 >, =, < 를 알맞게 써넣으시오.

(1) $\dfrac{3}{11}$ ◯ $\dfrac{3}{14}$

(2) $\dfrac{1}{2}$ ◯ $\dfrac{1}{5}$

02 크기를 비교하여 더 큰 분수의 기호를 쓰시오.

ㄱ $\dfrac{9}{19}$ ㄴ $\dfrac{3}{5}$

(   )

03 세 분수 중 가장 큰 분수를 찾아 쓰시오.

$\dfrac{1}{6}$ $\dfrac{1}{8}$ $\dfrac{2}{9}$

(   )

유형 02 분모가 분자보다 1만큼 더 큰 분수의 크기 비교

04 더 큰 분수를 찾아 ◯표 하시오.

$\dfrac{11}{12}$ $\dfrac{9}{10}$

(   )   (   )

05 $\dfrac{14}{15}$ 보다 더 큰 분수는 어느 것입니까?
⋯⋯⋯⋯⋯⋯⋯⋯⋯⋯⋯⋯⋯⋯ (   )

① $\dfrac{10}{11}$ ② $\dfrac{8}{9}$ ③ $\dfrac{15}{16}$

④ $\dfrac{12}{13}$ ⑤ $\dfrac{6}{7}$

06 크기를 비교하여 큰 수부터 차례로 쓰시오.

$\dfrac{1}{2}$ $\dfrac{8}{9}$ $\dfrac{4}{5}$

(   )

유형 **03** 기약분수 개수 구하기

07 분모가 6인 진분수 중에서 분자가 3보다 작은 기약분수를 쓰시오.

( )

08 $\frac{17}{20}$ 보다 작은 분수 중에서 분모가 20인 기약분수는 모두 몇 개입니까?

( )

09 분모가 32이고 분자가 1부터 16까지인 16개의 분수 중에서 약분할 수 없는 분수는 모두 몇 개입니까?

( )

유형 **04** 약분하기 전의 분수 구하기

10 $\frac{\blacktriangle}{18}$ 를 약분하였더니 $\frac{4}{6}$ 가 되었습니다. ▲에 알맞은 수를 구하시오.

( )

11 기약분수로 나타내었을 때 $\frac{9}{14}$ 가 되는 분수 중에서 분모가 가장 큰 두 자리 수인 분수를 구하시오.

( )

서술형

12 분모가 63인 분수 중에서 약분하면 $\frac{4}{7}$ 가 되는 분수는 얼마인지 풀이 과정을 쓰고 답을 구하시오.

[풀이]

_____

_____

_____

_____

[답] _____

4

약분과 통분

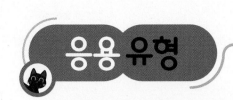
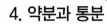
통분하기 전의 두 분수 구하기

01 ❶두 분수를 통분하였습니다. / ❷☐ 안에 알맞은 수를 써 넣으시오.

$$❷\left(\left(\dfrac{\boxed{}}{6},\ \dfrac{9}{\boxed{}}\right) \Rightarrow \left(\dfrac{40}{48},\ \dfrac{27}{48}\right)\right)$$

❶ 왼쪽 두 분수의 각각 분모와 분자에 같은 수를 곱하여 통분한 것입니다.
❷ 왼쪽 두 분수에서 주어진 수를 이용하여 분모와 분자에 얼마를 곱했는지 알아보고 ☐ 안에 알맞은 수를 구합니다.

크기가 같은 분수 중에서 조건에 맞는 분수 구하기

02 ❶$\dfrac{10}{15}$과 크기가 같은 분수 중에서 / ❷분모가 18인 분수를 구하시오.

( )

❶ $\dfrac{10}{15}$에서는 분모가 18인 크기가 같은 분수를 구할 수 없으므로 $\dfrac{10}{15}$을 기약분수로 나타냅니다.
❷ ❶의 분모와 분자에 0이 아닌 같은 수를 곱하여 분모가 18인 분수를 구합니다.

☐ 안에 들어갈 수 있는 자연수 구하기

03 ❷☐ 안에 들어갈 수 있는 자연수를 구하시오.

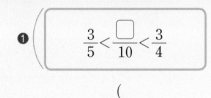

$$❶\left(\dfrac{3}{5} < \dfrac{\boxed{}}{10} < \dfrac{3}{4}\right)$$

( )

❶ 분모가 다른 세 분수의 크기 비교이므로 통분합니다.
❷ ☐ 안에 들어갈 수 있는 자연수를 구합니다.

4

약분과 통분

조건에 맞는 분수 구하기

04 ❶약분하면 $\dfrac{7}{8}$이 되는 분수 중에서 / ❷분자가 90에 가장 가까운 분수를 구하시오.

(   )

❶ 약분하면 $\dfrac{7}{8}$이 되는 분수는 $\dfrac{7}{8}$의 분모와 분자에 0이 아닌 같은 수를 곱한 분수입니다.

❷ 분자가 90에 가장 가까운 수를 구하여 분자에 곱한 수를 분모에도 곱합니다.

약분하기 전의 분수 구하기

05 ❷분모와 분자의 차가 32이고 / ❶기약분수로 나타내면 $\dfrac{5}{9}$인 분수를 구하시오.

(   )

❶ 약분하기 전의 분수를 ▢를 사용하여 나타냅니다.

⇨ $\dfrac{5 \times ▢}{9 \times ▢}$

❷ 분모와 분자의 차가 32인 ▢를 구하여 문제를 해결합니다.

▢ 안에 들어갈 수 있는 가장 큰 자연수 구하기

06 ❷▢ 안에 들어갈 수 있는 가장 큰 자연수를 구하시오.

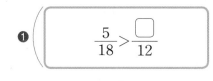

❶ $\dfrac{5}{18} > \dfrac{▢}{12}$

(   )

❶ 두 분수의 크기를 비교하려면 통분해야 합니다.

❷ 분자의 크기를 비교하여 ▢ 안에 들어갈 수 있는 수를 구한 다음 그중에서 가장 큰 수를 알아봅니다.

통분하기 전의 두 분수 구하기

07 두 분수를 통분하였습니다. ☐ 안에 알맞은 수를 써넣으시오.

$$\left(\frac{\boxed{}}{3}, \frac{3}{\boxed{}}\right) \Rightarrow \left(\frac{8}{24}, \frac{9}{24}\right)$$

08 수 카드 4장 중에서 2장을 골라 한 번씩 사용하여 $\frac{8}{12}$을 약분한 분수를 만들려고 합니다. 수 카드 중에서 ㉠과 ㉡에 알맞은 수를 쓰시오.

$$\frac{8}{12} = \frac{㉠}{㉡}$$

㉠ (   ), ㉡ (   )

09 $\frac{14}{18}$와 크기가 같은 분수 중에서 분모와 분자의 합이 64인 분수의 분자를 구하시오.

(   )

크기가 같은 분수 중에서 조건에 맞는 분수 구하기

10 $\frac{40}{50}$과 크기가 같은 분수 중에서 분자가 28인 분수를 구하시오.

(   )

11 집에서 우체국, 은행, 도서관까지의 거리를 알아보았더니 각각 $\frac{3}{4}$ km, $\frac{5}{9}$ km, $\frac{7}{18}$ km였습니다. 집에서 가장 가까운 곳은 어디인지 구하시오.

(   )

☐ 안에 들어갈 수 있는 자연수 구하기

12 ☐ 안에 들어갈 수 있는 자연수를 모두 구하시오.

$$\frac{1}{4} < \frac{\boxed{}}{12} < \frac{5}{8}$$

(   )

QR 코드를 찍어 **유사 문제**를 보세요.

13 약분하여 만들 수 있는 분수가 더 많은 것의 기호를 쓰시오.

$$㉠\ \frac{12}{36} \qquad ㉡\ \frac{16}{24}$$

(   )

조건에 맞는 분수 구하기

14 약분하면 $\frac{3}{4}$이 되는 분수 중에서 분자가 100에 가장 가까운 분수를 구하시오.

(   )

15 수 카드 3장 중에서 2장을 골라 한 번씩 사용하여 진분수를 만들려고 합니다. 만들 수 있는 진분수 중에서 가장 큰 수를 소수로 나타내시오.

  $\boxed{2}\ \boxed{5}\ \boxed{4}$

(   )

약분하기 전의 분수 구하기

16 분모와 분자의 합이 52이고 기약분수로 나타내면 $\frac{6}{7}$인 분수를 구하시오.

(   )

□ 안에 들어갈 수 있는 가장 큰 자연수 구하기

17 □ 안에 들어갈 수 있는 가장 큰 자연수를 구하시오.

$$\frac{9}{16} > \frac{\square}{24}$$

(   )

18 $\frac{13}{20}$의 분자에 52를 더했을 때 분모에 얼마를 더해야 분수의 크기가 변하지 않습니까?

(   )

4 약분과 통분

추론

1 어떤 분수의 분모와 분자에서 11을 뺀 후 분모와 분자를 4로 나누었더니 $\frac{5}{8}$ 가 되었습니다. 빈칸에 알맞은 분수를 써넣으시오.

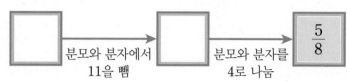

$\frac{5}{8}$ 부터 거꾸로 생각해 봅니다.

창의 • 융합

2 종이 위에 파란색 색종이를 붙여 작품을 만들었습니다. 파란색 색종이를 붙인 부분은 전체의 얼마인지 기약분수로 나타내시오.

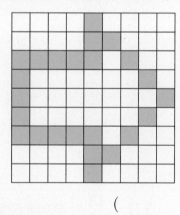

(   )

문제 해결

3

동영상

직사각형의 $\dfrac{(짧은 \; 변의 \; 길이)}{(긴 \; 변의 \; 길이)}$ 인 분수를 약분하여 기약분수로 나타내었더니 $\dfrac{3}{4}$ 이었습니다. 이 직사각형의 네 변의 길이의 합은 몇 cm 인지 구하시오.

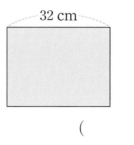

32 cm

(   )

문제 해결

4

동영상

□ 안에 공통으로 들어갈 수 있는 1보다 큰 자연수를 모두 구하시오.

$$\cdot \; \frac{3}{7} < \frac{4}{\square}$$

$$\cdot \; \frac{4}{\square} < \frac{5}{8}$$

(   )

분자가 같은 두 분수는
분모가 클수록 크기가
작아요.

1

| HME 18번 문제 수준 |

$\dfrac{756}{841}$의 분모에서 어떤 수를 뺀 후 기약분수로 나타내었더니 $\dfrac{9}{10}$가 되었습니다. 어떤 수는 얼마입니까?

(   )

2

| HME 19번 문제 수준 |

다음을 모두 만족하는 자연수 ㉠의 개수를 구하시오.

- $0.42 < \dfrac{㉠}{28}$

- $\dfrac{㉠}{28} < 0.6$

(   )

◇ 0.42와 0.6을 각각 분수로 나타냅니다.

3

| HME 20번 문제 수준 |

다음은 규칙에 따라 분수를 늘어놓은 것입니다. 28번째 분수의 분모와 분자의 합을 구하시오.

$$\frac{1}{3}, \frac{1}{2}, \frac{3}{5}, \frac{2}{3}, \frac{5}{7}, \frac{3}{4}, \frac{7}{9}, \frac{4}{5}, \cdots$$

( )

◇ 홀수 번째 분수의 분자는 1, 3, 5, 7, ...이고 짝수 번째 분수의 분자는 1, 2, 3, 4, ...입니다.

4

| HME 21번 문제 수준 |

분모가 세 자리 수 ABC로 이루어진 분수를 약분했더니 단위분수가 되었습니다. 만들 수 있는 가장 작은 단위분수의 분모를 구하시오.
(단, A, B, C는 서로 다른 자연수입니다.)

$$\frac{33}{ABC}$$

( )

음악에서 찾은 분수 이야기

여러분은 아름다운 음악을 들었을 때 마음이 어떻게 변하나요? 음악은 우리의 마음을 즐겁게 만들어 놓기도 하고 슬프게 만들어 놓기도 해요. 그래서 사람들은 즐거운 일이 있을 때에도 노래를 부르고 슬픈 일이 있을 때에도 불렀지요. 아주 오래 전부터 음악은 사람들과 늘 함께 있었던 셈이에요. 그런데 음악을 수학으로 표현한 사람이 있어요. 음악을 수학으로 표현할 수 있다니 놀랍지 않나요?

음악에서 음표는 온음표, 2분음표, 4분음표, 8분음표, 16분음표, 32분음표, 64분음표로 나누어져요. 피타고라스는 온음표를 기준으로 분수를 이용해 각 음표를 나타냈어요. 온음표가 1음표가 되고 이것을 기준으로 $\frac{1}{2}$ 길이의 음표는 2분음표, $\frac{1}{4}$ 길이의 음표는 4분음표, $\frac{1}{8}$ 길이의 음표는 8분음표로 나타낸 거예요.

물을 가득 채운 유리컵을 1이라고 했을 때 그 컵의 반을 채운 것을 $\frac{1}{2}$, 반의 반을 채운 것을 $\frac{1}{4}$ 이라고 할 수 있는 것이지요.

막대로 컵을 두드리면 물의 양에 따라 악기처럼 소리가 나기 때문에 음의 길이, 소리의 높낮이를 모두 분수로 나누어 정확한 음정을 찾을 수 있어요.

이 연구로 피타고라스 학파에서는 '수학, 음악, 철학은 각기 다른 학문이 아니라 근본적으로 같은 학문이다.'라고 생각했어요.

5

분수의 덧셈과 뺄셈

학습 계획표

계획표대로 공부했으면 ○표, 못했으면 △표 하세요.

내용	쪽수	날짜	확인
잘 틀리는 실력 유형	62~63쪽	월 일	
다르지만 같은 유형	64~65쪽	월 일	
응용 유형	66~69쪽	월 일	
사고력 유형	70~71쪽	월 일	
최상위 유형	72~73쪽	월 일	

유형 01 세 분수의 덧셈

- $\dfrac{1}{5}+\dfrac{1}{2}+\dfrac{1}{4}$의 계산

방법 1 두 분수씩 통분하여 차례로 계산하기

$$\dfrac{1}{5}+\dfrac{1}{2}+\dfrac{1}{4}=\dfrac{2}{10}+\dfrac{5}{10}+\dfrac{1}{4}=\dfrac{7}{10}+\dfrac{1}{4}$$

$$=\dfrac{14}{20}+\dfrac{\boxed{}}{20}=\dfrac{\boxed{}}{20}$$

방법 2 세 분수를 한꺼번에 통분하여 계산하기

$$\dfrac{1}{5}+\dfrac{1}{2}+\dfrac{1}{4}=\dfrac{4}{20}+\dfrac{\boxed{}}{20}+\dfrac{5}{20}=\dfrac{\boxed{}}{20}$$

01 계산 결과의 크기를 비교하여 ○ 안에 >, =, <를 알맞게 써넣으시오.

$$\dfrac{3}{5}+\dfrac{1}{2}+\dfrac{7}{10}\bigcirc\dfrac{3}{4}+\dfrac{3}{20}+\dfrac{1}{10}$$

02 계산 결과가 더 작은 것의 기호를 쓰시오.

$$\boxed{\ \textcircled{\small ㄱ}\ \dfrac{2}{3}+\dfrac{4}{9}+\dfrac{5}{6}\qquad \textcircled{\small ㄴ}\ \dfrac{1}{6}+\dfrac{7}{9}+\dfrac{5}{18}\ }$$

( )

03 계산 결과가 더 큰 것의 기호를 쓰시오.

$$\boxed{\ \textcircled{\small ㄱ}\ \dfrac{1}{8}+\dfrac{1}{6}+\dfrac{3}{4}\qquad \textcircled{\small ㄴ}\ \dfrac{2}{3}+\dfrac{4}{5}+\dfrac{1}{10}\ }$$

( )

유형 02 세 분수의 뺄셈

- $\dfrac{9}{10}-\dfrac{1}{4}-\dfrac{1}{6}$의 계산

방법 1 두 분수씩 통분하여 차례로 계산하기

$$\dfrac{9}{10}-\dfrac{1}{4}-\dfrac{1}{6}=\dfrac{18}{20}-\dfrac{5}{20}-\dfrac{1}{6}=\dfrac{13}{20}-\dfrac{1}{6}$$

$$=\dfrac{\boxed{}}{60}-\dfrac{10}{60}=\dfrac{\boxed{}}{60}$$

방법 2 세 분수를 한꺼번에 통분하여 계산하기

$$\dfrac{9}{10}-\dfrac{1}{4}-\dfrac{1}{6}=\dfrac{\boxed{}}{60}-\dfrac{15}{60}-\dfrac{10}{60}=\dfrac{\boxed{}}{60}$$

04 계산 결과의 크기를 비교하여 ○ 안에 >, =, <를 알맞게 써넣으시오.

$$\dfrac{8}{9}-\dfrac{2}{3}-\dfrac{1}{5}\bigcirc\dfrac{14}{15}-\dfrac{1}{3}-\dfrac{2}{5}$$

05 계산 결과가 더 작은 것의 기호를 쓰시오.

$$\boxed{\ \textcircled{\small ㄱ}\ 3\dfrac{1}{2}-\dfrac{4}{5}-\dfrac{7}{8}\qquad \textcircled{\small ㄴ}\ 4\dfrac{3}{4}-1\dfrac{1}{2}-\dfrac{2}{3}\ }$$

( )

06 계산 결과가 더 큰 것의 기호를 쓰시오.

$$\boxed{\ \textcircled{\small ㄱ}\ 2\dfrac{3}{4}-\dfrac{1}{6}-1\dfrac{1}{2}\qquad \textcircled{\small ㄴ}\ 3\dfrac{1}{2}-2\dfrac{1}{10}-\dfrac{1}{3}\ }$$

( )

QR 코드를 찍어 **동영상 특강**을 보세요.

유형 03 수 카드로 만든 두 분수의 합

수 카드 2, 5, 6 중 2장을 골라 한 번씩만 사용하여 만든 두 진분수의 합을 가장 작게 만들기

① 만들 수 있는 진분수: $\dfrac{2}{5}$, $\dfrac{2}{6}$, $\dfrac{5}{6}$

② 진분수의 크기 비교: $\dfrac{2}{5} > \dfrac{2}{6}$, $\dfrac{2}{6} < \dfrac{5}{6}$

$\left(\dfrac{2}{5}, \dfrac{5}{6}\right) \Rightarrow \left(\dfrac{12}{30}, \dfrac{25}{30}\right) \Rightarrow \dfrac{2}{5} \bigcirc \dfrac{5}{6}$

이므로 $\dfrac{2}{6} < \dfrac{2}{5} < \dfrac{5}{6}$ 입니다.

③ 합이 가장 작을 때:

$\dfrac{2}{6} + \dfrac{2}{5} = \dfrac{10}{30} + \dfrac{12}{30} = \dfrac{22}{30} = \dfrac{\boxed{}}{15}$

07 수 카드 3장 중 2장을 골라 한 번씩만 사용하여 진분수를 만들려고 합니다. 만든 두 진분수의 합이 가장 작을 때 그 합을 구하시오.

(   )

08 수 카드 4장 중 3장을 골라 한 번씩만 사용하여 대분수를 만들려고 합니다. 만든 두 대분수의 합이 가장 작을 때 그 합을 구하시오.

1 7 6 3

(   )

유형 04 새 교과서에 나온 활동 유형

09 호루스의 눈에 쓰여 있는 분수 중 가장 큰 분수와 가장 작은 분수의 차를 구하시오.

분수	$\dfrac{1}{2}$	$\dfrac{1}{4}$	$\dfrac{1}{8}$	〈호루스의 눈〉
부분	◗	○	⌢	
상징	후각	시각	생각	
분수	$\dfrac{1}{16}$	$\dfrac{1}{32}$	$\dfrac{1}{64}$	
부분	◁	✎	□	
상징	청각	미각	촉각	

〈호루스의 눈〉 $\dfrac{1}{16}$ $\dfrac{1}{4}$ $\dfrac{1}{8}$ $\dfrac{1}{2}$ $\dfrac{1}{64}$ $\dfrac{1}{32}$

(   )

10 다음은 음표의 박자를 분수로 나타낸 표입니다. 〈분수의 덧셈〉 악보에서 $\boxed{}$ 안에 있는 음표의 박자의 합을 구하시오.

음표	♪	♪	♪	♩	♩.
박자	$\dfrac{1}{4}$	$\dfrac{1}{2}$	$\dfrac{3}{4}$	1	$1\dfrac{1}{2}$

〈분수의 덧셈〉

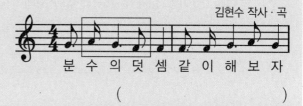

김현수 작사·곡

분 수 의 덧 셈 같 이 해 보 자

(   )

5

분수의 덧셈과 뺄셈

유형 01 분수의 덧셈의 활용

01 직사각형의 긴 변의 길이와 짧은 변의 길이의 합은 몇 m입니까?

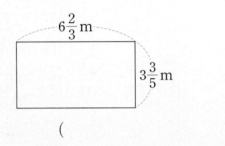

( )

02 우유를 희정이는 $\frac{5}{6}$ L 마셨고, 동생은 $\frac{11}{15}$ L 마셨습니다. 희정이와 동생이 마신 우유는 모두 몇 L입니까?

( )

서술형

03 별이는 집에서 출발하여 고모네 집을 가는 데 $2\frac{4}{5}$ km는 버스를 타고, $1\frac{1}{8}$ km는 걸어서 갔습니다. 별이네 집에서 고모네 집까지의 거리는 몇 km인지 풀이 과정을 쓰고 답을 구하시오.

[풀이]

[답]

유형 02 분수의 뺄셈의 활용

04 직사각형의 긴 변의 길이와 짧은 변의 길이의 차는 몇 m입니까?

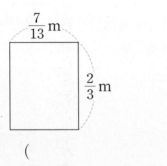

( )

05 철사 $10\frac{5}{12}$ m 중에서 $4\frac{7}{16}$ m를 사용했습니다. 남은 철사의 길이는 몇 m입니까?

( )

서술형

06 주스를 훈정이는 $\frac{3}{4}$ L 마셨고, 현수는 $\frac{3}{8}$ L 마셨습니다. 누가 주스를 몇 L 더 많이 마셨는지 두 분모의 곱을 공통분모로 통분하여 계산하는 풀이 과정을 쓰고 답을 구하시오.

[풀이]

[답]

QR 코드를 찍어 **동영상 특강**을 보세요.

유형 03 □ 안에 알맞은 자연수 구하기

07 □ 안에 알맞은 자연수를 모두 구하시오.

$$5\frac{2}{5} - 1\frac{2}{3} > \square$$

(   )

08 □ 안에 알맞은 자연수를 모두 구하시오.

$$3\frac{4}{7} + 2\frac{5}{6} < \square < 9$$

(   )

서술형

09 □ 안에 알맞은 자연수는 모두 몇 개인지 풀이
과정을 쓰고 답을 구하시오.

$$3 < \square < 9\frac{2}{5} - 1\frac{7}{10}$$

[풀이]

_____

_____

_____

_____

[답]

유형 04 어떤 분수 구하기

10 □ 안에 알맞은 분수를 구하시오.

$$\square - \frac{3}{8} = \frac{5}{6}$$

(   )

11 어떤 분수에 $3\frac{3}{10}$ 을 더했더니 $4\frac{1}{4}$ 이 되었습
니다. 어떤 분수를 구하시오.

(   )

12 □ 안에 알맞은 분수가 더 큰 것의 기호를 쓰
시오.

$$㉠ \frac{5}{9} + \square = \frac{11}{15}$$

$$㉡ \frac{8}{9} - \square = \frac{1}{3}$$

(   )

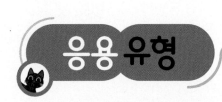

서로 다른 단위분수의 합으로 나타내기

01 주어진 분수를 ^❷서로 다른 단위분수의 합으로 나타내려고 합니다. □ 안에 알맞은 수를 써넣으시오.

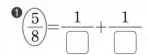

$$\overset{\textbf{❶}}{\left(\frac{5}{8}\right)} = \frac{1}{\square} + \frac{1}{\square}$$

❶ 분모의 약수 중 합이 분자가 되는 두 수를 찾아 덧셈식을 만듭니다.

❷ ❶의 덧셈식의 분수들을 단위분수로 나타냅니다.

수 카드로 만든 분수의 합과 차

02 수 카드 중 3장을 골라 한 번씩만 사용하여 만들 수 있는 ^❶가장 큰 대분수와 / ^❷가장 작은 대분수의 / ^❸합을 구하시오.

(   )

❶ 자연수 부분에 가장 큰 수를 놓고 나머지 수로 가장 큰 진분수를 만듭니다.

❷ 자연수 부분에 가장 작은 수를 놓고 나머지 수로 가장 작은 진분수를 만듭니다.

❸ ❶과 ❷의 두 분수의 합을 구합니다.

바르게 계산한 값 구하기

03 ^❶어떤 수에 $3\frac{1}{3}$을 더해야 할 것을 잘못하여 뺐더니 $2\frac{2}{9}$가 되었습니다. / ^❷바르게 계산한 값을 구하시오.

(   )

❶ 어떤 수를 □라 하여 잘못 계산한 식을 쓰고 □를 구합니다.

❷ 바르게 계산한 식을 쓰고 답을 구합니다.

5

분수의 덧셈과 뺄셈

무게 구하기

04 ❶고기를 담은 바구니의 무게가 $4\dfrac{4}{5}$ kg입니다. 고기의 반을 팔고 무게를 재어 보니 $2\dfrac{17}{20}$ kg이었습니다. / ❷빈 바구니의 무게는 몇 kg입니까?

(   )

❶ 고기의 무게의 반은 몇 kg인지 구합니다.

❷ $2\dfrac{17}{20}$ kg에서 ❶에서 구한 무게를 빼면 빈 바구니의 무게입니다.

겹쳐 붙인 색 테이프의 길이

05 다음과 같이 길이가 각각 ❶$3\dfrac{1}{9}$ m, $2\dfrac{5}{6}$ m인 색 테이프/를 ❷$\dfrac{5}{18}$ m가 겹치게 이어 붙였습니다. 이어 붙여 만든 색 테이프의 전체 길이는 몇 m입니까?

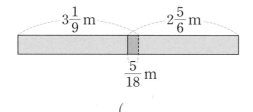

$3\dfrac{1}{9}$ m $2\dfrac{5}{6}$ m

$\dfrac{5}{18}$ m

(   )

❶ 두 색 테이프의 길이의 합을 구합니다.

❷ ❶에서 구한 길이에서 겹친 부분의 길이만큼 뺍니다.

도착한 시각 구하기

06 예슬이는 할머니 댁에 가는 데 ❷오전 10시에 출발하여 / ❶기차로 $2\dfrac{2}{3}$ 시간, 버스로 $\dfrac{2}{5}$ 시간, 걸어서 10분을 갔습니다. / ❷예슬이가 할머니 댁에 도착한 시각은 오후 몇 시 몇 분입니까?

(   )

❶ 걸린 시간은 모두 몇 시간 몇 분인지 구합니다.

❷ 출발 시각에 걸린 시간을 더해 도착한 시각을 구합니다.

07 직사각형의 네 변의 길이의 합은 몇 m입니까?

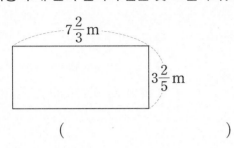

$7\frac{2}{3}$ m

$3\frac{2}{5}$ m

(   )

서로 다른 단위분수의 합으로 나타내기

08 주어진 분수를 서로 다른 세 단위분수의 합으로 나타내려고 합니다. ☐ 안에 알맞은 수를 써넣으시오.

$$\frac{11}{12}=\frac{1}{12}+\frac{1}{\square}+\frac{1}{\square}$$

09 무게가 같은 사과 2개의 무게는 $\frac{4}{7}$ kg이고, 무게가 같은 배 3개의 무게는 $\frac{3}{5}$ kg입니다. 사과 1개와 배 1개의 무게의 합은 몇 kg입니까?

(   )

수 카드로 만든 분수의 합과 차

10 수 카드 4장 중 3장을 골라 한 번씩만 사용하여 만들 수 있는 가장 큰 대분수와 가장 작은 대분수의 차를 구하시오.

  6   7   8   9

(   )

11 ☐ 안에 알맞은 자연수를 모두 구하시오.

$$1\frac{1}{5}+2\frac{1}{4}<\square<9\frac{2}{9}-2\frac{5}{6}$$

(   )

바르게 계산한 값 구하기

12 어떤 수에 $\frac{2}{3}$ 를 더해야 할 것을 잘못하여 뺐더니 $2\frac{1}{4}$ 이 되었습니다. 바르게 계산한 값을 구하시오.

(   )

QR 코드를 찍어 **유사 문제**를 보세요.

무게 구하기

13 물이 들어 있는 양동이의 무게가 $2\frac{3}{4}$ kg입니다. 들어 있던 물의 반만큼 물을 덜어 내고 무게를 재어 보니 $1\frac{5}{8}$ kg이었습니다. 빈 양동이의 무게는 몇 kg입니까?

( )

겹쳐 붙인 색 테이프의 길이

14 한 장의 길이가 $2\frac{1}{6}$ m인 색 테이프 3장을 $\frac{3}{8}$ m씩 겹치게 이어 붙였습니다. 이어 붙여 만든 색 테이프의 전체 길이는 몇 m입니까?

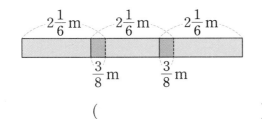

( )

15 별이와 태진이는 각각 길이가 5 m인 리본을 가지고 있습니다. 선물을 포장하는 데 별이는 $2\frac{1}{6}$ m를 사용했고, 태진이는 $3\frac{3}{4}$ m를 사용했습니다. 누구의 리본이 몇 m 더 많이 남았습니까?

( )

도착한 시각 구하기

16 태진이는 여행을 가는 데 오전 11시에 출발하여 택시로 $\frac{1}{6}$시간, 걸어서 5분, 기차로 $1\frac{7}{12}$시간을 갔습니다. 태진이가 여행 장소에 도착한 시각은 오후 몇 시 몇 분입니까?

( )

17 일정한 규칙대로 분수를 늘어놓은 것입니다. 7번째 분수와 17번째 분수의 차를 구하시오.

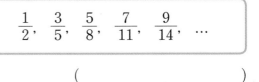

$$\frac{1}{2},\ \frac{3}{5},\ \frac{5}{8},\ \frac{7}{11},\ \frac{9}{14},\ \cdots$$

( )

18 지민이는 동화책을 어제까지 전체의 $\frac{4}{9}$를 읽고, 오늘은 전체의 $\frac{7}{15}$을 읽었습니다. 동화책 전체가 180쪽일 때 남은 쪽수는 몇 쪽인지 구하시오.

( )

추론

1 △ 안에 있는 두 분수의 합은 $5\frac{3}{20}$ 이고, ▭ 안에 있는 두 분수의 합은 $4\frac{11}{30}$ 입니다. ㉠과 ㉡에 알맞은 분수를 각각 구하시오.

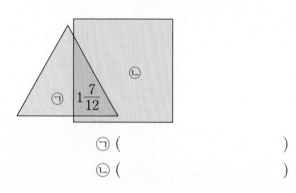

㉠ (   )

㉡ (   )

창의·융합

2 빈 바구니에 무게가 $\frac{11}{50}$ kg인 똑같은 사과를 5개 담고 저울에 올렸더니 $1\frac{9}{25}$ kg이 되었습니다. 빈 바구니의 무게는 몇 kg인지 소수로 나타내시오.

(   )

사과 5개의 무게를
먼저 구해 봅니다.

문제 해결

3

가로, 세로, 대각선에 있는 세 분수의 합이 같아지도록 만들려고 합니다. 물음에 답하시오.

$\dfrac{1}{10}$	㉠	$\dfrac{1}{5}$
$\dfrac{7}{20}$	$\dfrac{1}{4}$	㉡
$\dfrac{3}{10}$	㉢	$\dfrac{2}{5}$

세 분수의 합에서
두 분수를 빼 남은 분수를
구합니다.

1 $\dfrac{1}{10}+\dfrac{7}{20}+\dfrac{3}{10}$의 값을 구하시오.

(   )

2 ㉠에 알맞은 분수를 구하시오.

(   )

3 ㉡에 알맞은 분수를 구하시오.

(   )

4 ㉢에 알맞은 분수를 구하시오.

(   )

5

분수의 덧셈과 뺄셈

1

| HME 19번 문제 수준 |

□ 안에 들어갈 수 있는 수는 모두 몇 개입니까? (단, $\dfrac{□}{36}$ 는 기약분수입니다.)

$$\frac{2}{9} < \frac{□}{36} - \frac{1}{8} < \frac{17}{24}$$

(   )

2

| HME 20번 문제 수준 |

일정한 규칙대로 분수를 늘어놓은 것입니다. 15번째 분수와 35번째 분수의 합을 구하시오.

$$\frac{1}{2},\ \frac{1}{2},\ \frac{1}{3},\ \frac{1}{2},\ \frac{1}{3},\ \frac{1}{4},\ \frac{1}{2},\ \cdots$$

(   )

$\diamondsuit$ $\left(\dfrac{1}{2}\right),\ \left(\dfrac{1}{2},\ \dfrac{1}{3}\right),\ \left(\dfrac{1}{2},\ \dfrac{1}{3},\ \dfrac{1}{4}\right),$ ...과 같이 묶을 수 있습니다.

3

| HME 22번 문제 수준 |

어떤 일을 영우가 혼자 하면 40일이 걸리고, 진우가 혼자 하면 60일 이 걸립니다. 영우와 진우가 이 일을 함께 했을 때 며칠이 걸립니까? (단, 하루에 하는 일의 양은 똑같습니다.)

( )

◇ 전체 일의 양을 1이라 하면 영우가 하루 에 하는 일의 양은 $\frac{1}{40}$ 이고, 진우가 하루에 하는 일의 양은 $\frac{1}{60}$ 입니다.

5

분수의 덧셈과 뺄셈

4

| HME 23번 문제 수준 |

$\frac{23}{48}$ 을 분모가 다른 세 단위분수의 합으로 나타낼 때, 나타낼 수 있 는 방법은 모두 몇 가지인지 구하시오. (단, ㉠, ㉡, ㉢은 서로 다른 자연수이고, ㉠<㉡<㉢입니다.)

$$\frac{23}{48} = \frac{1}{㉠} + \frac{1}{㉡} + \frac{1}{㉢}$$

( )

묘비에 새겨진 글귀 풀이

수학자 디오판토스는 묘비에 다음과 같이 남겼습니다.

> 디오판토스는 인생의 $\frac{1}{6}$을 소년으로 보냈다. 그 후 인생의 $\frac{1}{12}$이 지난 뒤
> 청년이었으며 다시 $\frac{1}{7}$이 지나서 결혼했다. 결혼 5년 만에 아들을 낳았지만
> 그 아들은 아버지의 반 밖에 살지 못했다. 아들이 죽고 4년간 수학 연구에
> 만 힘쓰다가 죽었다.

묘비의 글귀를 하나하나 풀며 디오판토스가 몇 살까지 살았는지 한번 알아볼까요?
디오판토스가 죽은 나이를 □살이라 하여 묘비의 글귀에 담긴 분수와 숫자를 모아 식을
만들어 봅니다.

$$\frac{\square}{6}+\frac{\square}{12}+\frac{\square}{7}+5+\frac{\square}{2}+4=\square \text{가 되지요.}$$

이 식을 계산하면

$$\frac{14\times\square}{84}+\frac{7\times\square}{84}+\frac{12\times\square}{84}+5+\frac{42\times\square}{84}+4=\square$$

$$\frac{14\times\square+7\times\square+12\times\square+42\times\square}{84}+9=\square, \quad \frac{75\times\square}{84}+9=\square$$

□는 84입니다.

수학자 디오판토스의 묘비에 새겨진 어려운 수수께끼를 간단히 정리하여 다시 묘비에 새
로운 글을 새긴다면 '수학자 디오판토스는 84세에 세상을 떠났다.'로 쓸 수 있습니다.

다각형의 둘레와 넓이

학습 계획표

계획표대로 공부했으면 ○표, 못했으면 △표 하세요.

내용	쪽수	날짜	확인
잘 틀리는 실력 유형	76~77쪽	월 일	
다르지만 같은 유형	78~79쪽	월 일	
응용 유형	80~83쪽	월 일	
사고력 유형	84~85쪽	월 일	
최상위 유형	86~87쪽	월 일	

유형 **01** 직각으로 이루어진 도형의 둘레 구하기

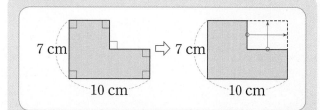

(도형의 둘레)

＝(가로가 10 cm, 세로가 ☐ cm인 직사각형
의 둘레)

＝(10＋☐)×2＝☐ (cm)

01 도형의 둘레는 몇 cm인지 구하시오.

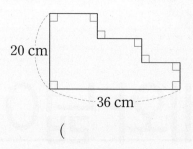

(   )

02 도형의 둘레는 몇 m인지 구하시오.

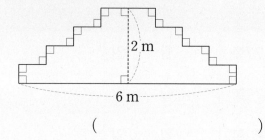

(   )

유형 **02** 단위가 다른 직사각형의 넓이 구하기

가로가 5 km, 세로가 3000 m인 직사각형의
넓이 구하기

① 단위를 하나로 통일하기

3000 m＝☐ km

② 직사각형의 넓이 구하기

5×☐＝☐ (km²)

03 직사각형의 넓이는 몇 km²인지 구하시오.

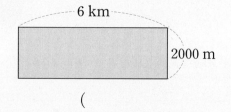

(   )

04 직사각형의 넓이는 몇 km²인지 구하시오.

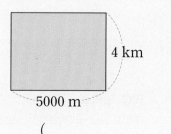

(   )

05 직사각형의 넓이는 몇 m²인지 구하시오.

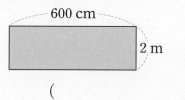

(   )

유형 03 평행사변형의 밑변의 길이, 높이 구하기

밑변의 길이가 48 cm, 넓이가 960 cm²인 평행사변형의 높이 구하기

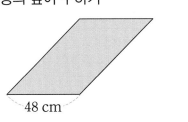

48 cm

(밑변의 길이)×(높이)=(평행사변형의 넓이)

⇨ (높이)=(평행사변형의 넓이)÷(밑변의 길이)

=960÷☐=☐ (cm)

06 평행사변형의 ☐ 안에 알맞은 수를 써넣으시오.

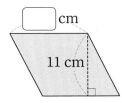

☐ cm

11 cm

넓이: 154 cm²

07 평행사변형의 넓이가 48 cm²일 때 ☐ 안에 알맞은 수를 써넣으시오.

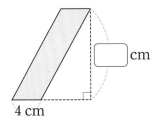

☐ cm

4 cm

유형 04 새 교과서에 나온 활동 유형

08 주어진 선분을 한 변으로 하고 둘레가 20 cm인 직사각형을 완성하시오.

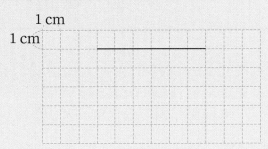

1 cm

1 cm

09 주어진 마름모와 넓이가 같고 모양이 다른 마름모를 1개 그리시오.

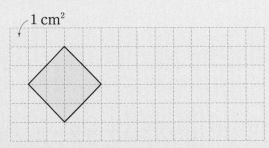

1 cm²

6

다각형의 둘레와 넓이

유형 01 직사각형의 한 변의 길이 구하기

01 직사각형의 둘레가 16 cm일 때 ☐ 안에 알맞은 수를 써넣으시오.

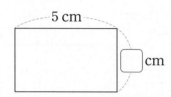

5 cm

☐ cm

02 세로가 4 cm이고 둘레가 30 cm인 직사각형이 있습니다. 이 직사각형의 가로는 몇 cm입니까?

( )

03 정사각형 모양 블록 2개를 붙여 만든 직사각형의 둘레가 18 cm입니다. 블록의 한 변의 길이는 몇 cm입니까?

( )

유형 02 삼각형의 밑변의 길이, 높이 구하기

04 삼각형의 ☐ 안에 알맞은 수를 써넣으시오.

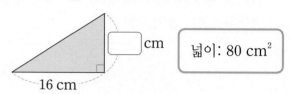

☐ cm

16 cm

넓이: 80 cm²

05 두 삼각형의 넓이는 같습니다. ☐ 안에 알맞은 수를 구하시오.

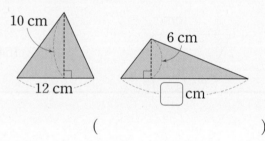

10 cm

12 cm

6 cm

☐ cm

( )

06 삼각형 ㄱㄴㄷ의 넓이가 12 cm²라면 삼각형 ㄱㄴㄹ의 넓이는 몇 cm²입니까?

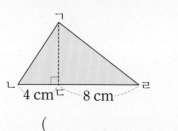

ㄴ 4 cm   8 cm ㄹ

( )

QR 코드를 찍어 **동영상 특강**을 보세요.

유형 03 마름모의 대각선의 길이 구하기

07 마름모의 ◻ 안에 알맞은 수를 써넣으시오.

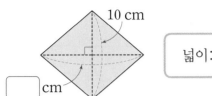

넓이: 60 cm²

08 넓이가 68 cm²인 마름모 모양의 메모지가 있습니다. 이 메모지의 한 대각선의 길이가 8 cm일 때 다른 대각선의 길이는 몇 cm입니까?

( )

09 마름모의 색칠한 부분의 넓이가 60 cm²일 때 길이가 더 긴 대각선의 길이는 몇 cm입니까?

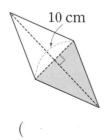

( )

유형 04 사다리꼴의 높이 구하기

10 사다리꼴의 높이는 몇 cm인지 구하시오.

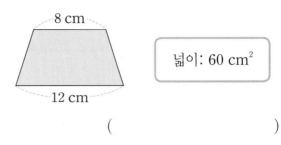

넓이: 60 cm²

( )

11 사다리꼴의 넓이가 24 cm²일 때 ◻ 안에 알맞은 수를 구하시오.

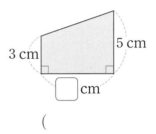

( )

12 사다리꼴 ㄱㄴㄷㄹ의 넓이가 285 cm²라면 사다리꼴 ㅁㅂㄷㄹ의 높이는 몇 cm입니까?

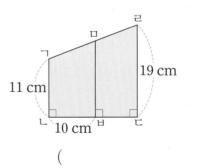

( )

6
다각형의 둘레와 넓이

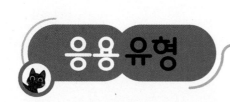
둘레가 같은 정다각형의 변의 길이 구하기

01 ❶한 변의 길이가 3 cm인 정육각형과 둘레가 같은 / 정삼각형이 있습니다. 이 ❷정삼각형의 한 변의 길이는 몇 cm입니까?

(   )

❶ 정육각형의 둘레를 구합니다.

❷ ❶의 길이를 3으로 나누어 정삼각형의 한 변의 길이를 구합니다.

넓이가 같은 도형의 변의 길이 구하기

02 ❷삼각형과 평행사변형의 넓이가 같습니다. / ❸☐ 안에 알맞은 수를 써넣으시오.

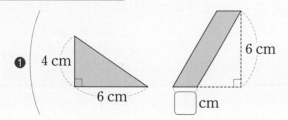

❶ 삼각형의 넓이를 구합니다.

❷ (평행사변형의 넓이)=❶에서 구한 넓이

❸ 평행사변형의 밑변의 길이를 구합니다.

그릴 수 있는 마름모의 넓이 구하기

03 ❶직사각형의 네 변의 가운데를 이어 그린 마름모/의 ❷넓이는 몇 cm²입니까?

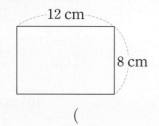

(   )

❶ 마름모를 그려 대각선의 길이를 알아봅니다.

❷ 마름모의 넓이를 구합니다.

겹쳐진 도형의 넓이

04 ❶모양과 크기가 같은 마름모 2개를 겹쳐서 만든 도형입니다. / ❸이 도형의 넓이는 몇 m²입니까?

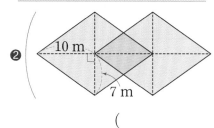

(   )

❶ 마름모 1개의 넓이를 구합니다.
❷ 겹쳐진 부분의 넓이를 구합니다.
❸ ❶×2−❷를 구합니다.

정사각형 여러 개로 만들어진 도형의 둘레 구하기

05 크기가 같은 정사각형 모양의 종이 여러 장을 겹치지 않게 붙여서 다음과 같은 도형을 만들었습니다. ❷만든 도형의 넓이가 175 cm²일 때 / ❸만든 도형의 둘레는 몇 cm입니까?

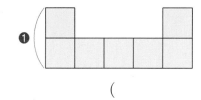

(   )

❶ 정사각형 몇 개로 만들어진 도형인지 알아봅니다.
❷ 정사각형 1개의 넓이를 구합니다.
❸ 정사각형의 한 변의 길이를 이용해 둘레를 구합니다.

넓이가 ■배인 도형의 변의 길이

06 ❷사다리꼴 ㄱㄴㄷㄹㅁ의 넓이는 삼각형 ㄱㄴㄷ의 넓이의 3배입니다. / ❸선분 ㄷㄹ의 길이를 구하시오.

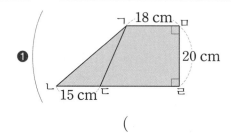

(   )

❶ 삼각형 ㄱㄴㄷ의 넓이를 구합니다.
❷ 사다리꼴 ㄱㄴㄷㄹㅁ의 넓이는 ❶×3이라는 식을 세웁니다.
❸ ❷에서 세운 식을 이용하여 선분 ㄷㄹ의 길이를 구합니다.

6 다각형의 둘레와 넓이

둘레가 같은 정다각형의 변의 길이 구하기

07 한 변의 길이가 4 cm인 정오각형과 둘레가 같은 정십각형이 있습니다. 이 정십각형의 한 변의 길이는 몇 cm입니까?

(   )

넓이가 같은 도형의 변의 길이 구하기

08 삼각형과 사다리꼴의 넓이가 같습니다. ☐ 안에 알맞은 수를 써넣으시오.

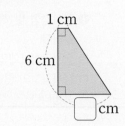

 cm

09 한 변의 길이가 15 cm인 정사각형의 가로를 3 cm 줄이고, 세로를 4 cm 늘여서 만든 직사각형의 넓이는 몇 cm²인지 구하시오.

(   )

그릴 수 있는 마름모의 넓이 구하기

10 직사각형의 네 변의 가운데를 이어 그린 마름모의 넓이는 몇 cm²입니까?

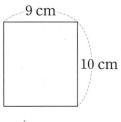

(   )

11 삼각형에서 변 ㄴㄷ의 길이는 몇 cm인지 구하시오.

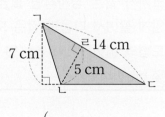

(   )

12 다음과 같이 한 변의 길이가 100 cm인 정사각형을 크기가 같은 직사각형 20개로 나누었습니다. 가장 작은 직사각형 한 개의 둘레는 몇 cm인지 구하시오.

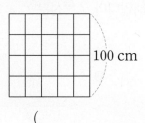

(   )

QR 코드를 찍어 **유사 문제**를 보세요.

겹쳐진 도형의 넓이

13 모양과 크기가 같은 마름모 2개를 겹쳐서 만든 도형입니다. 이 도형의 넓이는 몇 m²입니까?

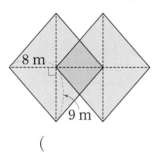

(　　　　　)

14 사다리꼴 ㄱㄴㄷㄹ의 넓이는 몇 cm²입니까?

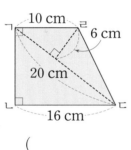

(　　　　　)

정사각형 여러 개로 만들어진 도형의 둘레 구하기

15 크기가 같은 정사각형 모양의 종이 여러 장을 겹치지 않게 붙여서 다음과 같은 도형을 만들었습니다. 만든 도형의 넓이가 864 cm²일 때 만든 도형의 둘레는 몇 cm입니까?

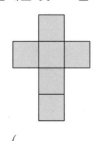

(　　　　　)

넓이가 ■배인 도형의 변의 길이

16 사다리꼴 ㄱㄴㄷㄹ의 넓이는 삼각형 ㄱㄴㅁ의 넓이의 4배입니다. 변 ㄴㄷ의 길이는 몇 cm인지 구하시오.

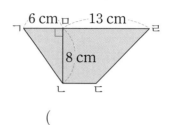

(　　　　　)

17 사각형 ㄱㄴㄷㄹ은 평행사변형입니다. 색칠한 부분의 넓이는 몇 cm²인지 구하시오.

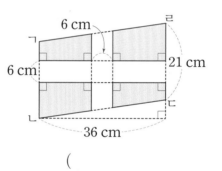

(　　　　　)

18 도형의 넓이는 몇 cm²입니까?

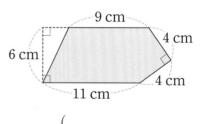

(　　　　　)

사고력 유형

 추론

1 주어진 칠교판의 조각으로 만든 모양의 넓이는 몇 cm²인지 구하시오.

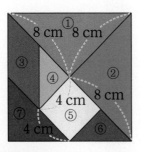

1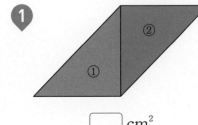

□ cm²

2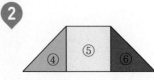

□ cm²

 추론

2 철사를 잘라 한 변의 길이가 5 cm인 마름모를 겹치지 않게 이어 붙였습니다. 이어 붙인 마름모의 수가 15개일 때의 둘레는 몇 cm인지 구하시오.

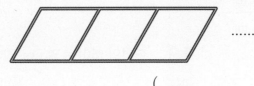

(   )

마름모의 수가 1개씩 늘어날 때마다 둘레가 몇 cm 늘어나는지 알아봅니다.

3 정사각형 모양의 색종이를 반으로 접어 그림과 같이 삼각형 모양을 잘랐습니다. 삼각형 모양을 잘라 내고 남은 색종이를 펼쳤을 때 넓이는 몇 cm²인지 구하시오.

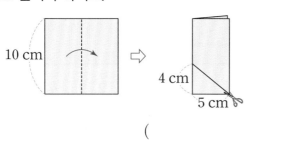

10 cm   ⇨   4 cm
                5 cm

(   )

(남은 색종이의 넓이)
=(정사각형의 넓이)
－(삼각형의 넓이)

4 테트라스퀘어는 큰 직사각형을 작은 직사각형들로 나누어 나타내는 수학 퍼즐입니다. \규칙/이 다음과 같을 때 테트라스퀘어를 완성하시오.

\규칙/

① 모눈 위에 작은 직사각형의 넓이를 표시하는 수가 있습니다.
② 정사각형 한 칸의 넓이는 1 cm²입니다.
③ 작은 직사각형 안에는 단 하나의 수만 적혀 있고, 직사각형 끼리 겹치면 안됩니다.

예

		3	
			4
4			
	3	2	

⇨

		3	
			4
4			
	3	2	

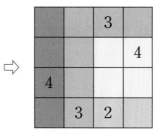

	3	1
	2	
4		6

1

| HME 18번 문제 수준 |

가로와 세로가 각각 자연수이고 세로가 가로보다 길면서 넓이가 28 cm²인 직사각형을 그리려고 합니다. 그릴 수 있는 직사각형 중 둘레가 가장 긴 것과 가장 짧은 것의 둘레의 차는 몇 cm입니까?

( )

◇ 변의 길이가 될 수 있는 수를 구하기 위해

28의 약수를 먼저 구합니다.

2

| HME 19번 문제 수준 |

다음 도형의 색칠한 부분의 넓이는 165 cm²입니다. 변 ㄱㄴ의 길이는 몇 cm입니까?

9 cm

6 cm ㄷ 12 cm

( )

3

| HME 20번 문제 수준 |

직사각형 ㄱㄴㄷㄹ의 가로는 세로의 6배입니다. 사각형 ㅁㄴㅂㄹ은 마름모이고, 삼각형 ㄱㄴㅁ의 둘레는 42 cm일 때, 직사각형 ㄱㄴㄷㄹ 의 넓이는 몇 cm²입니까?

◇ (변 ㅁㄴ)=(변 ㅁㄹ)임을 이용하여 삼각형 ㄱㄴㅁ의 둘레는 변 ㄱㄴ의 몇 배 인지 구합니다.

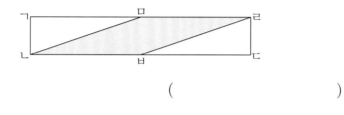

( )

4

| HME 21번 문제 수준 |

다음 그림은 크기가 다른 직사각형 2개를 겹치지 않게 붙여 만든 도 형입니다. 직사각형 ㉮의 넓이가 315 cm²이고 도형 전체의 둘레가 116 cm일 때 직사각형 ㉯의 넓이는 몇 cm²입니까?

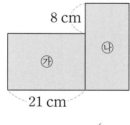

( )

땅의 넓이 알아보기

농사를 짓고 사는 것이 중요했던 옛날에는 땅의 넓이를 아는 것은 중요한 일이었어요. 우리나라도 예외는 아니었지요. 땅의 넓이를 정확히 알아야 넓이에 따라 곡식의 수확량을 미리 계산할 수 있고 그에 따라 세금도 잘 걷을 수 있었거든요.

그런데 옛날에는 지금과 달리 땅의 모양이 각양각색이었어요. 농촌에 가 보면 지금의 논과 밭은 정사각형 또는 직사각형 모양이 대부분이지만 옛날에는 원, 삼각형, 평행사변형, 마름모 등 제각각이었어요. 모양이 제각각이다 보니 땅의 넓이를 재는 것은 더 어려웠겠지요? 그런데도 옛날 사람들은 나름의 방법으로 각양각색의 땅의 넓이를 쟀어요. 삼국 시대에 우리나라에 전해진 중국의 수학책 〈구장산술〉을 보면 땅의 모양에 따라 여러 가지 땅의 넓이를 구하는 문제가 많이 나와 있었다고 해요.

그렇다면 오늘날에는 땅의 넓이를 어떻게 구할까요? 특히 나라의 전체 넓이와 같이 아주 큰 땅의 넓이는 어떻게 구할까요?

전국을 돌아다니며 땅의 넓이를 잴 수도 없고 지역마다 전화를 해 물어볼 수도 없으니 말이에요. 다행히 땅에는 모두 '지적'이라는 것이 있어요. 지적이란 땅에 관한 여러 사항을 등록하여 놓은 기록을 말해요. 지적에는 땅의 위치, 넓이, 소유 관계, 용도 등이 기록되어 있지요. 지적은 각 주소지 구청에 가면 볼 수 있어요. 개인 땅부터 지역의 넓이까지 모두 기록되어 있지요.

이것은 땅 넓이를 실제로 재어 지적에 기록한 것이랍니다. 지적에 등록된 땅의 넓이로 우리는 우리 주변뿐 아니라 우리나라 땅의 전체 넓이를 알 수 있답니다.

book.chunjae.co.kr

교재 내용 문의 ················· 교재 홈페이지 ▶ 초등 ▶ 교재상담

교재 내용 외 문의 ············· 교재 홈페이지 ▶ 고객센터 ▶ 1:1문의

발간 후 발견되는 오류 ········· 교재 홈페이지 ▶ 초등 ▶ 학습지원 ▶ 학습자료실

My name~

	초등학교
학년 반 번	
이름	

모든 유형을 다 담은 해결의 법칙

정답 및 풀이

수학
5·1

천재교육

정답 및 풀이
포인트 3가지

▶ 혼자서도 이해할 수 있는 친절한 문제 풀이

▶ 문제 해결에 필요한 핵심 내용 또는
   틀리기 쉬운 내용을 담은 왜 틀렸을까

▶ 문제 분석으로 어려운 응용 유형 완벽 대비

정답 및 풀이

5-1

Book 1

1 자연수의 혼합 계산 2쪽

2 약수와 배수 9쪽

3 규칙과 대응 15쪽

4 약분과 통분 21쪽

5 분수의 덧셈과 뺄셈 29쪽

6 다각형의 둘레와 넓이 37쪽

Book 2

1 자연수의 혼합 계산 42쪽

2 약수와 배수 48쪽

3 규칙과 대응 54쪽

4 약분과 통분 59쪽

5 분수의 덧셈과 뺄셈 65쪽

6 다각형의 둘레와 넓이 71쪽

1 자연수의 혼합 계산

1단계 기초 문제

7쪽

1-1 (1) 18, 12 (2) 13, 7 (3) 60, 10 (4) 9, 8
1-2 (1) 26 (2) 16 (3) 8 (4) 14
2-1 (1) 10, 30, 13 (2) 14, 41, 48
　　　(3) 13, 52, 9 (4) 7, 13, 34
2-2 (1) 27 (2) 35 (3) 28 (4) 42

1단계 기본 문제

8~9쪽

01 13		02 26	
03 19		04 18	
05 40		06 63	
07 94		08 12	
09 19		10 41	
11 44		12 27	
13 28		14 91	
15 15		16 90	
17 18		18 34	
19 43		20 17	
21 36		22 30	
23 28		24 65	
25 45		26 14	
27 21		28 26	
29 46		30 52	

8쪽

01 $16+8-11=13$
02 $23-6+9=26$

03 $40-(13+8)=19$
04 $61-(17+26)=18$

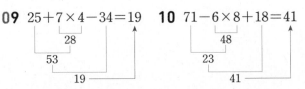

05 $16\times5\div2=40$
06 $36\div4\times7=63$

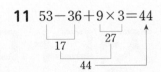
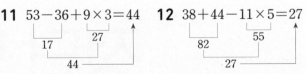

07 $47\times(10\div5)=94$
08 $96\div(4\times2)=12$

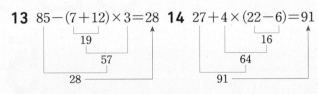

09 $25+7\times4-34=19$
10 $71-6\times8+18=41$

11 $53-36+9\times3=44$
12 $38+44-11\times5=27$

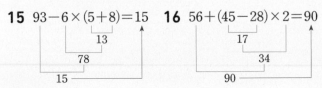

13 $85-(7+12)\times3=28$
14 $27+4\times(22-6)=91$

15 $93-6\times(5+8)=15$
16 $56+(45-28)\times2=90$

9쪽

17 $25+60\div5-19=18$
18 $41-92\div4+16=34$

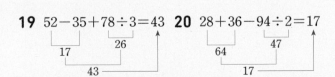

19 $52-35+78\div3=43$
20 $28+36-94\div2=17$

21 $73-(23+51)\div2=36$

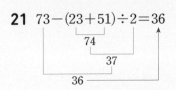

22 $15+90\div(23-17)=30$

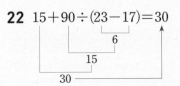

23 $40-96\div(2+6)=28$
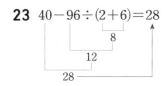

24 $55+(99-29)\div7=65$
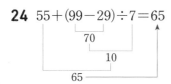

25 $28+8\times4-75\div5=45$
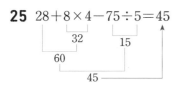

26 $57+68\div4-5\times12=14$
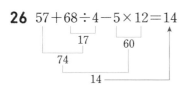

27 $7\times4+25-96\div3=21$
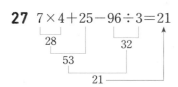

28 $29+11-84\div(3\times2)=26$
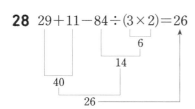

29 $39+4\times(41-27)\div8=46$
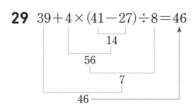

30 $(85-37)\div3+2\times18=52$

2 단계 기본 유형

01 (1) $34+27-45=16$ (2) $70-58+36=48$

02 $>$

03 $27-8+10=29\ /\ 29$

04

05 ③

06 $15-(3+2)=10\ /\ 10$

07 (1) $5\times16\div8=10$ (2) $105\div7\times9=135$

08 $<$

09 ㉠, ㉢, ㉡

10 ( )(○)

11

12 $>$

13 ⑤

14 (1) 59 (2) 56

15 ㉡

16 0

17 (○)( )

18 $27-(18-10)\times3=3\ /\ 3$

19 $42+36\div4-6=45$

20 $24+64\div8-7$이 있는 칸에 색칠

21 26

22 선혜

23 ㉢, ㉠, ㉡

24 $10+(34-26)\div4=12\ /\ 12$

25 (1) $38+65\div5-9\times3=24$

(2) $4\times12-60\div4+26=59$

26 $>$

27 $8+5\times10-6\div2=55$

28 (계산 순서대로) 10, 2, 4, 30, 30

29 $6\times9-98\div(4+3)=40$

30 ㉡

31 $90\div(6\times3)=5$

32 $40+76\div(31-27)=59$

33 $4\times8-15\div(10-7)=27$

34 71

35 34

36 313

10쪽

01 (1) $34+27-45=61-45=16$
(2) $70-58+36=12+36=48$

02 $44-19+14=39$　　　$37+7-23=21$
$\qquad\ \underset{25}{\underbrace{\quad}}$
$\qquad\underset{39}{\underbrace{\qquad\ }}$
$\qquad\qquad\ \ \underset{44}{\underbrace{\quad}}$
$\qquad\qquad\underset{21}{\underbrace{\qquad\ }}$
$\Rightarrow 39>21$

03 $27-8+10=29$
$\quad\ \underset{19}{\underbrace{\quad}}$
$\quad\underset{29}{\underbrace{\qquad}}$

04 $43-12+9=31+9=40$
$43-(12+9)=43-21=22$

05 ③ $10+(8-3)=10+5=15$
$\qquad 10+8-3=18-3=15$

06 $15-(3+2)=10$
$\qquad\ \underset{5}{\underbrace{\quad}}$
$\quad\underset{10}{\underbrace{\qquad}}$

11쪽

07 (1) $5\times16\div8=80\div8=10$
(2) $105\div7\times9=15\times9=135$

08 $21\times33\div9=693\div9=77$
$90\div5\times6=18\times6=108$
$\Rightarrow 77<108$

09 ㉠ $28\div7\times3=4\times3=12$
㉡ $4\times16\div2=64\div2=32$　$\Rightarrow 12<20<32$
㉢ $40\times3\div6=120\div6=20$

10 $3\times16\div4=48\div4=12$
$40\div(2\times4)=40\div8=5$

11 $72\div9\times5=8\times5=40$
$8\times(15\div5)=8\times3=24$

12 $56\div4\times7=14\times7=98$
$56\div(4\times7)=56\div28=2$
$\Rightarrow 98>2$

12쪽

13 2×6을 먼저 계산합니다.

14 (1) $5\times11-8+12=59$
$\quad\underset{55}{\underbrace{\quad}}$
$\qquad\underset{47}{\underbrace{\qquad}}$
$\qquad\ \ \underset{59}{\underbrace{\qquad}}$
(2) $43+13\times4-39=56$
$\qquad\ \underset{52}{\underbrace{\quad}}$
$\quad\underset{95}{\underbrace{\qquad}}$
$\qquad\underset{56}{\underbrace{\qquad\ }}$

15 ㉠ $35+19-3\times7=35+19-21=54-21=33$
㉡ $42-4\times6+17=42-24+17=18+17=35$
$\Rightarrow$ ㉠ $33<$ ㉡ 35

16 $65-13\times4=65-52=13$
$\quad\ \underset{}{\underbrace{\qquad}}$

$65-(13\times4)=65-52=13$
$\qquad\ \underset{}{\underbrace{\qquad}}$

계산 결과가 같으므로 차는 0입니다.

17 $14\times(15-13)+12=14\times2+12=28+12=40$
$8\times(11-5)-4=8\times6-4=48-4=44$
$\Rightarrow 40<44$이므로 $14\times(15-13)+12$가 더 작습니다.

18 $27-(18-10)\times3=27-8\times3$
$\qquad\qquad\qquad\qquad\ =27-24=3$

13쪽

19 $42+36\div4-6=42+9-6$
$\qquad\qquad\qquad\ =51-6=45$

20 $40-12\times3+14=40-36+14=4+14=18$
$27\div3+36\div4=9+36\div4=9+9=18$
$24+64\div8-7=24+8-7=32-7=25$

21 $9+60\div5-4=9+12-4=21-4=17$
$4-2+63\div9=4-2+7=2+7=9$
$\Rightarrow 17+9=26$

22 정훈: $81\div(3+6)=9$
$\qquad\qquad\ \underset{9}{\underbrace{\quad}}$
$\qquad\ \underset{9}{\underbrace{\qquad}}$

23 ㉠ $52+36\div9-5=52+4-5=56-5=51$
㉡ $67-3\times(4+13)=67-3\times17=67-51=16$
㉢ $52+36\div(9-5)=52+36\div4=52+9=61$

24 $10+(34-26)\div4=12$

14쪽

25 (1) $38+65\div5-9\times3=38+13-9\times3$
$\qquad\qquad\qquad\qquad\quad =38+13-27$
$\qquad\qquad\qquad\qquad\quad =51-27=24$

(2) $4\times12-60\div4+26=48-60\div4+26$
$\qquad\qquad\qquad\qquad\qquad =48-15+26$
$\qquad\qquad\qquad\qquad\qquad =33+26=59$

26 $16\div2+4\times7-5=31 \Rightarrow 31>30$

29 $6\times9-98\div(4+3)=6\times9-98\div7$
$\qquad\qquad\qquad\qquad\quad =54-98\div7$
$\qquad\qquad\qquad\qquad\quad =54-14=40$

30 ㉠ $92\div4+(50-24)\times13=92\div4+26\times13$
$\qquad\qquad\qquad\qquad\qquad\quad =23+26\times13$
$\qquad\qquad\qquad\qquad\qquad\quad =23+338=361$

㉡ $4\times76+81\div(31-28)=4\times76+81\div3$
$\qquad\qquad\qquad\qquad\qquad\quad =304+81\div3$
$\qquad\qquad\qquad\qquad\qquad\quad =304+27=331$

$\Rightarrow$ ㉠ $361>$ ㉡ 331

15쪽

31 두 식에 18이 공통으로 들어 있으므로 $90\div18=5$에서 18 대신 (6×3)을 넣습니다.

32 두 식에 4가 공통으로 들어 있으므로 $40+76\div4=59$에서 4 대신 $(31-27)$을 넣습니다.

33 두 식에 3이 공통으로 들어 있으므로
$4\times8-15\div3=27$에서 3 대신 $(10-7)$을 넣습니다.
왜 틀렸을까? 혼합 계산식의 계산 순서는 ( ) 안을 가장 먼저 계산하므로 두 식에 공통으로 있는 수를 찾아 ( )를 사용하여 나타내면 됩니다.

34 $11◆6=11-6+11\times6$
$\qquad\quad =11-6+66$
$\qquad\quad =5+66=71$

35 $28●4=28+(28-4)\div4$
$\qquad\quad =28+24\div4$
$\qquad\quad =28+6=34$

36 $5▣60=5\times(5+60)-60\div5$
$\qquad\quad =5\times65-60\div5$
$\qquad\quad =325-60\div5$
$\qquad\quad =325-12=313$

왜 틀렸을까? 기호에 따라 혼합 계산식을 만든 뒤 혼합 계산식의 계산 순서대로 계산합니다.
① ( ) 안을 먼저 계산합니다.
② ×와 ÷는 앞에서부터 차례대로 계산합니다.
③ +와 −는 앞에서부터 차례대로 계산합니다.

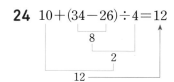

2단계 서술형 유형 *16~17쪽*

1-1 52, 75, 3, 25 / 25

1-2 $138\div6+112\div8-4=33$ /
$138\div6+112\div8-4$
$=23+112\div8-4$
$=23+14-4$
$=37-4=33$ (cm) / 33 cm

2-1 18, 5, 6 / 15

2-2 예 사탕이 한 봉지에 26개씩 12봉지가 있습니다. 이 사탕을 한 사람에게 8개씩 나누어 주면 모두 몇 명에게 나누어 줄 수 있습니까?
/ 39명

3-1 2500, 3000, 3, 3500 / 3500

3-2 $(2000\times4+3500\times2)\div4=3750$
/ $(2000\times4+3500\times2)\div4$
$=(8000+3500\times2)\div4$
$=(8000+7000)\div4$
$=15000\div4=3750$(원)
/ 3750원

4-1 2, 33, 2, 30, 15, 16 / 16

4-2 예 이쑤시개 47개로 만들 수 있는 삼각형의 수를
■개라 하면 $3+2\times(■-1)=47$,
$2\times(■-1)=47-3$, $2\times(■-1)=44$,
$■-1=44\div2$, $■-1=22$, $■=22+1$,
$■=23$입니다. / 23개

16쪽

1-1 $52 \div 4 + 75 \div 5 - 3 = 13 + 75 \div 5 - 3$
$= 13 + 15 - 3 = 28 - 3 = 25 \text{ (cm)}$

1-2 (서술형 가이드) 색 테이프 한 도막의 길이를 각각 구하는 나눗셈식의 합에서 겹친 부분의 길이를 빼는 혼합 계산식과 혼합 계산식을 계산 순서에 따라 구하는 풀이 과정이 들어 있어야 합니다.

채점 기준

상	색 테이프 한 도막의 길이를 각각 구하는 나눗셈식의 합에서 겹친 부분의 길이를 빼는 혼합 계산식과 혼합 계산식을 계산 순서에 따라 구했음.
중	색 테이프 한 도막의 길이를 각각 구하는 나눗셈식의 합에서 겹친 부분의 길이를 빼는 혼합 계산식을 구했지만 혼합 계산식을 계산 순서에 따라 구하지 못함.
하	색 테이프 한 도막의 길이를 각각 구하는 나눗셈식의 합에서 겹친 부분의 길이를 빼는 혼합 계산식도 구하지 구함.

2-2 $26 \times 12 \div 8 = 312 \div 8 = 39$

(서술형 가이드) 주어진 식을 이용하는 문제를 바르게 만들고 답을 구해야 정답입니다.

채점 기준

상	주어진 식을 이용하는 문제를 바르게 만들고 답을 구했음.
중	주어진 식을 이용하는 문제를 바르게 만들었지만 답이 틀림.
하	주어진 식을 이용하는 문제를 바르게 만들지 못함.

17쪽

3-1 $(2500 \times 3 + 3000) \div 3 = (7500 + 3000) \div 3$
$= 10500 \div 3 = 3500 \text{(원)}$

3-2 (서술형 가이드) 김밥 4줄의 가격과 라면 2그릇의 가격을 각각 구하는 곱셈식의 합을 4로 나누는 혼합 계산식과 혼합 계산식을 계산 순서에 따라 구하는 풀이 과정이 들어 있어야 합니다.

채점 기준

상	김밥 4줄의 가격과 라면 2그릇의 가격을 각각 구하는 곱셈식의 합을 4로 나누는 혼합 계산식과 혼합 계산식을 계산 순서에 따라 구했음.
중	김밥 4줄의 가격과 라면 2그릇의 가격을 각각 구하는 곱셈식의 합을 4로 나누는 혼합 계산식을 구했지만 혼합 계산식을 계산 순서에 따라 구하지 못함.
하	김밥 4줄의 가격과 라면 2그릇의 가격을 각각 구하는 곱셈식의 합을 4로 나누는 혼합 계산식도 구하지 구함.

4-2 (서술형 가이드) 이쑤시개 47개로 만들 수 있는 삼각형의 수를 ■개라 하여 혼합 계산식을 세우고 혼합 계산식에서 ■의 값을 구하는 풀이 과정이 들어 있어야 합니다

채점 기준

상	이쑤시개 47개로 만들 수 있는 삼각형의 수를 ■개라 하여 혼합 계산식을 구하고 혼합 계산식에서 ■의 값을 구했음.
중	이쑤시개 47개로 만들 수 있는 삼각형의 수를 ■개라 하여 혼합 계산식을 구했지만 혼합 계산식에서 ■의 값을 구하지 못함.
하	이쑤시개 47개로 만들 수 있는 삼각형의 수를 ■개라 하여 혼합 계산식도 구하지 구함.

3 단계 유형 평가
18~20쪽

01 $<$ **02** ⋅⋅⋅ (선 연결)

03 $52 - (7 + 18) = 27 \,/\, 27$

04 $<$ **05** ⋅⋅⋅ (선 연결)

06 ㉠ **07** ( )(○)

08 $50 - (26 - 18) \times 4 = 18 \,/\, 18$

09 74 **10** ㉠, ㉢, ㉡

11 $30 + (53 - 17) \div 2 = 48 \,/\, 48$

12 $6 \times 15 - 75 \div 3 + 19 = 84$

13 $<$ **14** ㉠

15 $58 + 85 \div (23 - 18) = 75$

16 34

17 $4 \times 9 - 78 \div (30 - 24) = 23$

18 324

19 $96 \div 4 + 162 \div 9 - 2 = 40 \,/$
$96 \div 4 + 162 \div 9 - 2$
$= 24 + 162 \div 9 - 2$
$= 24 + 18 - 2 = 42 - 2$
$= 40 \text{ (cm)} \,/\, 40 \text{ cm}$

20 (예) 만들 수 있는 삼각형을 ☐개라 하면
$3 + 2 \times (☐ - 1) = 71$, $2 \times (☐ - 1) = 71 - 3$,
$2 \times (☐ - 1) = 68$, $☐ - 1 = 68 \div 2$, $☐ - 1 = 34$,
$☐ = 34 + 1$, $☐ = 35$입니다. / 35개

18쪽

01 $50 - 36 + 27 = 14 + 27 = 41$
$43 + 38 - 23 = 81 - 23 = 58$
$\Rightarrow 41 < 58$

02 $61 - 29 + 15 = 32 + 15 = 47$
$61 - (29 + 15) = 61 - 44 = 17$

03 $52 - (7 + 18) = 52 - 25 = 27$

04 $15 \times 44 \div 6 = 660 \div 6 = 110$
$64 \div 4 \times 7 = 16 \times 7 = 112$
$\Rightarrow 110 < 112$

05 $78 \div 6 \times 8 = 13 \times 8 = 104$

$7 \times (42 \div 3) = 7 \times 14 = 98$

06 ㉠ $49 + 31 - 7 \times 6 = 49 + 31 - 42 = 80 - 42 = 38$

㉡ $70 - 9 \times 6 + 15 = 70 - 54 + 15 = 16 + 15 = 31$

$\Rightarrow$ ㉠ $38 >$ ㉡ 31

07 $16 \times (27 - 22) + 12 = 16 \times 5 + 12 = 80 + 12 = 92$

$7 \times (33 - 17) - 22 = 7 \times 16 - 22 = 112 - 22 = 90$

$\Rightarrow 92 > 90$이므로 $7 \times (33 - 17) - 22$가 더 작습니다.

19쪽

08 $50 - (26 - 18) \times 4 = 50 - 8 \times 4$
$= 50 - 32 = 18$

09 $40 + 81 \div 3 - 35 = 40 + 27 - 35 = 67 - 35 = 32$

$60 - 43 + 50 \div 2 = 60 - 43 + 25 = 17 + 25 = 42$

$\Rightarrow 32 + 42 = 74$

10 ㉠ $56 + 105 \div 7 - 18 = 56 + 15 - 18 = 71 - 18 = 53$

㉡ $85 - 2 \times (9 + 14) = 85 - 2 \times 23 = 85 - 46 = 39$

㉢ $32 + 72 \div (15 - 9) = 32 + 72 \div 6 = 32 + 12 = 44$

$\Rightarrow$ ㉠ $53 >$ ㉢ $44 >$ ㉡ 39

11 $30 + (53 - 17) \div 2 = 30 + 36 \div 2$
$= 30 + 18 = 48$

12 $6 \times 15 - 75 \div 3 + 19 = 90 - 75 \div 3 + 19$
$= 90 - 25 + 19$
$= 65 + 19 = 84$

13 $120 \div 8 + 27 \times 3 - 55 = 15 + 27 \times 3 - 55$
$= 15 + 81 - 55$
$= 96 - 55 = 41$

$\Rightarrow 41 < 50$

14 ㉠ $153 \div 9 + (73 - 67) \times 32 = 153 \div 9 + 6 \times 32$
$= 17 + 6 \times 32$
$= 17 + 192 = 209$

㉡ $5 \times 38 + 78 \div (50 - 47) = 5 \times 38 + 78 \div 3$
$= 190 + 78 \div 3$
$= 190 + 26 = 216$

$\Rightarrow$ ㉠ $209 <$ ㉡ 216

20쪽

15 두 식에 5가 공통으로 들어 있으므로
$58 + 85 \div 5 = 75$에서 5 대신 $(23 - 18)$을 넣습니다.

16 $30 \bullet 6 = 30 + (30 - 6) \div 6$
$= 30 + 24 \div 6$
$= 30 + 4 = 34$

17 두 식에 6이 공통으로 들어 있으므로
$4 \times 9 - 78 \div 6 = 23$에서 6 대신 $(30 - 24)$를 넣습니다.

왜 틀렸을까? 혼합 계산식의 계산 순서는 ( ) 안을 가장 먼저 계산하므로 두 식에 공통으로 있는 수를 찾아 ( )를 사용하여 나타내면 됩니다.

18 $40 \blacksquare 8 = (40 - 8) \div 8 + 8 \times 40$
$= 32 \div 8 + 8 \times 40$
$= 4 + 8 \times 40$
$= 4 + 320 = 324$

왜 틀렸을까? 기호에 따라 혼합 계산식을 만든 뒤 혼합 계산식의 계산 순서대로 계산합니다.
① ( ) 안을 먼저 계산합니다.
② $\times$와 $\div$는 앞에서부터 차례대로 계산합니다.
③ $+$와 $-$는 앞에서부터 차례대로 계산합니다.

19 **서술형 가이드** 색 테이프 한 도막의 길이를 각각 구하는 나눗셈식의 합에서 겹친 부분의 길이를 빼는 혼합 계산식과 혼합 계산식을 계산 순서에 따라 구하는 풀이 과정이 들어 있어야 합니다.

채점 기준

상	색 테이프 한 도막의 길이를 각각 구하는 나눗셈식의 합에서 겹친 부분의 길이를 빼는 혼합 계산식과 혼합 계산식을 계산 순서에 따라 구했음.
중	색 테이프 한 도막의 길이를 각각 구하는 나눗셈식의 합에서 겹친 부분의 길이를 빼는 혼합 계산식을 구했지만 혼합 계산식을 계산 순서에 따라 구하지 못함.
하	색 테이프 한 도막의 길이를 각각 구하는 나눗셈식의 합에서 겹친 부분의 길이를 빼는 혼합 계산식도 구하지 구함.

20 **서술형 가이드** 이쑤시개 71개로 만들 수 있는 삼각형의 수를 □개라 하여 혼합 계산식을 세우고 혼합 계산식에서 □의 값을 구하는 풀이 과정이 들어 있어야 합니다

채점 기준

상	이쑤시개 71개로 만들 수 있는 삼각형의 수를 □개라 하여 혼합 계산식을 구하고 혼합 계산식에서 □의 값을 구했음.
중	이쑤시개 71개로 만들 수 있는 삼각형의 수를 □개라 하여 혼합 계산식을 구했지만 혼합 계산식에서 □의 값을 구하지 못함.
하	이쑤시개 71개로 만들 수 있는 삼각형의 수를 □개라 하여 혼합 계산식도 구하지 구함.

 **3** 단계 **단원 평가** 기본 ··· 21~22쪽

01 2×7 **02** 13

03 75

04 (계산 순서대로) 26, 24, 32, 32

05 4, 4, 2, 27, 2, 25

06 ⓒ, ㉠, ㉣, ㉡   **07** $72 \div 8 \times 6 = 54$

08 $32 - (28 + 8) \div 9 \times 3 = 20$

09 $\times$ **10** $<$

11 $7 - 4$에 밑줄 / 49   **12** $\times$

13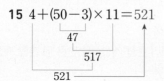

14 $500 \div (10 \times 2) = 25$

15 $4 + (50 - 3) \times 11 = 521$
 47
 517
 521

16 ⓒ   **17** 27개

18 27 cm   **19** $35 \div (5 + 2) = 5$

20 $12 \times 2 \div 8 = 3$ / 3자루

21쪽

01 $\times \Rightarrow + \Rightarrow -$

02 $16 + 5 - 8 = 13$
 21
 13

03 $100 - 49 + 27 - 3 = 75$
 51
 78
 75

04 나눗셈을 가장 먼저 계산합니다.

06 ( ) 안을 먼저 계산
 ⇨ $\times$와 $\div$를 앞에서부터 계산
 ⇨ $+$와 $-$를 앞에서부터 계산

07 $72 \div 8 \times 6 = 54$
 9
 54

08 $32 - (28 + 8) \div 9 \times 3 = 32 - 36 \div 9 \times 3$
$\qquad\qquad\qquad\qquad = 32 - 4 \times 3$
$\qquad\qquad\qquad\qquad = 32 - 12 = 20$

09 $33 - (19 - 5) = 33 - 14 = 19$
$33 - 19 - 5 = 14 - 5 = 9$

10 $84 - 36 + 25 = 48 + 25 = 73$
$54 + 38 - 18 = 92 - 18 = 74$
⇨ $73 < 74$

11 ( ) 안을 먼저 계산합니다.
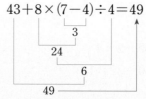
$43 + 8 \times (7 - 4) \div 4 = 49$
 3
 24
 6
 49

12 $4 + 16 \div 2 = 4 + 8 = 12$
$(4 + 16) \div 2 = 20 \div 2 = 10$

22쪽

13 $54 \div 9 \times 3 = 18$, $18 \times 4 \div 3 = 24$
 6   72
 18   24

14 두 식에 20이 공통으로 들어 있으므로 $500 \div 20 = 25$
에서 20 대신 (10×2)를 넣습니다.

16 ㉠ $13 + 96 \div (41 - 37) \times 6 = 13 + 96 \div 4 \times 6$
$\qquad\qquad\qquad\qquad\qquad = 13 + 24 \times 6$
$\qquad\qquad\qquad\qquad\qquad = 13 + 144 = 157$
 ㉡ $72 \div (22 - 19) + 8 \times 17 = 72 \div 3 + 8 \times 17$
$\qquad\qquad\qquad\qquad\qquad = 24 + 8 \times 17$
$\qquad\qquad\qquad\qquad\qquad = 24 + 136 = 160$

17 $3 + 2 \times 12 = 3 + 24 = 27$(개)

18 $112 \div 8 + 102 \div 6 - 4 = 14 + 102 \div 6 - 4$
$\qquad\qquad\qquad\qquad\qquad = 14 + 17 - 4$
$\qquad\qquad\qquad\qquad\qquad = 31 - 4 = 27$ (cm)

19 $(35 \div 5) + 2 = 7 + 2 = 9$ ($\times$)
$35 \div (5 + 2) = 35 \div 7 = 5$ ($\bigcirc$)

20 연필 1타는 12자루이므로 연필 2타는 (12×2)자루입
니다.
 ⇨ $12 \times 2 \div 8 = 24 \div 8 = 3$(자루)

2 약수와 배수

1단계 기초 문제

25쪽

1-1 (1) 2, 3, 6 / 3, 5, 15 / 1, 3 / 3
(2) 2, 4, 8 / 2, 3, 4, 6, 12 / 1, 2, 4 / 4
1-2 (1) 1, 2, 3, 6 / 6 (2) 1, 3, 9 / 9
2-1 (1) 12, 15 / 20, 25 / 15, 30 / 15
(2) 12, 14, 16 / 14, 21 / 14, 28 / 14
2-2 (1) 12, 24, 36 / 12 (2) 24, 48, 72 / 24

1-1 (1) 6의 약수도 되고 15의 약수도 되는 수는 1, 3입니다.
(2) 8의 약수도 되고 12의 약수도 되는 수는 1, 2, 4입니다.

1-2 (1) 24와 30의 공통된 약수는 1, 2, 3, 6입니다.
(2) 36과 45의 공통된 약수는 1, 3, 9입니다.

2-1 (1) 3의 배수도 되고 5의 배수도 되는 수는 15, 30, ... 입니다.
(2) 2의 배수도 되고 7의 배수도 되는 수는 14, 28, ... 입니다.

2-2 (1) 4와 6의 공통된 배수: 12, 24, 36, ...
(2) 8과 12의 공통된 배수: 24, 48, 72, ...

1단계 기본 문제

26~27쪽

01 약수
02 1, 2, 3, 4, 6, 12 / 1, 2, 3, 4, 6, 12
03 1, 3, 5, 15 / 1, 3, 5, 15
04 약수, 배수　　　**05** 배수, 약수
06 7, 14, 21 / 7, 14, 21
07 10, 25, 50 / 10, 25, 50
08 배수, 약수　　　**09** 2, 2, 2, 8
10 5, 3, 9　　　　**11** 2, 2, 4
12 2, 5 / 예 2, 5, 10
13 예 2, 3, 24
14 2, 5 / 예 2, 5, 2, 20
15 2, 2, 120　　　**16** 5, 2 / 5, 2, 30

26쪽

02 12의 약수는 12를 나누어떨어지게 하는 수입니다.

03 15의 약수: 15를 나누어떨어지게 하는 수

04 7과 2는 14의 약수이고 14는 7과 2의 배수입니다.

05 ■＝▲×●에서 ▲와 ●는 ■의 약수이고,
■는 ▲와 ●의 배수입니다.

06 7을 1배, 2배, 3배, ... 한 수를 알아봅니다.

07 50의 약수는 1, 2, 5, 10, 25, 50이고,
50은 1, 2, 5, 10, 25, 50의 배수입니다.

08 2와 4를 각각 몇 배 하면 16이 되므로 16은 2와 4의 배수입니다.
16을 4와 8로 나누면 나누어떨어지게 하므로 4와 8은 16의 약수입니다.

27쪽

09 곱셈식에서 공통인 수를 찾아봅니다.
16과 24의 최대공약수: $2 \times 2 \times 2 = 8$

10 곱셈식에서 공통인 수를 찾아봅니다.
27과 45의 최대공약수: $3 \times 3 = 9$

11 8과 12의 최대공약수: $2 \times 2 = 4$

12 20과 30의 최대공약수: $2 \times 5 = 10$

13 2×2가 공통입니다.
8과 12의 최소공배수: $2 \times 2 \times 2 \times 3 = 24$

14 2×5가 공통입니다.
10과 20의 최소공배수: $2 \times 5 \times 2 = 20$

15 20과 24의 최소공배수: $2 \times 2 \times 5 \times 6 = 120$

16 15와 30의 최소공배수: $3 \times 5 \times 1 \times 2 = 30$

수학 실력이 올라가는
마법 주문이 실행 중입니다.

2^{단계} 기본 유형

28~33쪽

01 (1) 1, 2, 4, 8, 16 (2) 1, 2, 4, 5, 10, 20
02 4, 6, 12에 ○표 **03** 1
04 10개
05 (1) 9, 18, 27, 36 (2) 11, 22, 33, 44
06 65에 ×표
07

48	49	50	51	52	53
54	55	56	57	58	59
60	61	62	63	64	65
66	67	68	69	70	71

08 28, 49
09 1, 2, 4, 8, 16 / 1, 2, 3, 4, 6, 12 / 1, 2, 4
10 (1) 1, 2, 5, 10 (2) 1, 5
11 1, 3에 ○표 **12** 1, 3, 5, 15 / 15
13 16 **14** 6
15 •⟋• (선잇기) **16** 4 / 예 5, 4 / 4
17 8 **18** 3, 5, 1, 2 / 예 3, 5, 15
19 3 / 예 2, 3 / 12
20 ( )(×) **21** 28
22 14 **23** ㉠
24 예 5, 10, 15, 20 / 예 10, 20, 30, 40 / 예 10, 20
25 18, 36, 54 **26** 60, 120, 180
27 12, 18, 24, 30 **28** 36, 72, 108 / 36
29 12 **30** 70
31 ㉠ **32** 2 / 예 7, 2 / 예 7, 2, 84
33 예 3, 2, 7, 42 **34** 3 / 예 2, 2, 3 / 72
35 예 $2 \times 3 \times 2 \times 7 \times 3 = 252$
36 예
$$\begin{array}{r} 2)\overline{24 \quad 36} \\ 2)\overline{12 \quad 18} \\ 3)\overline{6 \quad 9} \\ \overline{2 \quad 3} \end{array}$$ / 72
37 예
$$\begin{array}{r} 2)\overline{8 \quad 12} \\ 2)\overline{4 \quad 6} \\ \overline{2 \quad 3} \end{array}$$
⇨ 최소공배수: $2 \times 2 \times 2 \times 3 = 24$
38 •⟋• (선잇기) **39** 약수
40 1, 2, 4, 8 **41** 1, 2, 3, 4, 6, 12
42 배수 **43** 예 24, 48, 72
44 예 12, 24, 36

28쪽

01 (1) $16 \div 1 = 16$, $16 \div 2 = 8$, $16 \div 4 = 4$, $16 \div 8 = 2$, $16 \div 16 = 1$

(2) $20 \div 1 = 20$, $20 \div 2 = 10$, $20 \div 4 = 5$, $20 \div 5 = 4$, $20 \div 10 = 2$, $20 \div 20 = 1$

02 $36 \div 4 = 9$, $36 \div 6 = 6$, $36 \div 12 = 3$

03 어떤 자연수를 1로 나누면 항상 나누어떨어지므로 1은 모든 자연수의 약수입니다.

04 $1 \times 48 = 48$, $2 \times 24 = 48$, $3 \times 16 = 48$, $4 \times 12 = 48$, $6 \times 8 = 48$
⇨ 1, 2, 3, 4, 6, 8, 12, 16, 24, 48로 모두 10개입니다.

05 (1) $9 \times 1 = 9$, $9 \times 2 = 18$, $9 \times 3 = 27$, $9 \times 4 = 36$
(2) $11 \times 1 = 11$, $11 \times 2 = 22$, $11 \times 3 = 33$, $11 \times 4 = 44$

06 $8 \times 3 = 24$, $8 \times 7 = 56$, $8 \times 10 = 80$, $8 \times 12 = 96$
65는 8과 다른 수의 곱으로 나타낼 수 없습니다.

07 3의 배수: 48, 51, 54, 57, 60, 63, 66, 69
9의 배수: 54, 63

08 7을 1배, 2배, 3배, ... 한 것이므로 $7 \times 4 = 28$, $7 \times 7 = 49$입니다.

29쪽

09 16의 약수: 1, 2, 4, 8, 16
12의 약수: 1, 2, 3, 4, 6, 12
⇨ 16과 12의 공통된 약수: 1, 2, 4

10 (1) 10의 약수: 1, 2, 5, 10
20의 약수: 1, 2, 4, 5, 10, 20
⇨ 공약수: 1, 2, 5, 10
(2) 35의 약수: 1, 5, 7, 35
40의 약수: 1, 2, 4, 5, 8, 10, 20, 40
⇨ 공약수: 1, 5

11 12의 약수: 1, 2, 3, 4, 6, 12
15의 약수: 1, 3, 5, 15
⇨ 12와 15의 공약수: 1, 3

12 공약수: 1, 3, 5, 15
⇨ 최대공약수: 15

13 공약수 중 가장 큰 수가 최대공약수입니다.
가장 큰 수는 16이므로 최대공약수는 16입니다.

14 12의 약수: 1, 2, 3, 4, 6, 12
30의 약수: 1, 2, 3, 5, 6, 10, 15, 30
⇨ 공약수는 1, 2, 3, 6이고 그중 가장 큰 수는 6입니다.

15 32와 40의 공약수: 1, 2, 4, 8 ⇨ 최대공약수: 8
42와 30의 공약수: 1, 2, 3, 6 ⇨ 최대공약수: 6

30쪽

16 16=4×4
20=5×4
⇨ 16과 20의 최대공약수: 4

17 최대공약수: 2×2×2=8

18 15와 30의 최대공약수: 3×5=15

19 36=2×2×3×3
60=2×2×3×5 ⇨ 최대공약수: 2×2×3=12

20 2) 34 102
17) 17 51
       1   3 ⇨ 최대공약수: 2×17=34

21 ㉠÷2=14 ⇨ ㉠=2×14=28

22 2) 28 70
7) 14 35
      2   5 ⇨ 최대공약수: 2×7=14

23 ㉠ 2) 24 30
   3) 12 15
          4   5 ⇨ 최대공약수: 2×3=6
㉡ 2) 20 28
   2) 10 14
          5   7 ⇨ 최대공약수: 2×2=4
따라서 ㉠이 더 큽니다.

31쪽

24 5의 배수: 5, 10, 15, 20, …
10의 배수: 10, 20, 30, 40, …
⇨ 5와 10의 공통된 배수: 10, 20, …

25 6의 배수: 6, 12, 18, 24, 30, 36, 42, 48, 54, …
9의 배수: 9, 18, 27, 36, 45, 54, 63, 72, …
⇨ 6과 9의 공배수: 18, 36, 54, …

26 15의 배수: 15, 30, 45, 60, 75, 90, 105, 120, …
20의 배수: 20, 40, 60, 80, 100, 120, …
⇨ 15와 20의 공배수: 60, 120, 180, …

27 2의 배수: 2, 4, 6, 8, 10, 12, 14, 16, 18, 20, 22, 24, 26, 28, 30, …
3의 배수: 3, 6, 9, 12, 15, 18, 21, 24, 27, 30, …
2의 배수이면서 3의 배수인 수: 6, 12, 18, 24, 30, …
⇨ 12, 18, 24, 30

28 12의 배수: 12, 24, 36, 48, 60, 72, 84, …
9의 배수: 9, 18, 27, 36, 45, 54, 63, 72, …
⇨ 12와 9의 공배수: 36, 72, 108, …

29 공배수 중 가장 작은 수가 최소공배수입니다. ⇨ 12

30 10의 배수: 10, 20, 30, 40, 50, 60, 70, 80, 90, …
14의 배수: 14, 28, 42, 56, 70, 84, …
⇨ 10과 14의 최소공배수: 70

31 ㉠ 16과 32의 최소공배수: 32
㉡ 4와 20의 최소공배수: 20
따라서 ㉠이 더 큽니다.

32쪽

32 12=6×2
14=7×2
⇨ 12와 14의 최소공배수: 6×7×2=84

33 6=3×2
21=3×7
⇨ 6과 21의 최소공배수: 3×2×7=42

34 18=2×3×3   24=2×2×2×3
⇨ 2×3×3×2×2=72

35 가=2×2×3×7
나=2×3×3
⇨ 최소공배수: 2×3×2×7×3=252

36 24와 36의 최소공배수: 2×2×3×2×3=72

37 4와 6의 공약수인 2로 한 번 더 나누어야 합니다.

38 4) 12 16
          3   4 ⇨ 최소공배수: 4×3×4=48
4) 8 20
       2   5 ⇨ 최소공배수: 4×2×5=40

33쪽

39 18과 27의 최대공약수인 9의 약수: 1, 3, 9

40 두 수의 공약수는 최대공약수의 약수와 같으므로 8의
약수를 구합니다.
⇨ 공약수: 1, 2, 4, 8

41 두 수의 공약수는 최대공약수의 약수와 같으므로 12
의 약수를 구합니다.
⇨ 12의 약수: 1, 2, 3, 4, 6, 12
왜 틀렸을까? 두 수의 최대공약수를 알고 있을 때 최대공약
수의 약수를 구하면 두 수의 공약수를 구한 것과 같습니다.

42 4와 5의 최소공배수인 20의 배수: 20, 40, 60, …

43 두 수의 공배수는 최소공배수의 배수와 같으므로 24
의 배수를 구합니다.
⇨ 공배수: 24, 48, 72, …

44 두 수의 공배수는 최소공배수의 배수와 같으므로 12
의 배수를 구합니다.
⇨ 12의 배수: 12, 24, 36, 48, …
왜 틀렸을까? 두 수의 최소공배수를 알고 있을 때 최소공배
수의 배수를 구하면 두 수의 공배수를 구한 것과 같습니다.

2 단계 **서술형 유형**   **34~35쪽**

1-1 약수, 4, 4, 8, 6, 10 / 10
1-2 ⑩ 60을 나누어떨어지게 하는 수가 60의 약수입니다.
60을 주어진 수로 나누어 보면
$60÷6=10, 60÷5=12,$
$60÷16=3…12, 60÷20=3$입니다.
따라서 60의 약수가 아닌 수는 16입니다. / 16
2-1 약수, 1, 2, 4, 8, 16, 32, 16, 32 / 16, 32
2-2 ⑩ 42를 나누어떨어지게 하는 수는 42의 약수입니다.
42의 약수는 1, 2, 3, 6, 7, 14, 21, 42이고
이 중 7보다 큰 수는 14, 21, 42입니다. / 14, 21, 42
3-1 2, 4, 2, 4, 24, 24, 48, 72, 24, 48, 2 / 2
3-2 ⑩ 2) 4   6
       2   3
4와 6의 최소공배수: $2×2×3=12$
4와 6의 공배수는 12, 24, 36, 48, 60, …이고 이 중
30보다 크고 60보다 작은 수는 36, 48로 모두 2개
입니다. / 2개
4-1 8, 5, 8, 5, 80, 80, 160, 160 / 160

4-2 ⑩ 6) 18   24
       3   4
18과 24의 최소공배수: $6×3×4=72$
18과 24의 공배수는 72, 144, …이므로 가장 작은
세 자리 수는 144입니다. / 144

34쪽

1-2 **서술형 가이드** 나눗셈을 이용하여 60을 나누어떨어지게 못
하는 수를 구하는 풀이 과정이 들어 있어야 합니다.

채점 기준

상	나눗셈을 이용하여 60을 나누어떨어지게 못하는 수를 구했음.
중	나눗셈을 이용했지만 60을 나누어떨어지게 못하는 수를 구하지 못함.
하	나눗셈을 이용하지 못함.

2-1 $32÷16=2, 32÷32=1$

2-2 $42÷14=3, 42÷21=2, 42÷42=1$
서술형 가이드 42의 약수를 구한 뒤 7보다 큰 수를 구해야
정답입니다.

채점 기준

상	42의 약수를 구한 뒤 7보다 큰 수를 구했음.
중	42의 약수를 구했지만 7보다 큰 수를 구하지 못함.
하	42의 약수도 구하지 못함

35쪽

3-2 **서술형 가이드** 4와 6의 최소공배수를 계산하여 최소공배수
의 배수를 구한 뒤 30보다 크고 60보다 작은 수를 구하는 풀
이 과정이 들어 있어야 합니다.

채점 기준

상	4와 6의 최소공배수를 계산하여 최소공배수의 배수를 구한 뒤 30보다 크고 60보다 작은 수를 구하여 답을 썼음.
중	4와 6의 최소공배수를 계산하여 최소공배수의 배수를 구한 뒤 30보다 크고 60보다 작은 수는 구했지만 답을 구하지 못함.
하	4와 6의 최소공배수만 계산함.

4-1 $80×1=80, 80×2=160, …$

4-2 18과 24의 최소공배수를 먼저 계산합니다.
$72×1=72, 72×2=144, …$
서술형 가이드 18과 24의 최소공배수를 계산하여 최소공배
수의 배수를 구한 뒤 가장 작은 세 자리 수를 구하는 풀이 과
정이 들어 있어야 합니다.

채점 기준

상	18과 24의 최소공배수를 계산하여 최소공배수의 배수를 구한 뒤 가장 작은 세 자리 수를 구했음.
중	18과 24의 최소공배수를 계산하여 최소공배수의 배수를 구했지만 가장 작은 세 자리 수는 구하지 못함.
하	18과 24의 최소공배수만 계산함.

3단계 유형 평가   36~38쪽

01 7개
02 54, 96에 ×표
03 1, 2, 3, 6에 ○표
04 20
05 ●─────●
   　 ●─────●
06 12
07 45
08 ㉡
09 12, 24, 36
10 15
11 ㉡
12 7 / 예 2, 3, 3 / 252
13 예 2) 54　72
　　 3) 27　36
　　 3) 9　12
　　　 3　 4　/ 216
14 ×표 연결
15 1, 2, 3, 6, 9, 18
16 예 60, 120, 180
17 1, 2, 3, 5, 6, 10, 15, 30
18 예 28, 56, 84
19 예 48을 나누어떨어지게 하는 수는 48의 약수입니다.
　 48의 약수는 1, 2, 3, 4, 6, 8, 12, 16, 24, 48이고
　 이 중 8보다 큰 수는 12, 16, 24, 48입니다.
　 / 12, 16, 24, 48
20 예 5) 15　25
　　　 3　 5
　 ⇨ 최소공배수: 5×3×5=75
　 15와 25의 공배수는 75, 150, ...이므로
　 가장 작은 세 자리 수는 150입니다. / 150

36쪽

01 1×64=64, 2×32=64, 4×16=64, 8×8=64
　 ⇨ 1, 2, 4, 8, 16, 32, 64로 모두 7개입니다.

02 7×3=21, 7×6=42, 7×9=63, 7×12=84
　 54와 96은 7과 다른 수의 곱으로 나타낼 수 없습니다.

03 18의 약수: 1, 2, 3, 6, 9, 18
　 24의 약수: 1, 2, 3, 4, 6, 8, 12, 24
　 ⇨ 18과 24의 공약수: 1, 2, 3, 6

04 공약수 중 가장 큰 수가 최대공약수입니다.
　 가장 큰 수는 20이므로 최대공약수는 20입니다.

05 56과 72의 공약수: 1, 2, 4, 8 ⇨ 최대공약수: 8
　 27과 63의 공약수: 1, 3, 9 ⇨ 최대공약수: 9

06 최대공약수: 2×2×3=12

07 ㉠÷3=15 ⇨ ㉠=3×15=45

37쪽

08 ㉠ 2) 36　42
　　 3) 18　21
　　　 6　 7
　 ⇨ 최대공약수: 2×3=6
　 ㉡ 7) 35　56
　　　 5　 8
　 ⇨ 최대공약수: 7
　 따라서 ㉡이 더 큽니다.

09 3의 배수: 3, 6, 9, 12, 15, 18, 21, 24, 27, 30, 33, 36, 39, ...
　 4의 배수: 4, 8, 12, 16, 20, 24, 28, 32, 36, 40, ...
　 3의 배수이면서 4의 배수인 수: 12, 24, 36, ...
　 ⇨ 12, 24, 36

10 공배수 중 가장 작은 수가 최소공배수입니다. ⇨ 15

11 ㉠ 5와 40의 최소공배수: 40
　 ㉡ 16과 48의 최소공배수: 48
　 따라서 ㉡이 더 큽니다.

12 28=2×2×7　　36=2×2×3×3
　 ⇨ 2×2×7×3×3=252

13 54와 72의 최소공배수: 2×3×3×3×4=216

14 5) 15　10
　　 3　 2
　 ⇨ 최소공배수: 5×3×2=30
　 6) 12　18
　　 2　 3
　 ⇨ 최소공배수: 6×2×3=36

38쪽

15 두 수의 공약수는 최대공약수의 약수와 같으므로 18의 약수를 구합니다.
　 ⇨ 공약수: 1, 2, 3, 6, 9, 18

16 두 수의 공배수는 최소공배수의 배수와 같으므로 60의 배수를 구합니다.
　 ⇨ 공배수: 60, 120, 180, ...

17 두 수의 공약수는 최대공약수의 약수와 같으므로 30 의 약수를 구합니다.

⇨ 30의 약수: 1, 2, 3, 5, 6, 10, 15, 30

18 두 수의 공배수는 최소공배수의 배수와 같으므로 28 의 배수를 구합니다.

⇨ 28의 배수: 28, 56, 84, 112, …

19 $48 \div 12 = 4$, $48 \div 16 = 3$, $48 \div 24 = 2$, $48 \div 48 = 1$

서술형가이드 42의 약수를 구한 뒤 7보다 큰 수를 구해야 정답입니다.

채점 기준

상	42의 약수를 구한 뒤 7보다 큰 수를 구했음.
중	42의 약수를 구했지만 7보다 큰 수를 구하지 못함.
하	42의 약수도 구하지 못함.

20 15와 25의 최소공배수를 먼저 구합니다.

$75 \times 1 = 75$, $75 \times 2 = 150$, …

서술형가이드 15와 25의 최소공배수를 계산하여 최소공배수의 배수를 구한 뒤 가장 작은 세 자리 수를 구하는 풀이 과정이 들어 있어야 합니다.

채점 기준

상	15와 25의 최소공배수를 계산하여 최소공배수의 배수를 구한 뒤 가장 작은 세 자리 수를 구했음.
중	15와 25의 최소공배수를 계산하여 최소공배수의 배수를 구했지만 가장 작은 세 자리 수는 구하지 못함.
하	15와 25의 최소공배수만 계산함.

3단계 **단원 평가** 기본   39~40쪽

01 ⑤	**02** 배수, 36
03 1, 2, 4, 7, 8, 14, 28, 56	
04 7, 14, 21, 28	**05** 1, 2, 4, 8, 16
06 예 7, 4, 5, 140	**07** 배수, 약수
08 6	**09** (○)( )
10 6 / 1, 2, 3, 6	**11** ①, ④
12 ©	**13** 54에 ○표

14 예 2)16 36
  2) 8 18
   4 9 / 144	

15 18, 108	**16** 1, 2, 4, 8, 16
17 8개	**18** 14 / 1, 2, 7, 14
19 ㉠, ㉣, ㉢, ㉡	**20** 80

39쪽

01 36을 나누어떨어지게 하는 수가 36의 약수입니다.

① $36 \div 4 = 9$

② $36 \div 9 = 4$

③ $36 \div 12 = 3$

④ $36 \div 18 = 2$

⑤ $36 \div 24 = 1 \cdots 12$

02 4와 9는 36의 약수이고 36은 4와 9의 배수입니다.

03 $1 \times 56 = 56$, $2 \times 28 = 56$, $4 \times 14 = 56$, $7 \times 8 = 56$

04 $7 \times 1 = 7$, $7 \times 2 = 14$, $7 \times 3 = 21$, $7 \times 4 = 28$

05 48의 약수: 1, 2, 3, 4, 6, 8, 12, 16, 24, 48
64의 약수: 1, 2, 4, 8, 16, 32, 64
⇨ 48과 64의 공약수: 1, 2, 4, 8, 16

07 ■ = ▲ × ● ⇨ ■의 약수: ▲, ●
▲, ●의 배수: ■

08 두 수에 공통으로 들어 있는 수의 곱은 $2 \times 3 = 6$이므로 두 수 가와 나의 최대공약수는 6입니다.

09 $42 = 6 \times 7$이므로 6은 42의 약수, 42는 6의 배수의 관계입니다.

10 2)30 18
  3)15 9
   5 3
⇨ 최대공약수: $2 \times 3 = 6$
공약수: 1, 2, 3, 6

11 ① $12 \div 3 = 4$ ④ $30 \div 15 = 2$

40쪽

12 32는 4와 8의 배수이고, 32의 약수는 1, 2, 4, 8, 16, 32입니다.

13 50의 약수: 1, 2, 5, 10, 25, 50 ⇨ 6개
54의 약수: 1, 2, 3, 6, 9, 18, 27, 54 ⇨ 8개

14 16과 36의 최소공배수: $2 \times 2 \times 4 \times 9 = 144$

15
$2\overline{)\,36\quad 54\,}$
$3\overline{)\,18\quad 27\,}$
$3\overline{)\;6\quad\;\;9\,}$
$\;2\quad\;\;3$

⇨ 최대공약수: $2\times3\times3=18$
최소공배수: $2\times3\times3\times2\times3=108$

16 $16=1\times16$, $16=2\times8$, $16=4\times4$로 나타낼 수 있으므로 16은 1, 2, 4, 8, 16의 배수입니다.

17
$2\overline{)\,60\quad 90\,}$
$3\overline{)\,30\quad 45\,}$
$5\overline{)\,10\quad 15\,}$
$\;2\quad\;\;3$

⇨ 최대공약수: $2\times3\times5=30$
공약수: 1, 2, 3, 5, 6, 10, 15, 30 ⇨ 8개

18 $42=2\times3\times7$, $70=2\times5\times7$
⇨ 42와 70의 최대공약수: $2\times7=14$
공약수는 최대공약수의 약수이므로 42와 70의 공약수는 1, 2, 7, 14입니다.

19 ㉠
$1\overline{)\;8\quad\;\;9\,}$
$\;8\quad\;\;9$

⇨ 최소공배수: $1\times8\times9=72$

㉡
$2\overline{)\;6\quad 14\,}$
$\;3\quad\;\;7$

⇨ 최소공배수: $2\times3\times7=42$

㉢
$2\overline{)\,12\quad 16\,}$
$2\overline{)\;6\quad\;\;8\,}$
$\;3\quad\;\;4$

⇨ 최소공배수: $2\times2\times3\times4=48$

㉣
$5\overline{)\,25\quad 10\,}$
$\;5\quad\;\;2$

⇨ 최소공배수: $5\times5\times2=50$

⇨ $72>50>48>42$이므로 ㉠ > ㉣ > ㉢ > ㉡입니다.

20
$2\overline{)\;8\quad 20\,}$
$2\overline{)\;4\quad 10\,}$
$\;2\quad\;\;5$

⇨ 8과 20의 최소공배수: $2\times2\times2\times5=40$
공배수는 최소공배수의 배수이므로 8과 20의 공배수는 40, 80, 120, …입니다.
따라서 가장 큰 두 자리 수는 80입니다.

3 규칙과 대응

1 단계 기초 문제
43쪽

1-1 (1) 1, 4 (2) 4배
1-2 (1) 1, 8 (2) 8배
2-1 (1) 5 (2) 1
2-2 (1) 10 (2) 5

1 단계 기본 문제
44~45쪽

01 1	**02** 1
03 1	**04** 1
05 1	**06** 2
07 2	**08** 2
09 2	**10** 2
11 2	**12** 2
13 1	**14** 1
15 1	**16** 1

2 단계 기본 유형
46~51쪽

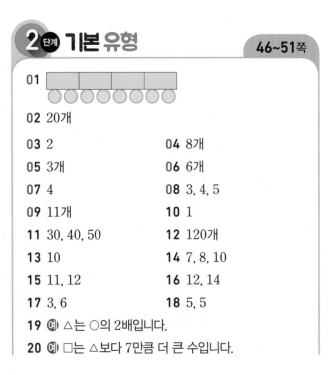

01

02 20개
03 2
04 8개
05 3개
06 6개
07 4
08 3, 4, 5
09 11개
10 1
11 30, 40, 50
12 120개
13 10
14 7, 8, 10
15 11, 12
16 12, 14
17 3, 6
18 5, 5
19 ⑩ △는 ○의 2배입니다.
20 ⑩ □는 △보다 7만큼 더 큰 수입니다.

21 12, 16　　　　　　**22** 32개

23 예 바퀴의 수는 자동차의 수의 4배입니다.

24 ○×4＝△ 또는 △÷4＝○

25 18, 24, 30

26 예 귤의 수는 바구니의 수의 6배입니다.

27 ○×6＝△ 또는 △÷6＝○

28 ○＋2007＝△ 또는 △－2007＝○

29 4, 10　　　　　　**30** 2

31 ○×2＝△ 또는 △÷2＝○

32 20개　　　　　　**33** (위에서부터) 4, 6

34 1

35 ○＋1＝△ 또는 △－1＝○

36 11개　　　　　　**37** 21, 28, 35

38 6, 8, 9　　　　　　**39** 16, 24

40 16　　　　　　**41** 48

42 80

46쪽

01 사각형이 1개 늘어날 때마다 원이 2개씩 늘어나므로 넷째에는 사각형이 4개이고 원은 8개인 모양을 그립니다.

02 사각형 1개에 원이 2개씩 필요하므로 사각형이 10개이면 원의 수는 10×2＝20(개)입니다.

03 사각형이 1개 늘어날 때마다 원이 2개씩 늘어나므로 원의 수는 사각형의 수의 2배입니다.

04 탁자 1개에 의자가 4개씩 있으므로 탁자가 2개이면 의자는 2×4＝8(개)입니다.

05 탁자 1개에 의자가 4개씩 있으므로 의자가 12개이면 탁자는 12÷4＝3(개)입니다.

06 탁자 1개에 의자가 4개씩 있으므로 의자가 24개이면 탁자는 24÷4＝6(개)입니다.

07 탁자가 1개 늘어날 때마다 의자가 4개씩 늘어나므로 의자의 수는 탁자의 수의 4배입니다.

47쪽

8 사각형이 1개 늘어날 때마다 삼각형도 1개 늘어납니다. 사각형 2개에 삼각형 3개, 사각형 3개에 삼각형 4개, 사각형 4개에 삼각형 5개입니다.

09 삼각형의 수가 사각형의 수보다 1개 더 많으므로 사각형이 10개이면 삼각형은 10＋1＝11(개)입니다.

10 삼각형의 수와 사각형의 수는 1만큼 차이가 나므로 삼각형의 수는 사각형의 수보다 1만큼 더 큰 수입니다.

11 달걀판이 1판 늘어날 때마다 달걀도 10개씩 늘어납니다. 달걀판 3판에 달걀 30개, 달걀판 4판에 달걀 40개, 달걀판 5판에 달걀 50개가 들어 있습니다.

12 달걀판 1판에 달걀이 10개씩 들어 있으므로 달걀판이 12판이면 달걀은 12×10＝120(개) 들어 있습니다.

13 달걀판이 1판 늘어날 때마다 달걀이 10개씩 늘어나므로 달걀의 수는 달걀판의 수의 10배입니다.

48쪽

14 △는 ○에 3을 더한 수입니다.
　⇨ 4＋3＝7, 5＋3＝8, 7＋3＝10

15 □는 ☆에서 9를 뺀 수입니다.
　⇨ 20－9＝11, 21－9＝12

16 ◇는 ○에 2를 곱한 수입니다.
　⇨ 6×2＝12, 7×2＝14

17 ♡는 □를 4로 나눈 수입니다.
　⇨ 12÷4＝3, 24÷4＝6

18 • ♡가 1씩 커질 때마다 △가 5씩 커지므로 △는 ♡의 5배입니다.
　• △가 5씩 커질 때마다 ♡가 1씩 커지므로 △를 5로 나누면 ♡입니다.

19 • ○가 1씩 커질 때마다 △가 2씩 커지므로 ○에 2를 곱하면 △입니다.
　• △가 2씩 커질 때마다 ○가 1씩 커지므로 △를 2로 나누면 ○입니다.

20 • △가 1씩 커질 때마다 □도 1씩 커지므로 □는 △보다 7만큼 더 큰 수입니다.
　• △가 1씩 커질 때마다 □도 1씩 커지므로 △는 □보다 7만큼 더 작은 수입니다.

49쪽

21 자동차가 1대 늘어날 때마다 바퀴가 4개씩 늘어납니다. 자동차 3대에 바퀴 12개, 자동차 4대에 바퀴 16개가 있습니다.

22 자동차가 1대 늘어날 때마다 바퀴가 4개씩 늘어나므로 자동차가 8대일 때 바퀴는 $4 \times 8 = 32$(개) 있습니다.

23 • 자동차가 1대 늘어날 때마다 바퀴가 4개씩 늘어나므로 자동차의 수에 4를 곱하면 바퀴의 수입니다.
　• 바퀴가 4개 늘어날 때마다 자동차가 1대씩 늘어나므로 바퀴의 수를 4로 나누면 자동차의 수입니다.

24 • (자동차의 수)$\times 4 =$ (바퀴의 수)
　　⇨ $\bigcirc \times 4 = \triangle$
　• (바퀴의 수)$\div 4 =$ (자동차의 수)
　　⇨ $\triangle \div 4 = \bigcirc$

25 바구니가 1개씩 늘어날 때마다 귤은 6개씩 늘어납니다. 바구니 3개에 귤 18개, 바구니 4개에 귤 24개, 바구니 5개에 귤 30개가 담겨 있습니다.

26 • 바구니가 1개 늘어날 때마다 귤이 6개씩 늘어나므로 바구니의 수에 6을 곱하면 귤의 수입니다.
　• 귤이 6개 늘어날 때마다 바구니가 1개씩 늘어나므로 귤의 수를 6으로 나누면 바구니의 수입니다.

27 • (바구니의 수)$\times 6 =$ (귤의 수)
　　⇨ $\bigcirc \times 6 = \triangle$
　• (귤의 수)$\div 6 =$ (바구니의 수)
　　⇨ $\triangle \div 6 = \bigcirc$

28 • (은주의 나이)$+ 2007 =$ (연도)
　　⇨ $\bigcirc + 2007 = \triangle$
　• (연도)$- 2007 =$ (은주의 나이)
　　⇨ $\triangle - 2007 = \bigcirc$

50쪽

29 탁자의 수가 1개씩 늘어날 때마다 의자가 2개씩 늘어납니다.
의자가 8개일 때 탁자는 $8 \div 2 = 4$(개)입니다.
탁자가 5개일 때 의자는 $5 \times 2 = 10$(개)입니다.

30 의자의 수는 탁자의 수의 2배입니다.
　⇨ (탁자의 수)$\times 2 =$ (의자의 수)

31 • (탁자의 수)$\times 2 =$ (의자의 수)
　　⇨ $\bigcirc \times 2 = \triangle$
　• (의자의 수)$\div 2 =$ (탁자의 수)
　　⇨ $\triangle \div 2 = \bigcirc$

32 $\bigcirc \times 2 = \triangle$
　⇨ $10 \times 2 = 20$(개)

33 의자의 수가 1개씩 늘어날 때마다 팔걸이의 수도 1개씩 늘어납니다.
팔걸이가 5개일 때 의자는 $5 - 1 = 4$(개)입니다.
의자가 5개일 때 팔걸이는 $5 + 1 = 6$(개)입니다.

34 $2 - 1 = 1$, $3 - 2 = 1$, ...이므로 팔걸이의 수는 의자의 수보다 1만큼 더 큽니다.

35 • (의자의 수)$+ 1 =$ (팔걸이의 수)
　　⇨ $\bigcirc + 1 = \triangle$
　• (팔걸이의 수)$- 1 =$ (의자의 수)
　　⇨ $\triangle - 1 = \bigcirc$

36 $\bigcirc + 1 = \triangle$
　⇨ $10 + 1 = 11$(개)

51쪽

37 $\square$가 1씩 커질 때마다 $\triangle$가 7씩 커지므로 $\triangle$는 $\square$의 7배입니다.
　⇨ $3 \times 7 = 21$, $4 \times 7 = 28$, $5 \times 7 = 35$

38 $\bigcirc$가 2만큼 커질 때 $\heartsuit$도 2만큼 커지므로 $\heartsuit$는 $\bigcirc$보다 2만큼 더 큰 수입니다.
　⇨ $4 + 2 = 6$, $6 + 2 = 8$, $7 + 2 = 9$

39 $\diamondsuit$가 4씩 커질 때마다 $\star$도 4씩 커지므로 $\star$은 $\diamondsuit$보다 4만큼 더 큰 수입니다.
　⇨ $12 + 4 = 16$, $20 + 4 = 24$
왜 틀렸을까? 대응 관계를 찾아 $\star$의 값을 구하지 않고 4씩 뛰어 세지 않았는지 확인합니다.

40 $\diamondsuit + 5 = \star$
　⇨ $11 + 5 = \star$, $\star = 16$

41 $\square \times 8 = \bigcirc$
　⇨ $6 \times 8 = \bigcirc$, $\bigcirc = 48$

42 $\bigcirc \div 4 = \triangle$
　⇨ $\triangle \times 4 = \bigcirc$
따라서 $\triangle$가 20일 때 $20 \times 4 = \bigcirc$, $\bigcirc = 80$입니다.
왜 틀렸을까? $\bigcirc$를 구하는 식으로 바꾸어 $\bigcirc$를 구합니다.

2 단계 서술형 유형
52~53쪽

1-1 4, 4 / 4

1-2 예 타조가 1마리 늘어날 때마다 다리의 수는 2개씩 늘어납니다.

따라서 타조 다리의 수는 타조의 수의 2배입니다.

/ 타조 다리의 수는 타조의 수의 2배입니다.

2-1 1, 8, 8 / 8

2-2 예 상자의 수가 1개씩 늘어날 때마다 도넛의 수는 12개씩 늘어납니다.

따라서 도넛의 수는 상자의 수의 12배입니다.

/ 도넛의 수는 상자의 수의 12배입니다.

3-1 1, 4 / 4

3-2 예 표를 살펴보면 ☆이 1씩 커질 때마다 □도 1씩 커집니다.

⇨ □는 ☆보다 10만큼 더 큽니다.

/ ☆$+10=$□ 또는 □$-10=$☆

4-1 2000, 2500, 500 / 500

4-2 예 ■와 ♥ 사이의 대응 관계를 표로 나타내면 다음과 같습니다.

■	1	2	3	4	5
♥	900	1800	2700	3600	4500

따라서 ■와 ♥ 사이의 대응 관계를 식으로 나타내면 ■$\times 900=$♥입니다.

/ ■$\times 900=$♥ 또는 ♥$\div 900=$■

52쪽

1-2 서술형 가이드 타조의 수와 다리의 수 사이의 대응 관계를 구하는 풀이 과정이 들어 있어야 합니다.

채점 기준

상	타조의 수와 다리의 수 사이의 대응 관계를 구함.
중	타조의 수와 다리의 수 사이의 대응 관계를 구했으나 풀이 과정이 미흡함.
하	타조의 수와 다리의 수 사이의 대응 관계를 구하지 못함.

2-2 서술형 가이드 상자의 수와 도넛의 수 사이의 대응 관계를 구하는 풀이 과정이 들어 있어야 합니다.

채점 기준

상	상자의 수와 도넛의 수 사이의 대응 관계를 구함.
중	상자의 수와 도넛의 수 사이의 대응 관계를 구했으나 풀이 과정이 미흡함.
하	상자의 수와 도넛의 수 사이의 대응 관계를 구하지 못함.

53쪽

3-2 서술형 가이드 ☆과 □ 사이의 대응 관계를 식으로 나타내는 풀이 과정이 들어 있어야 합니다.

채점 기준

상	☆과 □ 사이의 대응 관계를 구하고 식으로 나타냄.
중	☆과 □ 사이의 대응 관계를 구했으나 식으로 나타내지 못함.
하	☆과 □ 사이의 대응 관계를 구하지 못함.

4-2 서술형 가이드 ■와 ♥ 사이의 대응 관계를 식으로 나타내는 풀이 과정이 들어 있어야 합니다.

채점 기준

상	■과 ♥ 사이의 대응 관계를 구하고 식으로 나타냄
중	■과 ♥ 사이의 대응 관계를 구했으나 식으로 나타내지 못함.
하	■과 ♥ 사이의 대응 관계를 구하지 못함.

3 단계 유형 평가
54~56쪽

01 12개

02 3개

03 5개

04 6

05 3, 4

06 8개

07 2

08 15, 18

09 6, 9

10 예 △는 □보다 3만큼 더 큰 수입니다.

11 6, 8

12 ○$\times 2=$△ 또는 △$\div 2=$○

13 (위에서부터) 15, 11

14 ○$-5=$△ 또는 △$+5=$○

15 12, 15, 18

16 9

17 36, 52

18 252

19 예 개미가 1마리 늘어날 때마다 다리의 수는 6개씩 늘어납니다.

따라서 개미 다리의 수는 개미의 수의 6배입니다.

/ 개미 다리의 수는 개미의 수의 6배입니다.

20 표를 살펴보면 ☆이 1씩 커질 때마다 □도 1씩 커집니다.

⇨ □는 ☆보다 4만큼 더 큽니다.

/ ☆$+4=$□ 또는 □$-4=$☆

54쪽

01 탁자 1개에 의자가 6개씩 있으므로 탁자가 2개이면
의자는 $2 \times 6 = 12$(개)입니다.

02 탁자 1개에 의자가 6개씩 있으므로 의자가 18개이면
탁자는 $18 \div 6 = 3$(개)입니다.

03 탁자 1개에 의자가 6개씩 있으므로 의자가 30개이면
탁자는 $30 \div 6 = 5$(개)입니다.

04 탁자가 1개 늘어날 때마다 의자가 6개씩 늘어나므로
의자의 수는 탁자의 수의 6배입니다.

05 사각형이 1개 늘어날 때마다 삼각형도 1개 늘어납니다.
사각형이 5개이면 삼각형은 3개, 사각형이 6개이면
삼각형은 4개입니다.

06 삼각형의 수가 사각형의 수보다 2개 더 적으므로 사
각형이 10개이면 삼각형은 $10 - 2 = 8$(개)입니다.

07 삼각형의 수와 사각형의 수는 2만큼 차이가 나므로
삼각형의 수는 사각형의 수보다 2만큼 더 작은 수입
니다.

55쪽

08 ◇는 ○에 3을 곱한 수입니다.
$\Rightarrow 5 \times 3 = 15, 6 \times 3 = 18$

09 ♡는 □를 2로 나눈 수입니다.
$\Rightarrow 12 \div 2 = 6, 18 \div 2 = 9$

10 • □가 1씩 커질 때마다 △도 1씩 커지므로
△는 □보다 3만큼 더 큰 수입니다.
• □가 1씩 커질 때마다 △도 1씩 커지므로
□는 △보다 3만큼 더 작은 수입니다.

11 자전거가 1대 늘어날 때마다 바퀴가 2개씩 늘어납
니다.
자전거 3대에 바퀴 6개, 자전거 4대에 바퀴 8개입
니다.

12 • (자전거의 수)$\times 2 =$ (바퀴의 수)
$\Rightarrow ○ \times 2 = △$
• (바퀴의 수)$\div 2 =$ (자전거의 수)
$\Rightarrow △ \div 2 = ○$

13 형의 나이가 1살 늘어날 때마다 동생의 나이도 1살
늘어납니다.
동생이 10살일 때 형은 $10 + 5 = 15$(살)입니다.
형이 16살일 때 동생은 $16 - 5 = 11$(살)입니다.

14 • (형의 나이)$- 5 =$ (동생의 나이)
$\Rightarrow ○ - 5 = △$
• (동생의 나이)$+ 5 =$ (형의 나이)
$\Rightarrow △ + 5 = ○$

56쪽

15 □가 1씩 커질 때마다 △가 3씩 커지므로 △는 □의
3배입니다.
$\Rightarrow 4 \times 3 = 12, 5 \times 3 = 15, 6 \times 3 = 18$

16 $◇ - 8 = ☆$
$\Rightarrow 17 - 8 = ☆, ☆ = 9$

17 ◇가 1씩 커질 때마다 ☆이 4씩 커지므로 ☆은 ◇의
4배입니다.
$\Rightarrow 9 \times 4 = 36, 13 \times 4 = 52$
왜 틀렸을까? 대응 관계를 찾아 ☆의 값을 구하지 않고 4씩
뛰어 세지 않았는지 확인합니다.

18 $○ \div 6 = △$
$\Rightarrow △ \times 6 = ○$
따라서 △가 42일 때 $42 \times 6 = ○$, $○ = 252$입니다.
왜 틀렸을까? ○를 구하는 식으로 바꾸어 ○를 구합니다.

19 (개미 다리의 수)$=$(개미의 수)$\times 6$
서술형 가이드 개미의 수와 다리의 수 사이의 대응 관계를 구
하는 풀이 과정이 들어 있어야 합니다.

채점 기준

상	개미의 수와 다리의 수 사이의 대응 관계를 구함.
중	개미의 수와 다리의 수 사이의 대응 관계를 구했으나 풀이 과정이 미흡함.
하	개미의 수와 다리의 수 사이의 대응 관계를 구하지 못함.

20 **서술형 가이드** ☆과 □ 사이의 대응 관계를 구하는 풀이 과
정이 들어 있어야 합니다.

채점 기준

상	☆과 □ 사이의 대응 관계를 구하고 식으로 나타냄.
중	☆과 □ 사이의 대응 관계를 구했으나 식으로 나타내지 못함.
하	☆과 □ 사이의 대응 관계를 구하지 못함.

3 단계 단원 평가 기본

01 2   **02** 2

03 8, 12, 16, 20

04 예 책상 다리의 수는 책상의 수의 4배입니다.

05 24개   **06** 24, 32, 40

07 예 구슬의 수는 통의 수의 8배입니다.

08 ②   **09** 36, 45

10 □×9=△ 또는 △÷9=□

11 예 만두의 수는 통의 수의 5배입니다.

12 예 책상의 수, 연필의 수

13 예 △는 □의 5배입니다.

14
:   :

:   :

15 ☆−8=△ 또는 △+8=☆

16 1

17 □−2=◇ 또는 ◇+2=□

18 11에 ◯표

19 (왼쪽에서부터) 18, 24, 6, 48, 10

20 예 ◇는 ◯보다 11만큼 더 큰 수입니다.
/ ◯+11=◇ 또는 ◇−11=◯

57쪽

01 언니의 나이가 1살 늘어날 때마다 유나의 나이도 1살 늘어납니다.
따라서 언니의 나이는 유나의 나이보다 2살 더 많습니다.

02 사각형의 수가 1개 늘어날 때마다 삼각형의 수는 2개씩 늘어납니다.
따라서 삼각형의 수는 사각형의 수의 2배입니다.

03 책상의 수가 1개씩 늘어날 때마다 책상 다리의 수는 4개씩 늘어납니다.

04 '책상 다리의 수를 4로 나누면 책상의 수입니다.' 등으로 쓸 수 있습니다.

05 책상이 6개일 때 책상 다리는 6×4=24(개)입니다.

06 통의 수가 1개씩 늘어날 때마다 구슬의 수는 8개씩 늘어납니다.

07 '구슬의 수를 8로 나누면 통의 수입니다.' 등으로 쓸 수 있습니다.

08 □가 1씩 커질 때마다 ◯도 1씩 커집니다.
⇨ □+3=◯

09 □가 1씩 커질 때마다 △가 9씩 커지므로 △는 □의 9배입니다.
⇨ ㉠=4×9=36, ㉡=5×9=45

10 • △는 □의 9배입니다.
• △를 9로 나누면 □입니다.

58쪽

11 '만두의 수를 5로 나누면 통의 수입니다.' 등으로 쓸 수 있습니다.

12 책상의 수가 1개씩 늘어날 때마다 연필의 수는 3개씩 늘어납니다.
책상의 수와 다리의 수, 연필의 수와 지우개의 수, 자와 책상 다리의 수 등 서로 관계가 있는 두 양을 찾았으면 모두 정답입니다.

13 □가 1씩 커질 때마다 △는 5씩 커집니다.
'△를 5로 나누면 □입니다.' 등으로 쓸 수 있습니다.

14 1+3=4, 2+3=5, 3+3=6
⇨ △+3=◯
2×2=4, 4×2=8, 6×2=12
⇨ △×2=◯

15 • △는 ☆보다 8만큼 더 작은 수입니다.
• ☆은 △보다 8만큼 더 큰 수입니다.

16 □가 1씩 작아질 때마다 ◇도 1씩 작아집니다.
⇨ □에서 2를 빼면 ◇이므로 3−2=1입니다.

17 • ◇는 □보다 2만큼 더 작은 수입니다.
• □는 ◇보다 2만큼 더 큰 수입니다.

18 △와 □ 사이의 대응 관계를 식으로 나타내면
△+4=□입니다.
△=11일 때 11+4=□, □=15입니다.

19 △×6=◯ ⇨ 3×6=18, 4×6=24, 8×6=48
◯÷6=△ ⇨ 36÷6=6, 60÷6=10

20 '◯는 ◇보다 11만큼 더 작은 수입니다.' 등으로 대응 관계를 쓸 수 있습니다.

4 약분과 통분

1단계 **기초 문제**　　　　　　　**61쪽**

1-1 (1) 2, 12　(2) 4, 4　(3) 8, 3
1-2 (1) 2, 9　(2) 3, 6　(3) 6, 3
2-1 (1) 35, 35　(2) 6, 3, 12, 15
2-2 (1) 18, 18　(2) 5, 2, 40, 40

1단계 **기본 문제**　　　　　　　**62~63쪽**

01 (1) 5, $\frac{15}{25}$　(2) 3, $\frac{6}{21}$　(3) 7, $\frac{35}{56}$

02 (1) 10, $\frac{1}{2}$　(2) 3, $\frac{2}{3}$　(3) 4, $\frac{2}{7}$

03 (1) $\frac{4}{10}$　(2) $\frac{3}{6}$　(3) $\frac{2}{6}$

04 (1) $\frac{2}{5}$　(2) $\frac{1}{2}$　(3) $\frac{1}{3}$

05 (1) 4, 2　(2) 18, 20　(3) 30, 8

06 (1) 2, 1　(2) 9, 10　(3) 15, 4

07 (1) <　(2) >　(3) <

08 (1) >　(2) <　(3) <

2단계 **기본 유형**　　　　　　　**64~69쪽**

01 예  / 같은에 ○표

02 예  / $\frac{2}{8}$, $\frac{1}{4}$

03 3, 1

04 (1) 3　(2) 1

05 10, 21, 20

06 $\frac{10}{12}$, $\frac{15}{18}$, $\frac{20}{24}$

---

07 $\frac{5}{7}$, $\frac{10}{14}$, $\frac{15}{21}$　　**08** ⤬

09 $\frac{4}{6}$, $\frac{6}{9}$에 ○표　　**10** ㉢

11 (1) 5, 9　(2) 10, 6　　**12** (1) $\frac{5}{8}$　(2) $\frac{5}{16}$

13 ⤬　　**14** 예 $\frac{6}{14}$, $\frac{9}{21}$, $\frac{12}{28}$

15 $\frac{12}{32} = \frac{12 \div 4}{32 \div 4} = \frac{3}{8}$　　**16** (　　)
　　　　　　　　　　　　　　　(○)

17 $\frac{168}{384}$, $\frac{80}{384}$　　**18** $\frac{21}{30}$, $\frac{16}{30}$

19 ③　　**20** 48

21 (⤬)(　　)

22 (1) $\frac{20}{24}$, $\frac{6}{24}$　(2) $\frac{10}{12}$, $\frac{3}{12}$

23 ㉡, ㉢　　**24** 14, 15 / <

25 (1) <　(2) >　　**26** (　　)(○)

27 $\frac{3}{7}$, $\frac{1}{2}$, $\frac{7}{9}$

28 (위에서부터) $\frac{8}{11}$, $\frac{8}{11}$, $\frac{7}{12}$

29 $\frac{3}{10}$

30 $1\frac{17}{24}$에 ○표, $1\frac{5}{8}$에 △표

31 (1) >　(2) <　　**32** 공원

33 $1\frac{1}{2}$, 0.6, $\frac{2}{5}$　　**34** $\frac{9}{15}$

35 $\frac{3}{12}$, $\frac{4}{16}$　　**36** $\frac{12}{18}$, $\frac{14}{21}$, $\frac{16}{24}$, $\frac{18}{27}$

37 48, 96　　**38** 36, 72

39 16, 24, 32

64쪽

01 전체를 똑같이 3칸으로 나눈 것 중의 1칸, 전체를 똑같이 9칸으로 나눈 것 중의 3칸을 색칠합니다.
　⇨ 색칠한 부분의 크기는 같으므로 크기가 같은 분수입니다.

02 수직선에 나타내면 $\frac{2}{8}$와 $\frac{1}{4}$이 나타내는 길이가 같으므로 $\frac{2}{8}$와 $\frac{1}{4}$은 크기가 같은 분수입니다.

03 색칠한 부분의 크기가 모두 같으므로

$\dfrac{6}{12}=\dfrac{3}{6}=\dfrac{1}{2}$ 입니다.

04 (1) $20\div2=10$이므로 분자도 2로 나눕니다.

$\Rightarrow 6\div2=3$

(2) $21\div7=3$이므로 분자도 7로 나눕니다.

$\Rightarrow 7\div7=1$

05 분모와 분자에 각각 같은 수를 곱합니다.

$\dfrac{5}{7}=\dfrac{5\times2}{7\times2}=\dfrac{10}{14}$, $\dfrac{5}{7}=\dfrac{5\times3}{7\times3}=\dfrac{15}{21}$,

$\dfrac{5}{7}=\dfrac{5\times4}{7\times4}=\dfrac{20}{28}$

06 분모와 분자에 각각 같은 수를 곱합니다.

$\dfrac{5}{6}=\dfrac{5\times2}{6\times2}=\dfrac{10}{12}$, $\dfrac{5}{6}=\dfrac{5\times3}{6\times3}=\dfrac{15}{18}$,

$\dfrac{5}{6}=\dfrac{5\times4}{6\times4}=\dfrac{20}{24}$

07 분모와 분자를 각각 2, 3, 6으로 나누어 크기가 같은 분수를 만듭니다.

$\dfrac{30}{42}=\dfrac{30\div2}{42\div2}=\dfrac{15}{21}$, $\dfrac{30}{42}=\dfrac{30\div3}{42\div3}=\dfrac{10}{14}$,

$\dfrac{30}{42}=\dfrac{30\div6}{42\div6}=\dfrac{5}{7}$

65쪽

08 분모가 20인 크기가 같은 분수를 만듭니다.

$\dfrac{1}{4}=\dfrac{1\times5}{4\times5}=\dfrac{5}{20}$, $\dfrac{2}{5}=\dfrac{2\times4}{5\times4}=\dfrac{8}{20}$

09 분모와 분자를 같은 수로 나눕니다.

$\dfrac{24}{36}=\dfrac{24\div4}{36\div4}=\dfrac{6}{9}$, $\dfrac{24}{36}=\dfrac{24\div6}{36\div6}=\dfrac{4}{6}$,

$\dfrac{24}{36}=\dfrac{24\div12}{36\div12}=\dfrac{2}{3}$

다른 풀이

오른쪽에 있는 분수를 분모가 36인 크기가 같은 분수로 만들어 분자가 24가 되는지 확인합니다.

$\dfrac{4}{6}=\dfrac{4\times6}{6\times6}=\dfrac{24}{36}$, $\dfrac{1}{3}=\dfrac{1\times12}{3\times12}=\dfrac{12}{36}$, $\dfrac{6}{9}=\dfrac{6\times4}{9\times4}=\dfrac{24}{36}$

10 두 분수의 분자 또는 분모가 약수와 배수의 관계일 때 분모와 분자에 각각 같은 수를 곱해 크기가 같은 분수가 되는지 확인합니다.

$\boxdot \dfrac{2}{4}=\dfrac{2\times4}{4\times4}=\dfrac{8}{16}$　　$\boxdot \dfrac{2}{10}=\dfrac{2\times3}{10\times3}=\dfrac{6}{30}$

$\boxdot \dfrac{1}{8}=\dfrac{1\times3}{8\times3}=\dfrac{3}{24}$　　$\boxdot \dfrac{1}{4}=\dfrac{1\times4}{4\times4}=\dfrac{4}{16}$

$\Rightarrow$ 크기가 같은 분수끼리 짝 지어진 것은 $\boxdot$입니다.

11 (1) $\dfrac{15}{45}=\dfrac{15\div3}{45\div3}=\dfrac{5}{15}$, $\dfrac{15}{45}=\dfrac{15\div5}{45\div5}=\dfrac{3}{9}$

(2) $\dfrac{20}{24}=\dfrac{20\div2}{24\div2}=\dfrac{10}{12}$, $\dfrac{20}{24}=\dfrac{20\div4}{24\div4}=\dfrac{5}{6}$

12 (1) $3\,)\,\underline{24\quad15}$
　　　　$8\quad\ 5$　$\Rightarrow$ 최대공약수: 3

$\Rightarrow \dfrac{15}{24}=\dfrac{15\div3}{24\div3}=\dfrac{5}{8}$

(2) $2\,)\,\underline{32\quad10}$
　　　　$16\quad\ 5$　$\Rightarrow$ 최대공약수: 2

$\Rightarrow \dfrac{10}{32}=\dfrac{10\div2}{32\div2}=\dfrac{5}{16}$

13 $\dfrac{24}{30}=\dfrac{24\div3}{30\div3}=\dfrac{8}{10}$

$\dfrac{16}{24}=\dfrac{16\div4}{24\div4}=\dfrac{4}{6}$

$\dfrac{21}{49}=\dfrac{21\div7}{49\div7}=\dfrac{3}{7}$

66쪽

14 약분했을 때 $\dfrac{3}{7}$이 되므로 $\dfrac{3}{7}$의 분모와 분자에 같은 수를 곱하여 크기가 같은 분수를 만듭니다.

$\dfrac{3}{7}=\dfrac{3\times2}{7\times2}=\dfrac{6}{14}$, $\dfrac{3}{7}=\dfrac{3\times3}{7\times3}=\dfrac{9}{21}$,

$\dfrac{3}{7}=\dfrac{3\times4}{7\times4}=\dfrac{12}{28}$, $\cdots$

15 $2\,)\,\underline{32\quad12}$
　　$2\,)\,\underline{16\quad\ 6}$
　　　　$\ 8\quad\ 3$　$\Rightarrow$ 최대공약수: $2\times2=4$

분모와 분자를 각각 4로 나누어 기약분수를 구합니다.

16 $\dfrac{8}{24}=\dfrac{4}{12}=\dfrac{2}{6}=\dfrac{1}{3}$

$\dfrac{8}{24}$을 기약분수로 나타내면 $\dfrac{1}{3}$입니다.

17 $\left(\dfrac{7}{16},\ \dfrac{5}{24}\right) \Rightarrow \left(\dfrac{7\times24}{16\times24},\ \dfrac{5\times16}{24\times16}\right)$

$\Rightarrow \left(\dfrac{168}{384},\ \dfrac{80}{384}\right)$

18 5) 10 15
      2   3 ⇨ 최소공배수: $5 \times 2 \times 3 = 30$

$$\left(\frac{7}{10}, \frac{8}{15}\right) \Rightarrow \left(\frac{7 \times 3}{10 \times 3}, \frac{8 \times 2}{15 \times 2}\right) \Rightarrow \left(\frac{21}{30}, \frac{16}{30}\right)$$

19 공통분모가 될 수 있는 수는 두 분모의 공배수입니다.

2) 12 18
3) 6   9
     2   3 ⇨ 최소공배수: $2 \times 3 \times 2 \times 3 = 36$

따라서 36의 배수인 것을 찾으면 ③ 72입니다.

20 두 분모의 최소공배수를 구합니다.

2) 16 12
2) 8   6
     4   3 ⇨ 최소공배수: $2 \times 2 \times 4 \times 3 = 48$

따라서 공통분모는 48입니다.

67쪽

21 2) 20 16
   2) 10   8
       5   4

⇨ 20과 16의 최소공배수는 $2 \times 2 \times 5 \times 4 = 80$이므로 40은 공통분모가 될 수 없습니다.

22 ⑴ $6 \times 4 = 24$입니다.

$$\left(\frac{5}{6}, \frac{1}{4}\right) \Rightarrow \left(\frac{5 \times 4}{6 \times 4}, \frac{1 \times 6}{4 \times 6}\right) \Rightarrow \left(\frac{20}{24}, \frac{6}{24}\right)$$

⑵ 6과 4의 최소공배수는 12입니다.

$$\left(\frac{5}{6}, \frac{1}{4}\right) \Rightarrow \left(\frac{5 \times 2}{6 \times 2}, \frac{1 \times 3}{4 \times 3}\right) \Rightarrow \left(\frac{10}{12}, \frac{3}{12}\right)$$

23 $\left(\frac{3}{4}, \frac{7}{30}\right) \Rightarrow \left(\frac{3 \times 15}{4 \times 15}, \frac{7 \times 2}{30 \times 2}\right) \Rightarrow \left(\frac{45}{60}, \frac{14}{60}\right)$

$\left(\frac{3}{4}, \frac{7}{30}\right) \Rightarrow \left(\frac{3 \times 30}{4 \times 30}, \frac{7 \times 4}{30 \times 4}\right) \Rightarrow \left(\frac{90}{120}, \frac{28}{120}\right)$

24 $\frac{7}{9} = \frac{7 \times 2}{9 \times 2} = \frac{14}{18}$, $\frac{5}{6} = \frac{5 \times 3}{6 \times 3} = \frac{15}{18}$

⇨ $14 < 15$이므로 $\frac{7}{9} < \frac{5}{6}$입니다.

25 ⑴ $\left(\frac{4}{7}, \frac{7}{10}\right) \Rightarrow \left(\frac{4 \times 10}{7 \times 10}, \frac{7 \times 7}{10 \times 7}\right)$

$\Rightarrow \left(\frac{40}{70}, \frac{49}{70}\right) \Rightarrow \frac{4}{7} < \frac{7}{10}$

⑵ $\left(\frac{3}{4}, \frac{5}{9}\right) \Rightarrow \left(\frac{3 \times 9}{4 \times 9}, \frac{5 \times 4}{9 \times 4}\right) \Rightarrow \left(\frac{27}{36}, \frac{20}{36}\right)$

$\Rightarrow \frac{3}{4} > \frac{5}{9}$

26 $\left(\frac{17}{20}, \frac{31}{48}\right) \Rightarrow \left(\frac{17 \times 12}{20 \times 12}, \frac{31 \times 5}{48 \times 5}\right)$

$\Rightarrow \left(\frac{204}{240}, \frac{155}{240}\right) \Rightarrow \frac{17}{20} > \frac{31}{48}$

$\left(\frac{8}{15}, \frac{22}{35}\right) \Rightarrow \left(\frac{8 \times 7}{15 \times 7}, \frac{22 \times 3}{35 \times 3}\right)$

$\Rightarrow \left(\frac{56}{105}, \frac{66}{105}\right) \Rightarrow \frac{8}{15} < \frac{22}{35}$

27 $\left(\frac{3}{7}, \frac{1}{2}\right) \Rightarrow \left(\frac{6}{14}, \frac{7}{14}\right) \Rightarrow \frac{3}{7} < \frac{1}{2}$

$\left(\frac{1}{2}, \frac{7}{9}\right) \Rightarrow \left(\frac{9}{18}, \frac{14}{18}\right) \Rightarrow \frac{1}{2} < \frac{7}{9}$

따라서 $\frac{3}{7} < \frac{1}{2} < \frac{7}{9}$입니다.

다른 풀이
세 분모의 곱으로 한꺼번에 통분합니다.

$\left(\frac{3}{7}, \frac{1}{2}, \frac{7}{9}\right) \Rightarrow \left(\frac{54}{126}, \frac{63}{126}, \frac{98}{126}\right)$

$\Rightarrow \frac{3}{7} < \frac{1}{2} < \frac{7}{9}$

68쪽

28 $\left(\frac{5}{7}, \frac{8}{11}\right) \Rightarrow \left(\frac{5 \times 11}{7 \times 11}, \frac{8 \times 7}{11 \times 7}\right) \Rightarrow \left(\frac{55}{77}, \frac{56}{77}\right)$

$\Rightarrow \frac{5}{7} < \frac{8}{11}$

$\left(\frac{4}{9}, \frac{7}{12}\right) \Rightarrow \left(\frac{4 \times 4}{9 \times 4}, \frac{7 \times 3}{12 \times 3}\right) \Rightarrow \left(\frac{16}{36}, \frac{21}{36}\right)$

$\Rightarrow \frac{4}{9} < \frac{7}{12}$

$\left(\frac{8}{11}, \frac{7}{12}\right) \Rightarrow \left(\frac{8 \times 12}{11 \times 12}, \frac{7 \times 11}{12 \times 11}\right)$

$\Rightarrow \left(\frac{96}{132}, \frac{77}{132}\right) \Rightarrow \frac{8}{11} > \frac{7}{12}$

29 $\left(\frac{2}{5}, \frac{4}{9}\right) \Rightarrow \left(\frac{18}{45}, \frac{20}{45}\right) \Rightarrow \frac{2}{5} < \frac{4}{9}$

$\left(\frac{4}{9}, \frac{3}{10}\right) \Rightarrow \left(\frac{40}{90}, \frac{27}{90}\right) \Rightarrow \frac{4}{9} > \frac{3}{10}$

$\left(\frac{2}{5}, \frac{3}{10}\right) \Rightarrow \left(\frac{4}{10}, \frac{3}{10}\right) \Rightarrow \frac{2}{5} > \frac{3}{10}$

따라서 $\frac{3}{10} < \frac{2}{5} < \frac{4}{9}$이므로 가장 작은 분수는

$\frac{3}{10}$입니다.

다른 풀이
세 분모의 최소공배수로 한꺼번에 통분합니다.

$\left(\frac{2}{5}, \frac{4}{9}, \frac{3}{10}\right) \Rightarrow \left(\frac{36}{90}, \frac{40}{90}, \frac{27}{90}\right) \Rightarrow \frac{3}{10} < \frac{2}{5} < \frac{4}{9}$

30 세 분수의 분모를 24로 통분합니다.

$$\left(1\frac{5}{8},\ 1\frac{2}{3},\ 1\frac{17}{24}\right) \Rightarrow \left(1\frac{15}{24},\ 1\frac{16}{24},\ 1\frac{17}{24}\right)$$

$$\Rightarrow 1\frac{5}{8} < 1\frac{2}{3} < 1\frac{17}{24}$$

31 (1) $\dfrac{4}{5} = \dfrac{4\times2}{5\times2} = \dfrac{8}{10} = 0.8 \Rightarrow 0.8 > 0.5 \Rightarrow \dfrac{4}{5} > 0.5$

(2) $1\dfrac{1}{4} = 1 + \dfrac{1}{4} = 1 + \dfrac{1\times25}{4\times25} = 1 + \dfrac{25}{100}$

$$= 1\frac{25}{100} = 1.25$$

$$\Rightarrow 1.25 < 1.65 \Rightarrow 1\frac{1}{4} < 1.65$$

다른 풀이

(1) $0.5 = \dfrac{5}{10} \Rightarrow \left(\dfrac{4}{5},\ \dfrac{5}{10}\right) \Rightarrow \left(\dfrac{8}{10},\ \dfrac{5}{10}\right) \Rightarrow \dfrac{4}{5} > 0.5$

(2) $1.65 = 1\dfrac{65}{100} \Rightarrow \left(1\dfrac{1}{4},\ 1\dfrac{65}{100}\right) \Rightarrow \left(1\dfrac{25}{100},\ 1\dfrac{65}{100}\right)$

$$\Rightarrow 1\frac{1}{4} < 1.65$$

32 $1\dfrac{3}{5} = 1 + \dfrac{3}{5} = 1 + \dfrac{3\times2}{5\times2} = 1 + \dfrac{6}{10} = 1\dfrac{6}{10} = 1.6$

$\Rightarrow 1.6 < 1.7$이므로 집에서 더 가까운 곳은 공원입니다.

다른 풀이

$1.7 = 1\dfrac{7}{10} \Rightarrow \left(1\dfrac{3}{5},\ 1\dfrac{7}{10}\right) \Rightarrow \left(1\dfrac{6}{10},\ 1\dfrac{7}{10}\right)$

$$\Rightarrow 1\frac{3}{5} < 1\frac{7}{10}$$

따라서 집에서 더 가까운 곳은 공원입니다.

33 $0.6 = \dfrac{6}{10} \Rightarrow \left(\dfrac{2}{5},\ \dfrac{6}{10},\ 1\dfrac{1}{2}\right) \Rightarrow \left(\dfrac{4}{10},\ \dfrac{6}{10},\ 1\dfrac{5}{10}\right)$

$$\Rightarrow 1\frac{1}{2} > 0.6 > \frac{2}{5}$$

다른 풀이

$\dfrac{2}{5} = 0.4,\ 1\dfrac{1}{2} = 1.5 \Rightarrow 1\dfrac{1}{2} > 0.6 > \dfrac{2}{5}$

69쪽

34 $\dfrac{3}{5}$과 크기가 같은 분수를 구하면

$$\frac{3}{5} = \frac{6}{10} = \frac{9}{15} = \frac{12}{20} = \cdots$$ 입니다.

이 중에서 분모가 10보다 크고 20보다 작은 분수는

$\dfrac{9}{15}$입니다.

35 $\dfrac{1}{4}$과 크기가 같은 분수를 구하면

$$\frac{1}{4} = \frac{2}{8} = \frac{3}{12} = \frac{4}{16} = \frac{5}{20} = \cdots$$ 입니다.

이 중에서 분모가 10보다 크고 20보다 작은 분수는

$\dfrac{3}{12},\ \dfrac{4}{16}$입니다.

36 $\dfrac{2}{3}$와 크기가 같은 분수를 구하면

$$\frac{2}{3} = \frac{4}{6} = \frac{6}{9} = \frac{8}{12} = \frac{10}{15} = \frac{12}{18} = \frac{14}{21} = \frac{16}{24}$$

$$= \frac{18}{27} = \frac{20}{30} = \cdots$$ 입니다.

이 중에서 분자가 10보다 크고 20보다 작은 분수는

$\dfrac{12}{18},\ \dfrac{14}{21},\ \dfrac{16}{24},\ \dfrac{18}{27}$입니다.

왜 틀렸을까? 분모가 10보다 크고 20보다 작은 분수로 만들지 않았는지 확인합니다.

37

$$\begin{array}{r} 2\,)\underline{\ 12 \quad 16\ } \\ 2\,)\underline{\ \ 6 \quad\ \ 8\ } \\ 3 \quad\ \ 4 \end{array}$$

$\Rightarrow$ 12와 16의 최소공배수는 $2\times2\times3\times4 = 48$입니다.

따라서 공배수는 48, 96, 144, …이므로 공통분모가 될 수 있는 수 중에서 100보다 작은 수는 48, 96입니다.

38

$$\begin{array}{r} 2\,)\underline{\ 18 \quad 12\ } \\ 3\,)\underline{\ \ 9 \quad\ \ 6\ } \\ 3 \quad\ \ 2 \end{array}$$

$\Rightarrow$ 18과 12의 최소공배수는 $2\times3\times3\times2 = 36$입니다.

따라서 공배수는 36, 72, 108, …이므로 공통분모가 될 수 있는 수 중에서 90보다 작은 수는 36, 72입니다.

39

$$\begin{array}{r} 2\,)\underline{\ 4 \quad 8\ } \\ 2\,)\underline{\ 2 \quad 4\ } \\ 1 \quad 2 \end{array}$$

$\Rightarrow$ 4와 8의 최소공배수는 $2\times2\times1\times2 = 8$입니다.

따라서 공배수는 8, 16, 24, 32, 40, …이므로 공통분모가 될 수 있는 수 중에서 40보다 작은 두 자리 수는 16, 24, 32입니다.

왜 틀렸을까? 최소공배수인 8은 두 자리 수가 아닙니다. 최소공배수를 구해 공배수 중에서 40보다 작은 두 자리 수를 모두 구합니다.

2단계 서술형 유형 **70~71**쪽

1-1 6, 6, 4 / $\dfrac{4}{7}$

1-2 예 분모가 10인 분수의 분자를 ▢라고 하면

$\dfrac{32}{40} = \dfrac{▢}{10}$입니다.

분모와 분자를 0이 아닌 같은 수로 나누면 크기가 같은 분수가 되므로 $\dfrac{32}{40} = \dfrac{32 \div 4}{40 \div 4} = \dfrac{8}{10}$입니다.

/ $\dfrac{8}{10}$

2-1 2, 2, 2, 2, 4, 4, 4, 4, $\dfrac{4}{9}$ / $\dfrac{4}{9}$

2-2 예
$$
\begin{array}{r}
2\,)\,\underline{18\quad 12} \\
3\,)\,\underline{\ 9\quad\ 6} \\
3\quad\ 2
\end{array}
\Rightarrow \text{최대공약수: } 2 \times 3 = 6
$$

따라서 분모와 분자를 최대공약수인 6으로 나누면

$\dfrac{12}{18} = \dfrac{12 \div 6}{18 \div 6} = \dfrac{2}{3}$입니다. / $\dfrac{2}{3}$

3-1 12, 12, 8, 8, $\dfrac{36}{96}$, $\dfrac{56}{96}$ / 3, 3, 2, 2, $\dfrac{9}{24}$, $\dfrac{14}{24}$

3-2 [방법 1] 예 두 분모의 곱을 공통분모로 하여 통분

$\left(\dfrac{4}{9}, \dfrac{8}{15} \right) \Rightarrow \left(\dfrac{4 \times 15}{9 \times 15}, \dfrac{8 \times 9}{15 \times 9} \right)$

$\Rightarrow \left(\dfrac{60}{135}, \dfrac{72}{135} \right)$

[방법 2] 예 두 분모의 최소공배수를 공통분모로 하여 통분

$\left(\dfrac{4}{9}, \dfrac{8}{15} \right) \Rightarrow \left(\dfrac{4 \times 5}{9 \times 5}, \dfrac{8 \times 3}{15 \times 3} \right)$

$\Rightarrow \left(\dfrac{20}{45}, \dfrac{24}{45} \right)$

4-1 30, $\dfrac{16}{30}$, $\dfrac{21}{30}$, $\dfrac{8}{15}$, $\dfrac{7}{10}$, 연진 / 연진

4-2 예 두 분모의 최소공배수 160을 공통분모로 하여 통분하면 $\left(\dfrac{9}{20}, \dfrac{13}{32} \right) \Rightarrow \left(\dfrac{72}{160}, \dfrac{65}{160} \right)$입니다.

따라서 $\dfrac{9}{20} > \dfrac{13}{32}$이므로 은정이가 더 많이 사용했습니다.

/ 은정

70쪽

1-1 42÷6=7이므로 분자도 6으로 나눕니다.

1-2 40÷4=10이므로 분자도 4로 나눕니다.

서술형 가이드 분모와 분자를 같은 수로 나누어 크기가 같은 분수를 구하는 풀이 과정이 들어 있어야 합니다.

채점 기준

상	분모와 분자를 4로 나누어 크기가 같은 분수 중 분모가 10인 분수를 구함.
중	분모와 분자를 4로 나누었으나 크기가 같은 분수를 잘못 구함.
하	분모와 분자를 4로 나누지 못함.

2-2 서술형 가이드 분모와 분자의 최대공약수를 구해 약분하는 풀이 과정이 들어 있어야 합니다.

채점 기준

상	분모와 분자의 최대공약수를 구해 기약분수로 나타냄.
중	분모와 분자의 최대공약수를 구했으나 기약분수로 나타내지 못함.
하	분모와 분자의 최대공약수를 구하지 못함.

71쪽

3-1 두 분모의 곱: 8×12=96

두 분모의 최소공배수: 24

3-2 서술형 가이드 서로 다른 2가지 방법으로 통분하는 풀이 과정이 들어 있어야 합니다.

채점 기준

상	서로 다른 2가지 방법으로 통분함.
중	1가지 방법으로만 통분함.
하	통분하지 못함.

4-1 통분하여 분자의 크기를 비교합니다.

4-2 서술형 가이드 사용한 색 테이프의 길이를 비교하는 풀이 과정이 들어 있어야 합니다.

채점 기준

상	사용한 두 색 테이프의 길이를 비교하여 누가 색 테이프를 더 많이 사용했는지 구함.
중	사용한 두 색 테이프의 길이를 비교하였으나 색 테이프를 많이 사용한 사람을 잘못 구함.
하	사용한 두 색 테이프의 길이를 비교하지 못함.

수학 실력이 올라가는 마법 주문이 실행 중입니다.

3단계 유형 평가

01 (예) $\frac{4}{8}$

$\frac{2}{4}$

$\frac{3}{4}$

/ $\frac{4}{8}$, $\frac{2}{4}$

02 8, 27, 16

03 $\frac{6}{22}$, $\frac{9}{33}$, $\frac{12}{44}$

04 (선 연결)

05 $\frac{7}{13}$

06 (예) $\frac{2}{12}$, $\frac{3}{18}$, $\frac{4}{24}$

07 $\frac{45}{75}=\frac{45\div15}{75\div15}=\frac{3}{5}$

08 $\frac{80}{300}$, $\frac{135}{300}$

09 $\frac{15}{42}$, $\frac{16}{42}$

10 (1) $\frac{36}{120}$, $\frac{110}{120}$ (2) $\frac{18}{60}$, $\frac{55}{60}$

11 (1) < (2) >

12 $\frac{2}{5}$, $\frac{4}{9}$, $\frac{1}{2}$

13 <

14 0.8, $\frac{3}{4}$, $\frac{7}{10}$

15 $\frac{21}{24}$

16 40, 80

17 $\frac{21}{28}$, $\frac{24}{32}$, $\frac{27}{36}$

18 18, 27

19 (예) 분모가 3인 분수의 분자를 □라고 하면

$\frac{9}{27}=\frac{□}{9}$입니다.

분모와 분자를 0이 아닌 같은 수로 나누면 크기가 같은 분수가 되므로 $\frac{9}{27}=\frac{9\div9}{27\div9}=\frac{1}{3}$입니다. / $\frac{1}{3}$

20 [방법 1] (예) 두 분모의 곱을 공통분모로 하여 통분

$\left(\frac{7}{20}, \frac{11}{30}\right) \Rightarrow \left(\frac{7\times30}{20\times30}, \frac{11\times20}{30\times20}\right)$

$\Rightarrow \left(\frac{210}{600}, \frac{220}{600}\right)$

[방법 2] (예) 두 분모의 최소공배수를 공통분모로 하여 통분

$\left(\frac{7}{20}, \frac{11}{30}\right) \Rightarrow \left(\frac{7\times3}{20\times3}, \frac{11\times2}{30\times2}\right)$

$\Rightarrow \left(\frac{21}{60}, \frac{22}{60}\right)$

01 수직선에 나타내면 $\frac{4}{8}$와 $\frac{2}{4}$가 나타내는 길이가 같으므로 $\frac{4}{8}$와 $\frac{2}{4}$는 크기가 같은 분수입니다.

02 분모와 분자에 각각 같은 수를 곱합니다.

$\frac{4}{9}=\frac{4\times2}{9\times2}=\frac{8}{18}$, $\frac{4}{9}=\frac{4\times3}{9\times3}=\frac{12}{27}$,

$\frac{4}{9}=\frac{4\times4}{9\times4}=\frac{16}{36}$

03 $\frac{3}{11}=\frac{3\times2}{11\times2}=\frac{6}{22}$, $\frac{3}{11}=\frac{3\times3}{11\times3}=\frac{9}{33}$,

$\frac{3}{11}=\frac{3\times4}{11\times4}=\frac{12}{44}$

04 분모가 32인 크기가 같은 분수를 만듭니다.

$\frac{1}{4}=\frac{1\times8}{4\times8}=\frac{8}{32}$, $\frac{1}{8}=\frac{1\times4}{8\times4}=\frac{4}{32}$

05 2) 26 14
    ‾‾‾‾‾‾‾
     13   7 ⇨ 최대공약수: 2

⇨ $\frac{14}{26}=\frac{14\div2}{26\div2}=\frac{7}{13}$

06 약분했을 때 $\frac{1}{6}$이 되므로 $\frac{1}{6}$의 분모와 분자에 같은 수를 곱하여 크기가 같은 분수를 만듭니다.

$\frac{1}{6}=\frac{1\times2}{6\times2}=\frac{2}{12}$, $\frac{1}{6}=\frac{1\times3}{6\times3}=\frac{3}{18}$,

$\frac{1}{6}=\frac{1\times4}{6\times4}=\frac{4}{24}$, …

07 5) 75 45
    3) 15   9
    ‾‾‾‾‾‾‾
      5   3 ⇨ 최대공약수: 5×3=15

분모와 분자를 각각 15로 나누어 기약분수를 구합니다.

08 $\left(\frac{4}{15}, \frac{9}{20}\right) \Rightarrow \left(\frac{4\times20}{15\times20}, \frac{9\times15}{20\times15}\right)$

$\Rightarrow \left(\frac{80}{300}, \frac{135}{300}\right)$

09 7) 14 21
    ‾‾‾‾‾‾‾
     2   3 ⇨ 최소공배수: 7×2×3=42

$\left(\frac{5}{14}, \frac{8}{21}\right) \Rightarrow \left(\frac{5\times3}{14\times3}, \frac{8\times2}{21\times2}\right) \Rightarrow \left(\frac{15}{42}, \frac{16}{42}\right)$

10 (1) $\left(\dfrac{3}{10},\ \dfrac{11}{12}\right) \Rightarrow \left(\dfrac{3\times12}{10\times12},\ \dfrac{11\times10}{12\times10}\right)$

$\Rightarrow \left(\dfrac{36}{120},\ \dfrac{110}{120}\right)$

(2) $\left(\dfrac{3}{10},\ \dfrac{11}{12}\right) \Rightarrow \left(\dfrac{3\times6}{10\times6},\ \dfrac{11\times5}{12\times5}\right)$

$\Rightarrow \left(\dfrac{18}{60},\ \dfrac{55}{60}\right)$

11 (1) $\left(\dfrac{4}{5},\ \dfrac{13}{16}\right) \Rightarrow \left(\dfrac{4\times16}{5\times16},\ \dfrac{13\times5}{16\times5}\right) \Rightarrow \left(\dfrac{64}{80},\ \dfrac{65}{80}\right)$

$\Rightarrow \dfrac{4}{5} < \dfrac{13}{16}$

(2) $\left(\dfrac{4}{9},\ \dfrac{2}{7}\right) \Rightarrow \left(\dfrac{4\times7}{9\times7},\ \dfrac{2\times9}{7\times9}\right) \Rightarrow \left(\dfrac{28}{63},\ \dfrac{18}{63}\right)$

$\Rightarrow \dfrac{4}{9} > \dfrac{2}{7}$

12 $\left(\dfrac{1}{2},\ \dfrac{4}{9}\right) \Rightarrow \left(\dfrac{9}{18},\ \dfrac{8}{18}\right) \Rightarrow \dfrac{1}{2} > \dfrac{4}{9}$

$\left(\dfrac{4}{9},\ \dfrac{2}{5}\right) \Rightarrow \left(\dfrac{20}{45},\ \dfrac{18}{45}\right) \Rightarrow \dfrac{4}{9} > \dfrac{2}{5}$

따라서 $\dfrac{2}{5} < \dfrac{4}{9} < \dfrac{1}{2}$입니다.

다른 풀이

세 분모의 곱으로 한꺼번에 통분합니다.

$\left(\dfrac{1}{2},\ \dfrac{4}{9},\ \dfrac{2}{5}\right) \Rightarrow \left(\dfrac{45}{90},\ \dfrac{40}{90},\ \dfrac{36}{90}\right) \Rightarrow \dfrac{2}{5} < \dfrac{4}{9} < \dfrac{1}{2}$

13 $\dfrac{13}{20} = \dfrac{13\times5}{20\times5} = \dfrac{65}{100} = 0.65$

$\Rightarrow 0.65 < 0.7 \Rightarrow \dfrac{13}{20} < 0.7$

다른 풀이

$0.7 = \dfrac{7}{10} \Rightarrow \left(\dfrac{13}{20},\ \dfrac{7}{10}\right) \Rightarrow \left(\dfrac{13}{20},\ \dfrac{14}{20}\right) \Rightarrow \dfrac{13}{20} < 0.7$

14 $0.8 = \dfrac{8}{10} \Rightarrow \left(\dfrac{7}{10},\ \dfrac{8}{10},\ \dfrac{3}{4}\right) \Rightarrow \left(\dfrac{14}{20},\ \dfrac{16}{20},\ \dfrac{15}{20}\right)$

$\Rightarrow 0.8 > \dfrac{3}{4} > \dfrac{7}{10}$

다른 풀이

$\dfrac{7}{10} = 0.7,\ \dfrac{3}{4} = \dfrac{75}{100} = 0.75 \Rightarrow 0.8 > \dfrac{3}{4} > \dfrac{7}{10}$

74쪽

15 $\dfrac{7}{8}$과 크기를 같은 분수를 구하면

$\dfrac{7}{8} = \dfrac{14}{16} = \dfrac{21}{24} = \dfrac{28}{32} = \cdots$입니다.

이 중에서 분모가 20보다 크고 30보다 작은 분수는 $\dfrac{21}{24}$입니다.

16 2 $)\,\underline{20\quad\ 8}$
2 $)\,\underline{10\quad\ 4}$
$\ \ \ \ \ 5\quad\ 2\ \Rightarrow$ 최소공배수: $2\times2\times5\times2=40$

따라서 공배수는 40, 80, 120, …이므로 공통분모가 될 수 있는 수 중에서 100보다 작은 수는 40, 80입니다.

17 $\dfrac{3}{4}$과 크기가 같은 분수를 구하면

$\dfrac{3}{4} = \dfrac{6}{8} = \dfrac{9}{12} = \dfrac{12}{16} = \dfrac{15}{20} = \dfrac{18}{24} = \dfrac{21}{28} = \dfrac{24}{32} = \dfrac{27}{36}$

$= \dfrac{30}{40} = \cdots$입니다. 이 중에서 분자가 20보다 크고 30

보다 작은 분수는 $\dfrac{21}{28},\ \dfrac{24}{32},\ \dfrac{27}{36}$입니다.

왜 틀렸을까? 분모가 20보다 크고 30보다 작은 분수로 만들지 않았는지 확인합니다.

18 3 $)\,\underline{3\quad\ 9}$
$\ \ \ \ \ 1\quad\ 3\ \Rightarrow$ 최소공배수: $3\times1\times3=9$

따라서 공배수는 9, 18, 27, 36, …이므로 공통분모가 될 수 있는 수 중에서 30보다 작은 두 자리 수는 18, 27입니다.

왜 틀렸을까? 최소공배수인 9는 두 자리 수가 아닙니다. 최소공배수를 구해 공배수 중에서 30보다 작은 두 자리 수를 모두 구합니다.

19 $27 \div 9 = 3$이므로 분자도 9로 나눕니다.

서술형 가이드 분모와 분자를 같은 수로 나누어 크기가 같은 분수를 구하는 풀이 과정이 들어 있어야 합니다.

채점 기준

상	분모와 분자를 9로 나누어 크기가 같은 수 중 분모가 3인 분수를 구함.
중	분모와 분자를 9로 나누었으나 크기가 같은 분수를 잘못 구함.
하	분모와 분자를 9로 나누지 못함.

20 두 분모의 곱: $20 \times 30 = 600$

두 분모의 최소공배수: 60

서술형 가이드 서로 다른 2가지 방법으로 통분하는 풀이 과정이 들어 있어야 합니다.

채점 기준

상	서로 다른 2가지 방법으로 통분함.
중	1가지 방법으로만 통분함.
하	통분하지 못함.

3단계 단원 평가 기본

75~76쪽

01 6, 15

02 $\frac{3}{7}$, $\frac{6}{14}$에 ○표

03 $\frac{105}{135}$, $\frac{99}{135}$

04 $\frac{27}{48}$, $\frac{20}{48}$

05 $\frac{5}{9}$

06 $\frac{8}{18}$, $\frac{12}{27}$, $\frac{16}{36}$

07 $\frac{3}{5}$, $\frac{8}{19}$

08 ⑤

09 <

10 ㉡

11 ⑤

12 $\frac{7}{12}$, $\frac{11}{18}$

13 $\frac{16}{20}$

14 $\frac{21}{42}$

15 $\frac{12}{21}$, $\frac{28}{49}$

16 ㉠, ㉣

17 영미

18 $\frac{13}{27}$, $\frac{4}{9}$, $\frac{7}{18}$

19 15

20 $\frac{21}{36}$, $\frac{16}{36}$

75쪽

01 $\frac{3}{5}=\frac{3\times2}{5\times2}=\frac{6}{10}$, $\frac{3}{5}=\frac{3\times3}{5\times3}=\frac{9}{15}$

02 $\frac{12}{28}=\frac{12\div4}{28\div4}=\frac{3}{7}$, $\frac{12}{28}=\frac{12\div2}{28\div2}=\frac{6}{14}$

03 $\left(\frac{7}{9},\frac{11}{15}\right)\Rightarrow\left(\frac{7\times15}{9\times15},\frac{11\times9}{15\times9}\right)\Rightarrow\left(\frac{105}{135},\frac{99}{135}\right)$

04
$$\begin{array}{r}2)\underline{16\quad12}\\2)\underline{8\quad6}\\4\quad3\end{array}\Rightarrow\text{최소공배수: }2\times2\times4\times3=48$$
$\left(\frac{9}{16},\frac{5}{12}\right)\Rightarrow\left(\frac{9\times3}{16\times3},\frac{5\times4}{12\times4}\right)\Rightarrow\left(\frac{27}{48},\frac{20}{48}\right)$

05 $\frac{\overset{10}{\underset{18}{20}}}{\overset{}{\underset{}{36}}}=\frac{\overset{5}{10}}{\underset{9}{18}}=\frac{5}{9}$

06 $\frac{4}{9}=\frac{4\times2}{9\times2}=\frac{8}{18}$, $\frac{4}{9}=\frac{4\times3}{9\times3}=\frac{12}{27}$,
$\frac{4}{9}=\frac{4\times4}{9\times4}=\frac{16}{36}$

07 $\frac{\overset{1}{4}}{\underset{2}{8}}=\frac{1}{2}$, $\frac{\overset{1}{9}}{\underset{3}{27}}=\frac{1}{3}$, $\frac{\overset{3}{18}}{\underset{5}{30}}=\frac{3}{5}$

08
$$\begin{array}{r}3)\underline{15\quad12}\\5\quad4\end{array}\Rightarrow\text{최소공배수: }3\times5\times4=60$$
따라서 60의 배수인 60, 120, 180, 240, 300, …을 공통분모로 하여 통분할 수 있습니다.

09 $\frac{2}{5}=\frac{4}{10}=0.4\Rightarrow0.28<\frac{2}{5}$

10 $0.7=\frac{7}{10}\Rightarrow\left(\frac{5}{8},\frac{7}{10}\right)\Rightarrow\left(\frac{25}{40},\frac{28}{40}\right)\Rightarrow\frac{5}{8}<0.7$

76쪽

11 36과 24의 최대공약수는 12이므로 12의 약수 중 1을 뺀 2, 3, 4, 6, 12로 분모와 분자를 나눌 수 있습니다.

12 $\frac{\overset{7}{21}}{\underset{12}{36}}=\frac{7}{12}$, $\frac{\overset{11}{21}}{\underset{18}{36}}=\frac{11}{18}$

13 $\frac{32\div\square}{40\div\square}=\frac{\triangle}{20}$에서 $40\div2=20$이므로 $\square=2$입니다.
따라서 $32\div2=\triangle$, $\triangle=16$이므로 $\frac{16}{20}$입니다.

14 $\frac{1\times\square}{2\times\square}=\frac{\triangle}{42}$에서 $2\times21=42$이므로 $\square=21$입니다.
따라서 $\triangle=21$이므로 $\frac{21}{42}$입니다.

15 각 분수를 기약분수로 나타냅니다.
$\frac{6}{14}=\frac{3}{7}$, $\frac{12}{21}=\boxed{\frac{4}{7}}$, $\frac{20}{28}=\frac{5}{7}$, $\frac{28}{49}=\boxed{\frac{4}{7}}$, $\frac{27}{63}=\frac{3}{7}$

16 $\left(\frac{7}{12},\frac{5}{18}\right)\Rightarrow\left(\frac{7\times3}{12\times3},\frac{5\times2}{18\times2}\right)\Rightarrow\left(\frac{21}{36},\frac{10}{36}\right)$
$\left(\frac{7}{12},\frac{5}{18}\right)\Rightarrow\left(\frac{7\times6}{12\times6},\frac{5\times4}{18\times4}\right)\Rightarrow\left(\frac{42}{72},\frac{20}{72}\right)$

17 $\left(\frac{13}{15},\frac{7}{8}\right)\Rightarrow\left(\frac{104}{120},\frac{105}{120}\right)\Rightarrow$ 민우<영미

18 $\left(\frac{4}{9},\frac{13}{27},\frac{7}{18}\right)\Rightarrow\left(\frac{24}{54},\frac{26}{54},\frac{21}{54}\right)$
$\Rightarrow\frac{13}{27}>\frac{4}{9}>\frac{7}{18}$

19
$$\begin{array}{r}5)\underline{45\quad30}\\3)\underline{9\quad6}\\3\quad2\end{array}\Rightarrow\text{최대공약수: }5\times3=15$$

20
$$\begin{array}{r}3)\underline{12\quad9}\\4\quad3\end{array}\Rightarrow\text{최소공배수: }3\times4\times3=36$$
$\left(\frac{7}{12},\frac{4}{9}\right)\Rightarrow\left(\frac{7\times3}{12\times3},\frac{4\times4}{9\times4}\right)\Rightarrow\left(\frac{21}{36},\frac{16}{36}\right)$

5 분수의 덧셈과 뺄셈

1 단계 기초 문제 **79**쪽

1-1 (1) 6, 8, 30, 8, 38, 19 (2) 3, 10, 3, 10, 13, $4\frac{13}{24}$

1-2 (1) 7, 9, 28, 18, 46 (2) 4, 5, 4, 5, 9, $3\frac{9}{10}$

2-1 (1) 9, 7, 54, 35, 19 (2) 14, 6, 14, 6, 8, $3\frac{8}{21}$

2-2 (1) 2, 5, 8, 5, 3 (2) 16, 5, 16, 5, 11, $1\frac{11}{20}$

1 단계 **기본** 문제 **80~81**쪽

01 21, 4, 25

02 18, 8, 26, 13

03 50, 36, 86, 43

04 30, 21, 51, 16

05 6, 5, 11, 3

06 21, 16, 37, 7

07 3, 2, $3\frac{5}{6}$

08 2, 9, $2\frac{11}{24}$

09 20, 27, $3\frac{47}{48}$

10 15, 12, 27, $6\frac{7}{20}$

11 44, 27, 71, $6\frac{11}{60}$

12 20, 35, 55, $4\frac{13}{42}$

13 14, 10, 4

14 60, 8, 52, 13

15 30, 12, 18, 9

16 12, 7, 5

17 15, 4, 11

18 28, 15, 13

19 6, 5, $2\frac{1}{10}$

20 20, 7, $3\frac{13}{28}$

21 33, 20, $3\frac{13}{36}$

22 9, 10, 21, 10, 11

23 6, 7, 34, 7, 27

24 9, 14, 45, 14, 31

2 단계 **기본** 유형 **82~87**쪽

01 $\dfrac{3 \times 12}{10 \times 12} + \dfrac{5 \times 10}{12 \times 10}$

$= \dfrac{36}{120} + \dfrac{50}{120} = \dfrac{86}{120} = \dfrac{43}{60}$

02 $\dfrac{5}{9}$

03 (1) $\dfrac{1 \times 8}{6 \times 8} + \dfrac{3 \times 6}{8 \times 6} = \dfrac{8}{48} + \dfrac{18}{48} = \dfrac{26}{48} = \dfrac{13}{24}$

(2) $\dfrac{1 \times 4}{10 \times 4} + \dfrac{7 \times 5}{8 \times 5} = \dfrac{4}{40} + \dfrac{35}{40} = \dfrac{39}{40}$

04 $\dfrac{3 \times 10}{4 \times 10} + \dfrac{3 \times 4}{10 \times 4} = \dfrac{30}{40} + \dfrac{12}{40}$

$= \dfrac{42}{40} = 1\dfrac{2}{40} = 1\dfrac{1}{20}$

05 (1) $1\dfrac{1}{15}$ (2) $1\dfrac{13}{18}$ **06** $1\dfrac{2}{15}$

07 (1) $\dfrac{3 \times 10}{5 \times 10} + \dfrac{7 \times 5}{10 \times 5} = \dfrac{30}{50} + \dfrac{35}{50}$

$= \dfrac{65}{50} = 1\dfrac{15}{50} = 1\dfrac{3}{10}$

(2) $\dfrac{7 \times 4}{9 \times 4} + \dfrac{5 \times 3}{12 \times 3} = \dfrac{28}{36} + \dfrac{15}{36}$

$= \dfrac{43}{36} = 1\dfrac{7}{36}$

08 •————•
•————•

09 $1\dfrac{11}{60}$, $1\dfrac{5}{24}$

10 (1) $6\dfrac{14}{15}$ (2) $7\dfrac{7}{24}$ **11** $2\dfrac{3}{5}$

12 [방법 1] $2\dfrac{12}{30} + 1\dfrac{5}{30} = (2+1) + \left(\dfrac{12}{30} + \dfrac{5}{30}\right)$

$= 3 + \dfrac{17}{30} = 3\dfrac{17}{30}$

[방법 2] $\dfrac{12}{5} + \dfrac{7}{6} = \dfrac{72}{30} + \dfrac{35}{30} = \dfrac{107}{30} = 3\dfrac{17}{30}$

13 $\dfrac{17}{5} + \dfrac{5}{3} = \dfrac{51}{15} + \dfrac{25}{15} = \dfrac{76}{15} = 5\dfrac{1}{15}$

14 (1) $6\dfrac{3}{8}$ (2) $6\dfrac{17}{36}$ **15** $6\dfrac{1}{10}$

16 $4\dfrac{7}{60}$ **17** ✕

18 $4\dfrac{8}{15}$, $5\dfrac{23}{40}$

19 $\dfrac{5 \times 10}{8 \times 10} - \dfrac{3 \times 8}{10 \times 8} = \dfrac{50}{80} - \dfrac{24}{80} = \dfrac{26}{80} = \dfrac{13}{40}$

20 (1) $\dfrac{1}{18}$ (2) $\dfrac{1}{3}$ **21** $\dfrac{11}{24}$

22 $\dfrac{49}{12}$에 ○표 /

$4\dfrac{3}{4} - 2\dfrac{1}{3} = \dfrac{19}{4} - \dfrac{7}{3} = \dfrac{57}{12} - \dfrac{28}{12} = \dfrac{29}{12} = 2\dfrac{5}{12}$

23 (1) $2\dfrac{13}{30}$ (2) $3\dfrac{23}{56}$ **24** $2\dfrac{9}{28}$

25 $\dfrac{41}{9} - \dfrac{14}{5} = \dfrac{205}{45} - \dfrac{126}{45} = \dfrac{79}{45} = 1\dfrac{34}{45}$

26 (1) $2\dfrac{9}{10}$ (2) $2\dfrac{23}{28}$ **27** $3\dfrac{5}{12}$

28 $1\dfrac{5}{6}$ **29**

30 $2\dfrac{7}{24}$, $\dfrac{23}{30}$ **31** $3\dfrac{29}{56}$

32 $6\dfrac{4}{21}$ km   **33** $1\dfrac{23}{35}$ m

34 $1\dfrac{1}{10}$ **35** $2\dfrac{2}{21}$

36 $3\dfrac{1}{40}$

82쪽

01 두 분모의 곱을 공통분모로 하여 통분한 후 덧셈을 하는 방법입니다.

02 $\dfrac{1}{3}+\dfrac{2}{9}=\dfrac{1\times3}{3\times3}+\dfrac{2}{9}=\dfrac{3}{9}+\dfrac{2}{9}=\dfrac{5}{9}$

03 (1) 두 분모의 곱: $6\times8=48$

(2) $\begin{array}{r}2\,)\underline{10\quad 8}\\ 5\quad 4\end{array}$

⇨ 10과 8의 최소공배수: $2\times5\times4=40$

04 두 분모의 곱을 공통분모로 하여 통분한 후 덧셈을 하는 방법입니다.

05 (1) $\dfrac{2}{5}+\dfrac{2}{3}=\dfrac{2\times3}{5\times3}+\dfrac{2\times5}{3\times5}=\dfrac{6}{15}+\dfrac{10}{15}$

$=\dfrac{16}{15}=1\dfrac{1}{15}$

(2) $\dfrac{5}{6}+\dfrac{8}{9}=\dfrac{5\times3}{6\times3}+\dfrac{8\times2}{9\times2}=\dfrac{15}{18}+\dfrac{16}{18}$

$=\dfrac{31}{18}=1\dfrac{13}{18}$

다른 풀이

두 분모의 곱을 공통분모로 하여 계산할 수 있습니다.

(2) $\dfrac{5}{6}+\dfrac{8}{9}=\dfrac{5\times9}{6\times9}+\dfrac{8\times6}{9\times6}=\dfrac{45}{54}+\dfrac{48}{54}$

$=\dfrac{93}{54}=1\dfrac{39}{54}=1\dfrac{13}{18}$

06 $\dfrac{3}{5}+\dfrac{8}{15}=\dfrac{3\times3}{5\times3}+\dfrac{8}{15}=\dfrac{9}{15}+\dfrac{8}{15}$

$=\dfrac{17}{15}=1\dfrac{2}{15}$

83쪽

07 (1) 두 분모의 곱: $5\times10=50$

(2) $\begin{array}{r}3\,)\underline{9\quad 12}\\ 3\quad 4\end{array}$

⇨ 9와 12의 최소공배수: $3\times3\times4=36$

08 $\dfrac{3}{4}+\dfrac{5}{12}=\dfrac{3\times3}{4\times3}+\dfrac{5}{12}=\dfrac{9}{12}+\dfrac{5}{12}$

$=\dfrac{14}{12}=1\dfrac{2}{12}=1\dfrac{1}{6}$

$\dfrac{1}{2}+\dfrac{7}{12}=\dfrac{1\times6}{2\times6}+\dfrac{7}{12}=\dfrac{6}{12}+\dfrac{7}{12}$

$=\dfrac{13}{12}=1\dfrac{1}{12}$

09 $\dfrac{7}{12}+\dfrac{3}{5}=\dfrac{7\times5}{12\times5}+\dfrac{3\times12}{5\times12}=\dfrac{35}{60}+\dfrac{36}{60}$

$=\dfrac{71}{60}=1\dfrac{11}{60}$

$\dfrac{7}{12}+\dfrac{5}{8}=\dfrac{7\times2}{12\times2}+\dfrac{5\times3}{8\times3}=\dfrac{14}{24}+\dfrac{15}{24}$

$=\dfrac{29}{24}=1\dfrac{5}{24}$

다른 풀이

두 분모의 곱을 공통분모로 하여 계산할 수 있습니다.

$\dfrac{7}{12}+\dfrac{5}{8}=\dfrac{7\times8}{12\times8}+\dfrac{5\times12}{8\times12}=\dfrac{56}{96}+\dfrac{60}{96}$

$=\dfrac{116}{96}=1\dfrac{20}{96}=1\dfrac{5}{24}$

10 (1) $2\dfrac{3}{5}+4\dfrac{1}{3}=2\dfrac{9}{15}+4\dfrac{5}{15}$

$=(2+4)+\left(\dfrac{9}{15}+\dfrac{5}{15}\right)$

$=6+\dfrac{14}{15}=6\dfrac{14}{15}$

(2) $3\dfrac{1}{8}+4\dfrac{1}{6}=3\dfrac{3}{24}+4\dfrac{4}{24}$

$=(3+4)+\left(\dfrac{3}{24}+\dfrac{4}{24}\right)$

$=7+\dfrac{7}{24}=7\dfrac{7}{24}$

다른 풀이

대분수를 가분수로 나타내어 계산할 수 있습니다.

(1) $2\dfrac{3}{5}+4\dfrac{1}{3}=\dfrac{13}{5}+\dfrac{13}{3}=\dfrac{39}{15}+\dfrac{65}{15}$

$=\dfrac{104}{15}=6\dfrac{14}{15}$

(2) $3\dfrac{1}{8}+4\dfrac{1}{6}=\dfrac{25}{8}+\dfrac{25}{6}=\dfrac{75}{24}+\dfrac{100}{24}$

$=\dfrac{175}{24}=7\dfrac{7}{24}$

11 $1\dfrac{1}{10}+1\dfrac{1}{2}=1\dfrac{1}{10}+1\dfrac{5}{10}=(1+1)+\left(\dfrac{1}{10}+\dfrac{5}{10}\right)$

$\qquad\qquad =2+\dfrac{6}{10}=2\dfrac{6}{10}=2\dfrac{3}{5}$

다른 풀이

$1\dfrac{1}{10}+1\dfrac{1}{2}=\dfrac{11}{10}+\dfrac{3}{2}=\dfrac{11}{10}+\dfrac{15}{10}$

$\qquad\qquad =\dfrac{26}{10}=2\dfrac{6}{10}=2\dfrac{3}{5}$

84쪽

13 두 분수를 가분수로 나타내어 덧셈을 하는 방법입니다.

14 (1) $3\dfrac{5}{8}+2\dfrac{3}{4}=3\dfrac{5}{8}+2\dfrac{6}{8}=(3+2)+\left(\dfrac{5}{8}+\dfrac{6}{8}\right)$

$\qquad\qquad =5+\dfrac{11}{8}=5+1\dfrac{3}{8}=6\dfrac{3}{8}$

(2) $1\dfrac{7}{12}+4\dfrac{8}{9}=1\dfrac{21}{36}+4\dfrac{32}{36}$

$\qquad\qquad =(1+4)+\left(\dfrac{21}{36}+\dfrac{32}{36}\right)$

$\qquad\qquad =5+\dfrac{53}{36}=5+1\dfrac{17}{36}=6\dfrac{17}{36}$

다른 풀이

(1) $3\dfrac{5}{8}+2\dfrac{3}{4}=\dfrac{29}{8}+\dfrac{11}{4}=\dfrac{29}{8}+\dfrac{22}{8}$

$\qquad\qquad =\dfrac{51}{8}=6\dfrac{3}{8}$

(2) $1\dfrac{7}{12}+4\dfrac{8}{9}=\dfrac{19}{12}+\dfrac{44}{9}=\dfrac{57}{36}+\dfrac{176}{36}$

$\qquad\qquad =\dfrac{233}{36}=6\dfrac{17}{36}$

15 $2\dfrac{1}{6}+3\dfrac{14}{15}=2\dfrac{5}{30}+3\dfrac{28}{30}=(2+3)+\left(\dfrac{5}{30}+\dfrac{28}{30}\right)$

$\qquad\qquad =5+\dfrac{33}{30}=5+1\dfrac{3}{30}=6\dfrac{3}{30}=6\dfrac{1}{10}$

다른 풀이

$2\dfrac{1}{6}+3\dfrac{14}{15}=\dfrac{13}{6}+\dfrac{59}{15}=\dfrac{65}{30}+\dfrac{118}{30}$

$\qquad\qquad =\dfrac{183}{30}=6\dfrac{3}{30}=6\dfrac{1}{10}$

16 $2\dfrac{5}{12}+1\dfrac{7}{10}=2\dfrac{25}{60}+1\dfrac{42}{60}=(2+1)+\left(\dfrac{25}{60}+\dfrac{42}{60}\right)$

$\qquad\qquad =3+\dfrac{67}{60}=3+1\dfrac{7}{60}=4\dfrac{7}{60}$

다른 풀이

$2\dfrac{5}{12}+1\dfrac{7}{10}=\dfrac{29}{12}+\dfrac{17}{10}=\dfrac{145}{60}+\dfrac{102}{60}$

$\qquad\qquad =\dfrac{247}{60}=4\dfrac{7}{60}$

17 $1\dfrac{3}{4}+2\dfrac{7}{10}=1\dfrac{15}{20}+2\dfrac{14}{20}=(1+2)+\left(\dfrac{15}{20}+\dfrac{14}{20}\right)$

$\qquad\qquad =3+\dfrac{29}{20}=3+1\dfrac{9}{20}=4\dfrac{9}{20}$

$2\dfrac{4}{5}+1\dfrac{9}{20}=2\dfrac{16}{20}+1\dfrac{9}{20}=(2+1)+\left(\dfrac{16}{20}+\dfrac{9}{20}\right)$

$\qquad\qquad =3+\dfrac{25}{20}=3+1\dfrac{5}{20}=4\dfrac{5}{20}=4\dfrac{1}{4}$

다른 풀이

$1\dfrac{3}{4}+2\dfrac{7}{10}=\dfrac{7}{4}+\dfrac{27}{10}=\dfrac{35}{20}+\dfrac{54}{20}=\dfrac{89}{20}=4\dfrac{9}{20}$

$2\dfrac{4}{5}+1\dfrac{9}{20}=\dfrac{14}{5}+\dfrac{29}{20}=\dfrac{56}{20}+\dfrac{29}{20}=\dfrac{85}{20}=4\dfrac{5}{20}=4\dfrac{1}{4}$

18 $1\dfrac{7}{10}+2\dfrac{5}{6}=1\dfrac{21}{30}+2\dfrac{25}{30}=(1+2)+\left(\dfrac{21}{30}+\dfrac{25}{30}\right)$

$\qquad\qquad =3+\dfrac{46}{30}=3+1\dfrac{16}{30}=4\dfrac{16}{30}=4\dfrac{8}{15}$

$1\dfrac{7}{10}+3\dfrac{7}{8}=1\dfrac{28}{40}+3\dfrac{35}{40}=(1+3)+\left(\dfrac{28}{40}+\dfrac{35}{40}\right)$

$\qquad\qquad =4+\dfrac{63}{40}=4+1\dfrac{23}{40}=5\dfrac{23}{40}$

다른 풀이

$1\dfrac{7}{10}+2\dfrac{5}{6}=\dfrac{17}{10}+\dfrac{17}{6}=\dfrac{51}{30}+\dfrac{85}{30}$

$\qquad\qquad =\dfrac{136}{30}=4\dfrac{16}{30}=4\dfrac{8}{15}$

$1\dfrac{7}{10}+3\dfrac{7}{8}=\dfrac{17}{10}+\dfrac{31}{8}=\dfrac{68}{40}+\dfrac{155}{40}=\dfrac{223}{40}=5\dfrac{23}{40}$

85쪽

19 두 분모의 곱을 공통분모로 하여 통분한 후 뺄셈을 하는 방법입니다.

20 (1) $\dfrac{8}{9}-\dfrac{5}{6}=\dfrac{8\times 2}{9\times 2}-\dfrac{5\times 3}{6\times 3}=\dfrac{16}{18}-\dfrac{15}{18}=\dfrac{1}{18}$

(2) $\dfrac{7}{12}-\dfrac{1}{4}=\dfrac{7}{12}-\dfrac{1\times 3}{4\times 3}=\dfrac{7}{12}-\dfrac{3}{12}=\dfrac{4}{12}=\dfrac{1}{3}$

다른 풀이

두 분모의 곱을 공통분모로 하여 계산할 수 있습니다.

(1) $\dfrac{8}{9}-\dfrac{5}{6}=\dfrac{8\times 6}{9\times 6}-\dfrac{5\times 9}{6\times 9}=\dfrac{48}{54}-\dfrac{45}{54}=\dfrac{3}{54}=\dfrac{1}{18}$

21 $\dfrac{7}{8}-\dfrac{5}{12}=\dfrac{7\times 3}{8\times 3}-\dfrac{5\times 2}{12\times 2}=\dfrac{21}{24}-\dfrac{10}{24}=\dfrac{11}{24}$

다른 풀이

$\dfrac{7}{8}-\dfrac{5}{12}=\dfrac{7\times 12}{8\times 12}-\dfrac{5\times 8}{12\times 8}=\dfrac{84}{96}-\dfrac{40}{96}=\dfrac{44}{96}=\dfrac{11}{24}$

22 $\dfrac{7}{3}=\dfrac{7\times 4}{3\times 4}=\dfrac{28}{12}$

23 (1) $4\dfrac{17}{20}-2\dfrac{5}{12}=4\dfrac{51}{60}-2\dfrac{25}{60}$

$\qquad\qquad =(4-2)+\left(\dfrac{51}{60}-\dfrac{25}{60}\right)$

$\qquad\qquad =2+\dfrac{26}{60}=2\dfrac{26}{60}=2\dfrac{13}{30}$

(2) $9\dfrac{11}{14}-6\dfrac{3}{8}=9\dfrac{44}{56}-6\dfrac{21}{56}$

$\qquad\qquad =(9-6)+\left(\dfrac{44}{56}-\dfrac{21}{56}\right)$

$\qquad\qquad =3+\dfrac{23}{56}=3\dfrac{23}{56}$

24 $4\dfrac{4}{7}-2\dfrac{1}{4}=4\dfrac{16}{28}-2\dfrac{7}{28}=(4-2)+\left(\dfrac{16}{28}-\dfrac{7}{28}\right)$

$\qquad\qquad =2+\dfrac{9}{28}=2\dfrac{9}{28}$

> 다른 풀이
>
> $4\dfrac{4}{7}-2\dfrac{1}{4}=\dfrac{32}{7}-\dfrac{9}{4}=\dfrac{128}{28}-\dfrac{63}{28}=\dfrac{65}{28}=2\dfrac{9}{28}$

86쪽

25 두 분수를 가분수로 나타내어 뺄셈을 하는 방법입니다.

26 (1) $4\dfrac{3}{5}-1\dfrac{7}{10}=4\dfrac{6}{10}-1\dfrac{7}{10}=3\dfrac{16}{10}-1\dfrac{7}{10}$

$\qquad\qquad =(3-1)+\left(\dfrac{16}{10}-\dfrac{7}{10}\right)$

$\qquad\qquad =2+\dfrac{9}{10}=2\dfrac{9}{10}$

(2) $5\dfrac{4}{7}-2\dfrac{3}{4}=5\dfrac{16}{28}-2\dfrac{21}{28}=4\dfrac{44}{28}-2\dfrac{21}{28}$

$\qquad\qquad =(4-2)+\left(\dfrac{44}{28}-\dfrac{21}{28}\right)$

$\qquad\qquad =2+\dfrac{23}{28}=2\dfrac{23}{28}$

> 다른 풀이
>
> (1) $4\dfrac{3}{5}-1\dfrac{7}{10}=\dfrac{23}{5}-\dfrac{17}{10}=\dfrac{46}{10}-\dfrac{17}{10}=\dfrac{29}{10}=2\dfrac{9}{10}$
>
> (2) $5\dfrac{4}{7}-2\dfrac{3}{4}=\dfrac{39}{7}-\dfrac{11}{4}=\dfrac{156}{28}-\dfrac{77}{28}=\dfrac{79}{28}=2\dfrac{23}{28}$

27 $7\dfrac{1}{4}-3\dfrac{5}{6}=7\dfrac{3}{12}-3\dfrac{10}{12}=6\dfrac{15}{12}-3\dfrac{10}{12}$

$\qquad\qquad =(6-3)+\left(\dfrac{15}{12}-\dfrac{10}{12}\right)$

$\qquad\qquad =3+\dfrac{5}{12}=3\dfrac{5}{12}$

> 다른 풀이
>
> $7\dfrac{1}{4}-3\dfrac{5}{6}=\dfrac{29}{4}-\dfrac{23}{6}=\dfrac{87}{12}-\dfrac{46}{12}=\dfrac{41}{12}=3\dfrac{5}{12}$

28 $3\dfrac{1}{2}-1\dfrac{2}{3}=3\dfrac{3}{6}-1\dfrac{4}{6}=2\dfrac{9}{6}-1\dfrac{4}{6}$

$\qquad\qquad =(2-1)+\left(\dfrac{9}{6}-\dfrac{4}{6}\right)$

$\qquad\qquad =1+\dfrac{5}{6}=1\dfrac{5}{6}$

> 다른 풀이
>
> $3\dfrac{1}{2}-1\dfrac{2}{3}=\dfrac{7}{2}-\dfrac{5}{3}=\dfrac{21}{6}-\dfrac{10}{6}=\dfrac{11}{6}=1\dfrac{5}{6}$

29 $5\dfrac{2}{3}-3\dfrac{3}{4}=5\dfrac{8}{12}-3\dfrac{9}{12}=4\dfrac{20}{12}-3\dfrac{9}{12}$

$\qquad\qquad =(4-3)+\left(\dfrac{20}{12}-\dfrac{9}{12}\right)$

$\qquad\qquad =1+\dfrac{11}{12}=1\dfrac{11}{12}$

$4\dfrac{1}{6}-2\dfrac{7}{12}=4\dfrac{2}{12}-2\dfrac{7}{12}=3\dfrac{14}{12}-2\dfrac{7}{12}$

$\qquad\qquad =(3-2)+\left(\dfrac{14}{12}-\dfrac{7}{12}\right)$

$\qquad\qquad =1+\dfrac{7}{12}=1\dfrac{7}{12}$

> 다른 풀이
>
> $5\dfrac{2}{3}-3\dfrac{3}{4}=\dfrac{17}{3}-\dfrac{15}{4}=\dfrac{68}{12}-\dfrac{45}{12}=\dfrac{23}{12}=1\dfrac{11}{12}$
>
> $4\dfrac{1}{6}-2\dfrac{7}{12}=\dfrac{25}{6}-\dfrac{31}{12}=\dfrac{50}{12}-\dfrac{31}{12}=\dfrac{19}{12}=1\dfrac{7}{12}$

30 $5\dfrac{1}{6}-2\dfrac{7}{8}=5\dfrac{4}{24}-2\dfrac{21}{24}=4\dfrac{28}{24}-2\dfrac{21}{24}$

$\qquad\qquad =(4-2)+\left(\dfrac{28}{24}-\dfrac{21}{24}\right)$

$\qquad\qquad =2+\dfrac{7}{24}=2\dfrac{7}{24}$

$3\dfrac{3}{10}-2\dfrac{8}{15}=3\dfrac{9}{30}-2\dfrac{16}{30}=2\dfrac{39}{30}-2\dfrac{16}{30}$

$\qquad\qquad =(2-2)+\left(\dfrac{39}{30}-\dfrac{16}{30}\right)=\dfrac{23}{30}$

> 다른 풀이
>
> $5\dfrac{1}{6}-2\dfrac{7}{8}=\dfrac{31}{6}-\dfrac{23}{8}=\dfrac{124}{24}-\dfrac{69}{24}=\dfrac{55}{24}=2\dfrac{7}{24}$
>
> $3\dfrac{3}{10}-2\dfrac{8}{15}=\dfrac{33}{10}-\dfrac{38}{15}=\dfrac{99}{30}-\dfrac{76}{30}=\dfrac{23}{30}$

87쪽

31 $2\dfrac{3}{8}+1\dfrac{1}{7}=2\dfrac{21}{56}+1\dfrac{8}{56}$

$\qquad\qquad =(2+1)+\left(\dfrac{21}{56}+\dfrac{8}{56}\right)$

$\qquad\qquad =3+\dfrac{29}{56}=3\dfrac{29}{56}$

32 $3\frac{5}{6}+2\frac{5}{14}=3\frac{35}{42}+2\frac{15}{42}$

$\qquad =(3+2)+\left(\frac{35}{42}+\frac{15}{42}\right)$

$\qquad =5+\frac{50}{42}=5+1\frac{8}{42}=6\frac{8}{42}$

$\qquad =6\frac{4}{21}$ (km)

33 파란색 테이프 3개의 길이: $\frac{2}{7}+\frac{2}{7}+\frac{2}{7}=\frac{6}{7}$ (m)

노란색 테이프 2개의 길이: $\frac{2}{5}+\frac{2}{5}=\frac{4}{5}$ (m)

전체 길이: $\frac{6}{7}+\frac{4}{5}=\frac{30}{35}+\frac{28}{35}=\frac{58}{35}=1\frac{23}{35}$ (m)

왜 틀렸을까? 파란색 테이프 3개의 길이와 노란색 테이프 2개의 길이를 구한 다음 더합니다.

34 자연수 부분을 비교하면 3>2이므로

$3\frac{1}{2}>2\frac{2}{5}$ 입니다.

$3\frac{1}{2}-2\frac{2}{5}=3\frac{5}{10}-2\frac{4}{10}$

$\qquad =(3-2)+\left(\frac{5}{10}-\frac{4}{10}\right)$

$\qquad =1+\frac{1}{10}=1\frac{1}{10}$

35 자연수 부분을 비교하면 3>2>1이므로

$3\frac{3}{7}>2\frac{1}{4}>1\frac{1}{3}$ 입니다.

$3\frac{3}{7}-1\frac{1}{3}=3\frac{9}{21}-1\frac{7}{21}$

$\qquad =(3-1)+\left(\frac{9}{21}-\frac{7}{21}\right)$

$\qquad =2+\frac{2}{21}=2\frac{2}{21}$

36 자연수 부분을 비교하면 5>2이므로 $2\frac{3}{5}$이 가장 작습니다.

$5\frac{5}{8}$와 $5\frac{7}{12}$의 진분수 부분을 비교하면

$\left(\frac{5}{8},\frac{7}{12}\right)\Rightarrow\left(\frac{15}{24},\frac{14}{24}\right)$이므로 $5\frac{5}{8}>5\frac{7}{12}$ 입니다.

$5\frac{5}{8}-2\frac{3}{5}=5\frac{25}{40}-2\frac{24}{40}=(5-2)+\left(\frac{25}{40}-\frac{24}{40}\right)$

$\qquad =3+\frac{1}{40}=3\frac{1}{40}$

왜 틀렸을까? $5\frac{5}{8}$와 $5\frac{7}{12}$의 자연수 부분이 같으므로 진분수 부분을 비교합니다.

1-1 $\frac{1}{2}$, 4, 5, 9 / $\frac{9}{10}$

1-2 예 (방울토마토의 무게)+(깻잎의 무게)

$\qquad =\frac{3}{4}+\frac{1}{10}=\frac{15}{20}+\frac{2}{20}=\frac{17}{20}$ (kg)

$\qquad / \frac{17}{20}$ kg

2-1 $2\frac{1}{6}$, 4, $2\frac{3}{18}$, $34\frac{7}{18}$ / $34\frac{7}{18}$

2-2 예 (진우의 몸무게)+(강아지의 무게)

$\qquad =31\frac{5}{12}+4\frac{3}{8}=31\frac{10}{24}+4\frac{9}{24}=35\frac{19}{24}$ (kg)

$\qquad / 35\frac{19}{24}$ kg

3-1 2, 3, 8, 2, 8, 4, 1, 3 / $\frac{3}{8}$

3-2 예 분모가 분자보다 1만큼 더 큰 분수는 분모가 클수록 크므로 $\frac{4}{5}>\frac{3}{4}>\frac{2}{3}$ 입니다.

$\Rightarrow$ (가장 큰 분수)−(가장 작은 분수)

$\qquad =\frac{4}{5}-\frac{2}{3}=\frac{12}{15}-\frac{10}{15}=\frac{2}{15}$ / $\frac{2}{15}$

4-1 $\frac{3}{20}$, 35, 9, 26, 13 / $\frac{13}{30}$

4-2 예 (더 필요한 리본의 길이)

$\qquad =2\frac{3}{8}-1\frac{5}{16}=2\frac{6}{16}-1\frac{5}{16}=1\frac{1}{16}$ (m)

$\qquad / 1\frac{1}{16}$ m

88쪽

1-2 서술형 **가이드** 정수가 딴 방울토마토와 깻잎의 무게를 더하는 풀이 과정이 들어 있어야 합니다.

채점 기준

상	정수가 딴 방울토마토와 깻잎의 무게를 더하여 모두 몇 kg인지 구함.
중	정수가 딴 방울토마토와 깻잎의 무게를 더했으나 답을 잘못 구함.
하	정수가 딴 방울토마토와 깻잎의 무게를 더하지 못함.

2-2 서술형 **가이드** 진우의 몸무게와 강아지의 무게를 더하는 풀이 과정이 들어 있어야 합니다.

채점 기준

상	진우의 몸무게와 강아지의 무게를 더하여 저울의 눈금이 얼마를 나타내는지 구함.
중	진우의 몸무게와 강아지의 무게를 더했으나 답을 잘못 구함.
하	진우의 몸무게와 강아지의 무게를 더하지 못함.

89쪽

3-2 서술형 가이드 분모가 분자보다 1만큼 더 큰 분수의 크기를 비교한 후 차를 구하는 풀이 과정이 들어 있어야 합니다.

채점 기준

상	분수의 크기를 비교한 후 차를 구함.
중	분수의 크기를 비교하였으나 차를 구하지 못함.
하	분수의 크기를 비교하지 못함.

4-2 서술형 가이드 필요한 리본의 길이에서 용철이가 가지고 있는 리본의 길이를 빼는 풀이 과정이 들어 있어야 합니다.

채점 기준

상	필요한 리본의 길이에서 용철이가 가지고 있는 리본의 길이를 빼어 더 필요한 리본의 길이를 구함.
중	필요한 리본의 길이에서 용철이가 가지고 있는 리본의 길이를 뺐으나 답을 잘못 구함.
하	필요한 리본의 길이에서 용철이가 가지고 있는 리본의 길이를 빼지 못함.

3 단계 유형 평가 90~92쪽

01 $\dfrac{5}{8}$ **02** $1\dfrac{1}{10}$

03 $1\dfrac{1}{6}$ **04** •——•——•

05 (1) $2\dfrac{3}{4}$ (2) $5\dfrac{13}{21}$ **06** $3\dfrac{11}{20}$

07 $4\dfrac{9}{20}$ **08** $8\dfrac{7}{36}$

09 $4\dfrac{2}{9}$, $4\dfrac{4}{45}$

10 $\dfrac{7\times3}{20\times3}-\dfrac{2\times4}{15\times4}=\dfrac{21}{60}-\dfrac{8}{60}=\dfrac{13}{60}$

11 $1\dfrac{7}{14}$ 에 ○표 /

$2\dfrac{1}{2}-1\dfrac{2}{7}=\dfrac{5}{2}-\dfrac{9}{7}=\dfrac{35}{14}-\dfrac{18}{14}$

$=\dfrac{17}{14}=1\dfrac{3}{14}$

12 $\dfrac{41}{48}$ **13** $1\dfrac{43}{63}$

14 $2\dfrac{11}{12}$, $\dfrac{47}{60}$ **15** $7\dfrac{34}{35}$

16 $\dfrac{7}{18}$ **17** $1\dfrac{17}{28}$ m

18 $2\dfrac{17}{70}$

19 예 (고구마의 무게)+(감자의 무게)

$=\dfrac{5}{8}+\dfrac{7}{20}=\dfrac{25}{40}+\dfrac{14}{40}=\dfrac{39}{40}$ (kg)

/ $\dfrac{39}{40}$ kg

20 예 (더 필요한 끈의 길이)

$=2\dfrac{3}{10}-1\dfrac{2}{5}=2\dfrac{3}{10}-1\dfrac{4}{10}$

$=1\dfrac{13}{10}-1\dfrac{4}{10}=\dfrac{9}{10}$ (m)

/ $\dfrac{9}{10}$ m

90쪽

01 $\dfrac{1}{4}+\dfrac{3}{8}=\dfrac{1\times2}{4\times2}+\dfrac{3}{8}=\dfrac{2}{8}+\dfrac{3}{8}=\dfrac{5}{8}$

02 $\dfrac{4}{5}+\dfrac{3}{10}=\dfrac{4\times2}{5\times2}+\dfrac{3}{10}=\dfrac{8}{10}+\dfrac{3}{10}$

$=\dfrac{11}{10}=1\dfrac{1}{10}$

03 $\dfrac{4}{9}+\dfrac{13}{18}=\dfrac{4\times2}{9\times2}+\dfrac{13}{18}=\dfrac{8}{18}+\dfrac{13}{18}$

$=\dfrac{21}{18}=1\dfrac{3}{18}=1\dfrac{1}{6}$

04 $\dfrac{3}{4}+\dfrac{5}{16}=\dfrac{3\times4}{4\times4}+\dfrac{5}{16}=\dfrac{12}{16}+\dfrac{5}{16}$

$=\dfrac{17}{16}=1\dfrac{1}{16}$

$\dfrac{5}{8}+\dfrac{9}{16}=\dfrac{5\times2}{8\times2}+\dfrac{9}{16}=\dfrac{10}{16}+\dfrac{9}{16}$

$=\dfrac{19}{16}=1\dfrac{3}{16}$

05 (1) $1\dfrac{1}{2}+1\dfrac{1}{4}=1\dfrac{2}{4}+1\dfrac{1}{4}=2\dfrac{3}{4}$

(2) $2\dfrac{1}{3}+3\dfrac{2}{7}=2\dfrac{7}{21}+3\dfrac{6}{21}=5\dfrac{13}{21}$

06 $2\dfrac{2}{5}+1\dfrac{3}{20}=2\dfrac{8}{20}+1\dfrac{3}{20}=3\dfrac{11}{20}$

07 $2\dfrac{3}{4}+1\dfrac{7}{10}=2\dfrac{15}{20}+1\dfrac{14}{20}=3+\dfrac{29}{20}=3+1\dfrac{9}{20}$

$=4\dfrac{9}{20}$

91쪽

08 $3\frac{7}{12}+4\frac{11}{18}=3\frac{21}{36}+4\frac{22}{36}=7+\frac{43}{36}=7+1\frac{7}{36}$
$=8\frac{7}{36}$

09 $1\frac{5}{9}+2\frac{2}{3}=1\frac{5}{9}+2\frac{6}{9}=3+\frac{11}{9}=3+1\frac{2}{9}=4\frac{2}{9}$

$1\frac{5}{9}+2\frac{8}{15}=1\frac{25}{45}+2\frac{24}{45}=3+\frac{49}{45}=3+1\frac{4}{45}$
$=4\frac{4}{45}$

10 두 분모의 최소공배수를 공통분모로 통분하여 뺄셈을 하는 방법입니다.

11 $\frac{17}{14}\Rightarrow\left(\frac{14}{14}$와$\frac{3}{14}\right)\Rightarrow\left(1과\frac{3}{14}\right)\Rightarrow1\frac{3}{14}$

12 $2\frac{9}{16}-1\frac{17}{24}=2\frac{27}{48}-1\frac{34}{48}=1\frac{75}{48}-1\frac{34}{48}=\frac{41}{48}$

13 $3\frac{4}{7}-1\frac{8}{9}=3\frac{36}{63}-1\frac{56}{63}=2\frac{99}{63}-1\frac{56}{63}$
$=1\frac{43}{63}$

14 $4\frac{1}{6}-1\frac{1}{4}=4\frac{2}{12}-1\frac{3}{12}=3\frac{14}{12}-1\frac{3}{12}=2\frac{11}{12}$

$2\frac{1}{12}-1\frac{3}{10}=2\frac{5}{60}-1\frac{18}{60}=1\frac{65}{60}-1\frac{18}{60}=\frac{47}{60}$

92쪽

15 $3\frac{2}{5}+4\frac{4}{7}=3\frac{14}{35}+4\frac{20}{35}=7\frac{34}{35}$

16 자연수 부분을 비교하면 $2>1$이므로 $2\frac{1}{6}>1\frac{7}{9}$입니다.

$2\frac{1}{6}-1\frac{7}{9}=2\frac{3}{18}-1\frac{14}{18}=1\frac{21}{18}-1\frac{14}{18}=\frac{7}{18}$

17 파란색 테이프 3개의 길이: $\frac{1}{4}+\frac{1}{4}+\frac{1}{4}=\frac{3}{4}$ (m)

노란색 테이프 2개의 길이: $\frac{3}{7}+\frac{3}{7}=\frac{6}{7}$ (m)

전체 길이: $\frac{3}{4}+\frac{6}{7}=\frac{21}{28}+\frac{24}{28}=\frac{45}{28}=1\frac{17}{28}$ (m)

왜 틀렸을까? 파란색 테이프 3개의 길이와 노란색 테이프 2개의 길이를 구한 다음 더합니다.

18 자연수 부분을 비교하면 $3>1$이므로 $1\frac{2}{5}$가 가장 작습니다.

$3\frac{7}{11}$과 $3\frac{9}{14}$의 진분수 부분을 비교하면

$\left(\frac{7}{11},\frac{9}{14}\right)\Rightarrow\left(\frac{98}{154},\frac{99}{154}\right)$이므로

$3\frac{7}{11}<3\frac{9}{14}$입니다.

$3\frac{9}{14}-1\frac{2}{5}=3\frac{45}{70}-1\frac{28}{70}=2\frac{17}{70}$

왜 틀렸을까? $3\frac{7}{11}$과 $3\frac{9}{14}$의 자연수 부분이 같으므로 진분수 부분을 비교합니다.

19 **서술형** 가이드 연이가 캔 고구마와 감자의 무게를 더하는 풀이 과정이 들어 있어야 합니다.

채점 기준

상	연이가 캔 고구마와 감자의 무게를 더하여 모두 몇 kg인지 구함.
중	연이가 캔 고구마와 감자의 무게를 더했으나 답을 잘못 구함.
하	연이가 캔 고구마와 감자의 무게를 더하지 못함.

20 **서술형** 가이드 필요한 끈의 길이에서 가지고 있는 끈의 길이를 빼는 풀이 과정이 들어 있어야 합니다.

채점 기준

상	필요한 끈의 길이에서 가지고 있는 끈의 길이를 빼어 더 필요한 끈의 길이를 구함.
중	필요한 끈의 길이에서 가지고 있는 끈의 길이를 뺐으나 답을 잘못 구함.
하	필요한 끈의 길이에서 가지고 있는 끈의 길이를 빼지 못함.

3 단계 **단원 평가** 기본   93~94쪽

01 3, 1   02 (1) $\frac{4}{9}$ (2) $\frac{1}{24}$

03 (1) $7\frac{13}{40}$ (2) $6\frac{29}{40}$

04 $\frac{11\times6}{12\times6}-\frac{5\times12}{6\times12}=\frac{66}{72}-\frac{60}{72}$
$=\frac{6}{72}=\frac{1}{12}$

05 $5\frac{13}{18}$ 06 $5\frac{17}{20}$

07 $1\frac{31}{45}$ 08 $7\frac{23}{24}$, $6\frac{5}{24}$

09 $\frac{13}{18}$, $1\frac{23}{24}$ 10 $\frac{24}{35}$, $\frac{4}{35}$

11 $\frac{7\times2}{12\times2}-\frac{3\times3}{8\times3}=\frac{14}{24}-\frac{9}{24}=\frac{5}{24}$

12 $4\frac{11}{28}$에 ○표 /

$5\frac{1}{4}-2\frac{2}{7}=5\frac{7}{28}-2\frac{8}{28}=4\frac{35}{28}-2\frac{8}{28}=2\frac{27}{28}$

13 $\frac{23}{50}$ m　　　　　**14** $5\frac{1}{20}$ cm

15 $12\frac{7}{8}$

16 예 $5\frac{1}{4}-2\frac{4}{7}=5\frac{7}{28}-2\frac{16}{28}=4\frac{35}{28}-2\frac{16}{28}$

$\qquad\qquad =(4-2)+\left(\frac{35}{28}-\frac{16}{28}\right)=2\frac{19}{28}$

17 예 $5\frac{1}{4}-2\frac{4}{7}=\frac{21}{4}-\frac{18}{7}=\frac{147}{28}-\frac{72}{28}$

$\qquad\qquad =\frac{75}{28}=2\frac{19}{28}$

18 $4\frac{2}{15}$ m　　　　　**19** 걸어가기

20 $\frac{3}{28}$

93쪽

01 $\frac{1}{6}+\frac{1}{3}=\frac{1}{6}+\frac{2}{6}=\frac{3}{6}=\frac{1}{2}$

02 (1) $\frac{1}{6}+\frac{5}{18}=\frac{3}{18}+\frac{5}{18}=\frac{8}{18}=\frac{4}{9}$

(2) $\frac{19}{24}-\frac{3}{4}=\frac{19}{24}-\frac{18}{24}=\frac{1}{24}$

03 (1) $4\frac{7}{10}+2\frac{5}{8}=4\frac{28}{40}+2\frac{25}{40}=6+\frac{53}{40}=6+1\frac{13}{40}$

$\qquad\qquad =7\frac{13}{40}$

(2) $9\frac{3}{5}-2\frac{7}{8}=9\frac{24}{40}-2\frac{35}{40}$

$\qquad\qquad =8\frac{64}{40}-2\frac{35}{40}=6\frac{29}{40}$

04 두 분모의 곱을 공통분모로 하여 통분한 후 뺄셈을 하는 방법입니다.

05 $4\frac{1}{6}+1\frac{5}{9}=4\frac{3}{18}+1\frac{10}{18}=5\frac{13}{18}$

06 $3\frac{3}{4}+2\frac{1}{10}=3\frac{15}{20}+2\frac{2}{20}=5\frac{17}{20}$

07 $3\frac{2}{9}-1\frac{8}{15}=3\frac{10}{45}-1\frac{24}{45}$

$\qquad\qquad =2\frac{55}{45}-1\frac{24}{45}=1\frac{31}{45}$

---

08 $5\frac{5}{8}+2\frac{1}{3}=5\frac{15}{24}+2\frac{8}{24}=7\frac{23}{24}$

$5\frac{5}{8}+\frac{7}{12}=5\frac{15}{24}+\frac{14}{24}=5+\frac{29}{24}=5+1\frac{5}{24}$

$\qquad\qquad =6\frac{5}{24}$

09 $\frac{8}{9}-\frac{1}{6}=\frac{16}{18}-\frac{3}{18}=\frac{13}{18}$

$2\frac{1}{8}-\frac{1}{6}=2\frac{3}{24}-\frac{4}{24}=1\frac{27}{24}-\frac{4}{24}=1\frac{23}{24}$

10 합: $\frac{2}{7}+\frac{2}{5}=\frac{10}{35}+\frac{14}{35}=\frac{24}{35}$

차: $\frac{2}{5}-\frac{2}{7}=\frac{14}{35}-\frac{10}{35}=\frac{4}{35}$

94쪽

11 12와 8의 최소공배수는 24입니다.

12 $5\frac{7}{28}$을 $4\frac{35}{28}$로 나타냅니다.

13 $\left(10\frac{29}{100},\ 10\frac{3}{4}\right)\Rightarrow\left(10\frac{29}{100},\ 10\frac{75}{100}\right)$

$10\frac{3}{4}-10\frac{29}{100}=10\frac{75}{100}-10\frac{29}{100}$

$\qquad\qquad =\frac{46}{100}=\frac{23}{50}$ (m)

14 $2\frac{13}{20}+2\frac{2}{5}=2\frac{13}{20}+2\frac{8}{20}$

$\qquad\qquad =4+\frac{21}{20}=4+1\frac{1}{20}=5\frac{1}{20}$ (cm)

15 $5\frac{5}{6}+7\frac{1}{24}=5\frac{20}{24}+7\frac{1}{24}=12\frac{21}{24}=12\frac{7}{8}$ (m)

18 $1\frac{3}{10}+2\frac{5}{6}=1\frac{9}{30}+2\frac{25}{30}=3+\frac{34}{30}$

$\qquad\qquad =3+1\frac{4}{30}=4\frac{4}{30}=4\frac{2}{15}$ (m)

19 $\frac{3}{8}+\frac{7}{20}=\frac{15}{40}+\frac{14}{40}=\frac{29}{40}$ (km)

$\Rightarrow$ 집에서 우체국까지의 거리가 1 km가 안 되므로 걸어가면 됩니다.

20 분모가 분자보다 1만큼 더 큰 분수는 분모가 클수록 큰 분수이므로 $3\frac{6}{7}>3\frac{5}{6}>3\frac{3}{4}$입니다.

$\Rightarrow 3\frac{6}{7}-3\frac{3}{4}=3\frac{24}{28}-3\frac{21}{28}=\frac{3}{28}$

6 다각형의 둘레와 넓이

1단계 기초 문제
97쪽

1-1 (1) 4, 3, 12 (2) 5, 4, 20
1-2 (1) 9, 2, 2, 22 (2) 5, 3, 2, 16
2-1 (1) 4, 28 (2) 6, 36
2-2 (1) 9, 4, 36 (2) 4, 2, 24

1단계 기본 문제
98~99쪽

01 3, 21		**02** 4, 44	
03 5, 45		**04** 6, 72	
05 2, 22		**06** 2, 40	
07 3, 2, 18		**08** 4, 20	
09 4, 4		**10** 6, 6	
11 4, 32		**12** 5, 25	
13 7, 35		**14** 5, 2, 35	
15 14, 2, 76		**16** 9, 6, 27	

98쪽

01 (정삼각형의 둘레)=(한 변의 길이)×3

02 (정사각형의 둘레)=(한 변의 길이)×4

03 (정오각형의 둘레)=(한 변의 길이)×5

04 (정육각형의 둘레)=(한 변의 길이)×6

05 (직사각형의 둘레)=(가로＋세로)×2

06 (직사각형의 둘레)=(가로＋세로)×2

07 (평행사변형의 둘레)
　　=(한 변의 길이＋다른 한 변의 길이)×2

08 (마름모의 둘레)=(한 변의 길이)×4

99쪽

09 1 cm²가 4개이므로 4 cm²입니다.

10 1 cm²가 6개이므로 6 cm²입니다.

11 (직사각형의 넓이)=(가로)×(세로)

12 (정사각형의 넓이)=(한 변의 길이)×(한 변의 길이)

13 (평행사변형의 넓이)=(밑변의 길이)×(높이)

14 (삼각형의 넓이)=(밑변의 길이)×(높이)÷2

15 (사다리꼴의 넓이)
　　=(윗변의 길이＋아랫변의 길이)×(높이)÷2

16 (마름모의 넓이)
　　=(한 대각선의 길이)×(다른 대각선의 길이)÷2

2단계 기본유형
100~105쪽

01 3, 3, 3, 3 / 5, 15	**02** (1) 15 cm (2) 16 cm
03 32 cm	**04** 32 cm
05 26 cm	**06** 12 cm
07 6, 9, 8, 7	**08** 다
09 10 cm²	**10** 70 cm²
11 60 cm²	**12** 144 cm²
13 81 cm²	**14** 144 cm²
15 51 cm²	**16**

16 (선 교차 연결)

17 (1) 24 (2) 15　　**18** ㉢

19 예 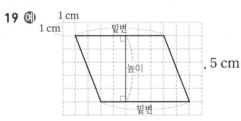　　, 5 cm

20 (1) 36 cm² (2) 60 cm²

21 ㉠, 40 cm²

22 (1) 　　(2)

23 120 cm²　　**24** ㉣, 52 cm²

25 (위부터) 높이, 아랫변　　**26** 105 cm²

27 ㉣　　**28** 8, 6, 2, 24

29 240 cm²　　**30** 672 cm²

31 다　　**32** 나

33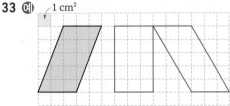

34 60 cm^2 **35** 117 cm^2

36 150 cm^2

100쪽

02 (1) (정삼각형의 둘레)$=5 \times 3 = 15 \text{ (cm)}$

(2) (정팔각형의 둘레)$=2 \times 8 = 16 \text{ (cm)}$

03 (정사각형의 둘레)$=8 \times 4 = 32 \text{ (cm)}$

04 $(12+4) \times 2 = 16 \times 2 = 32 \text{ (cm)}$

05 $(10+3) \times 2 = 13 \times 2 = 26 \text{ (cm)}$

06 $3 \times 4 = 12 \text{ (cm)}$

101쪽

08 가: 1 cm^2가 6개이므로 6 cm^2입니다.

나: 1 cm^2가 9개이므로 9 cm^2입니다.

다: 1 cm^2가 8개이므로 8 cm^2입니다.

라: 1 cm^2가 7개이므로 7 cm^2입니다.

09 가: 10 cm^2, 나: 4 cm^2, 다: 9 cm^2

10 $10 \times 7 = 70 \text{ (cm}^2)$

11 네 각이 모두 직각인 사각형이므로 직사각형입니다.

$\Rightarrow 12 \times 5 = 60 \text{ (cm}^2)$

12 $14 \times 4 + 8 \times 11 = 56 + 88 = 144 \text{ (cm}^2)$

102쪽

13 $9 \times 9 = 81 \text{ (cm}^2)$

14 직사각형의 마주 보는 변의 길이는 같으므로 이 사각형은 한 변의 길이가 12 cm인 정사각형입니다.

따라서 넓이는 $12 \times 12 = 144 \text{ (cm}^2)$입니다.

15 $10 \times 10 - 7 \times 7 = 100 - 49 = 51 \text{ (cm}^2)$

16 $70000 \text{ cm}^2 = 7 \text{ m}^2$

$7000000 \text{ m}^2 = 7 \text{ km}^2$

$700000 \text{ cm}^2 = 70 \text{ m}^2$

17 (1) $400 \text{ cm} = 4 \text{ m}$, $600 \text{ cm} = 6 \text{ m}$

$\Rightarrow 4 \times 6 = 24 \text{ (m}^2)$

(2) $3 \times 5 = 15 \text{ (km}^2)$

18 ㉠ $90000 \text{ cm}^2 = 9 \text{ m}^2$

㉡ 8 m^2

㉢ $100000 \text{ cm}^2 = 10 \text{ m}^2$

$\Rightarrow 10 > 9 > 8$이므로 ㉢이 가장 넓습니다.

103쪽

19 두 밑변에 수직인 선분을 그어 길이를 재어 봅니다.

20 (1) $9 \times 4 = 36 \text{ (cm}^2)$

(2) $6 \times 10 = 60 \text{ (cm}^2)$

21 ㉠ 밑변의 길이: 8 cm, 높이: 5 cm

$\Rightarrow$ 넓이: $8 \times 5 = 40 \text{ (cm}^2)$

㉡ 높이를 알지 못해 넓이를 구할 수 없습니다.

22 밑변과 마주 보는 꼭짓점에서 밑변에 수직으로 선분을 긋습니다.

23 $20 \times 12 \div 2 = 120 \text{ (cm}^2)$

24 ㉮ $10 \times 16 \div 2 = 80 \text{ (cm}^2)$

㉯ $12 \times 22 \div 2 = 132 \text{ (cm}^2)$

$\Rightarrow$ ㉯가 ㉮보다 $132 - 80 = 52 \text{ (cm}^2)$만큼 더 넓습니다.

104쪽

25 평행한 두 밑변을 윗변, 아랫변이라 하고 두 밑변 사이의 거리를 높이라고 합니다.

26 $(10+20) \times 7 \div 2 = 30 \times 7 \div 2$

$= 210 \div 2$

$= 105 \text{ (cm}^2)$

27 ㉮ $(7+11) \times 6 \div 2 = 54 \text{ (cm}^2)$

㉯ $(5+12) \times 8 \div 2 = 68 \text{ (cm}^2)$

따라서 $54 < 68$이므로 ㉯의 넓이가 더 넓습니다.

28 마름모를 둘러싸는 직사각형을 그리면 마름모의 넓이는 직사각형의 넓이의 반입니다.

29 $20 \times 24 \div 2 = 240 \text{ (cm}^2)$

30 ㉮ $28 \times 32 \div 2 = 448 \text{ (cm}^2)$

㉯ $(8 \times 2) \times (14 \times 2) \div 2 = 224 \text{ (cm}^2)$

$\Rightarrow 448 + 224 = 672 \text{ (cm}^2)$

105쪽

31 높이가 모눈 4칸으로 모두 같으므로 밑변의 길이가 다른 하나를 찾으면 다입니다.

32 높이가 모눈 3칸으로 모두 같으므로 밑변의 길이가 다른 하나를 찾으면 나입니다.

33 주어진 평행사변형의 넓이는 $3 \times 5 = 15$ (cm^2)이므로 넓이가 15 cm^{2}인 평행사변형을 그립니다.

왜 틀렸을까? 주어진 평행사변형과 넓이가 같은 2개의 평행사변형을 서로 다른 모양으로 그려야 합니다. 밑변의 길이와 높이가 같으면 평행사변형의 넓이는 같습니다.

34 ① $10 \times (8-4) \div 2 = 20$ (cm^2)

② $10 \times 4 = 40$ (cm^2)

⇨ ①+② = $20+40 = 60$ (cm^2)

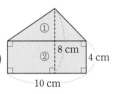

35 ① $17 \times 6 \div 2 = 51$ (cm^2)

② $(7+15) \times 6 \div 2 = 66$ (cm^2)

⇨ ①+② = $51+66$

$= 117$ (cm^2)

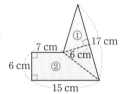

36  =  −

(사다리꼴의 넓이) − (삼각형의 넓이)

$= (12+28) \times 11 \div 2 - 28 \times 5 \div 2$

$= 220 - 70 = 150$ (cm^2)

왜 틀렸을까? 주어진 길이로는 여러 개의 도형으로 나누어 넓이를 구할 수 없습니다. 큰 사다리꼴의 넓이를 구한 다음 작은 삼각형의 넓이를 빼어 구합니다.

2단계 서술형 유형
106~107쪽

1-1 3, 6, 5, 20, 6, 20, 26 / 26

1-2 (정육각형의 둘레) = $5 \times 6 = 30$ (cm)

(정사각형의 둘레) = $6 \times 4 = 24$ (cm)

⇨ (정육각형의 둘레) + (정사각형의 둘레)

$= 30 + 24 = 54$ (cm) / 54 cm

2-1 높이, 넓이, 밑변의 길이, 90, 15, 6 / 6

2-2 (평행사변형의 넓이) = (밑변의 길이) × (높이)입니다.

(높이) = (넓이) ÷ (밑변의 길이)이므로

높이는 $126 \div 9 = 14$ (cm)입니다. / 14 cm

3-1 7, 7, 28 / 28

3-2 직사각형의 가로는 900 cm = 9 m이고 세로는 3 m입니다. 따라서 직사각형의 넓이는 $9 \times 3 = 27$ (m^2)입니다. / 27 m^2

4-1 15, 10, 120, 120, 12 / 12

4-2 (평행사변형의 넓이) = $15 \times 8 = 120$ (cm^2)

이고 사다리꼴의 넓이와 같으므로

(사다리꼴의 넓이) = $(7+13) \times (높이) \div 2$

$= 20 \times (높이) \div 2 = 120$ (cm^2)

⇨ (높이) = $120 \times 2 \div 20$

$= 240 \div 20 = 12$ (cm)

/ 12 cm

106쪽

1-2 서술형 가이드 정육각형의 둘레와 정사각형의 둘레를 각각 구한 다음 합을 구하는 풀이 과정이 들어 있어야 합니다.

채점 기준

상	정육각형과 정사각형의 둘레를 구한 다음 합을 구함.
중	정육각형과 정사각형의 둘레를 구했으나 합을 구하지 못함.
하	정육각형과 정사각형의 둘레 중 하나만 바르게 구함.

2-2 서술형 가이드 평행사변형의 넓이를 구하는 방법을 이용하여 높이를 구하는 풀이 과정이 들어 있어야 합니다.

채점 기준

상	평행사변형의 넓이를 구하는 방법을 이용해 높이를 구함.
중	평행사변형의 넓이를 구하는 방법을 알지만 높이를 구하지 못함.
하	평행사변형의 넓이를 구하는 방법을 알지 못함.

107쪽

3-2 서술형 가이드 직사각형의 가로를 m 단위로 바꾸어 넓이를 구하는 풀이 과정이 들어 있어야 합니다.

채점 기준

상	직사각형의 가로를 m 단위로 바꾸어 넓이를 구함.
중	직사각형의 가로를 m 단위로 바꾸었지만 넓이를 구하지 못함.
하	직사각형의 넓이를 구하는 방법을 알지 못하여 넓이를 구하지 못함.

4-2 서술형 가이드 평행사변형의 넓이를 구한 다음 평행사변형의 넓이와 사다리꼴의 넓이가 같음을 이용하여 사다리꼴의 높이를 구하는 풀이 과정이 들어 있어야 합니다.

채점 기준

상	평행사변형의 넓이를 구한 다음 사다리꼴과 넓이가 같음을 이용하여 사다리꼴의 높이를 구함.
중	평행사변형의 넓이는 구했지만 사다리꼴의 높이를 구하는 과정에서 실수하여 답이 틀림.
하	평행사변형의 넓이를 구하지 못함.

3 ^{단계} 유형 평가

108~110쪽

01 5, 5, 5, 5, 5 / 6, 30 **02** 22 cm

03 16 cm

04

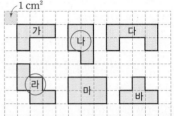

05 10 cm² **06** 36 cm²

07 31 cm² **08** 256 cm²

09 **10** (1) 40 cm² (2) 18 cm²

11 15 cm²

12 ㉯, 2 cm² **13** 15 cm²

14 104 cm² **15** 다

16 79 cm²

17 예

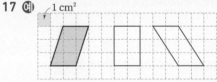

18 217 cm²

19 예 (평행사변형의 넓이)=(밑변의 길이)×(높이)입니다.
(높이)=(넓이)÷(밑변의 길이)이므로
높이는 154÷14=11 (cm)입니다. / 11 cm

20 예 (평행사변형의 넓이)=6×4=24 (cm²)이고
사다리꼴의 넓이는 평행사변형의 넓이와 같으므로
(3+5)×(높이)÷2=24 (cm²)입니다.
따라서 8×(높이)÷2=24,
(높이)=48÷8=6 (cm)입니다. / 6 cm

108쪽

02 (7+4)×2=11×2=22 (cm)

03 (6+2)×2=8×2=16 (cm)

04 가, 바: 1 cm²가 4개 → 4 cm²
나, 라: 1 cm²가 5개 → 5 cm²
다, 마: 1 cm²가 6개 → 6 cm²

05 가: 1 cm²가 10개 → 10 cm²
나: 1 cm²가 8개 → 8 cm²

06 9×4=36 (cm²)

07 (7×3)+(2×5)=21+10=31 (cm²)

109쪽

08 16×16=256 (cm²)

09 5 km²=5000000 m²
5 m²=50000 cm²

10 (1) 8×5=40 (cm²) (2) 3×6=18 (cm²)

11 밑변의 길이: 5 cm, 높이: 6 cm
⇨ 5×6÷2=15 (cm²)

12 ㉮ 19×14÷2=133 (cm²)
㉯ 18×15÷2=135 (cm²)
⇨ ㉯가 ㉮보다 135−133=2 (cm²)만큼 더 넓습니다.

13 (3+7)×3÷2=10×3÷2=15 (cm²)

14 ㉮: 12×10÷2=60 (cm²)
㉯: 8×11÷2=44 (cm²)
⇨ 60+44=104 (cm²)

110쪽

15 높이가 모눈 3칸으로 모두 같으므로 밑변의 길이가
다른 하나를 찾으면 다입니다.

16

①: 7×2÷2=7
②: (7+11)×8÷2=72
⇨ ①+②=7+72
=79 (cm²)

17 주어진 평행사변형의 넓이는 2×3=6 (cm²)이므로
넓이가 6 cm²인 평행사변형을 그립니다.
왜 틀렸을까? 주어진 평행사변형과 넓이가 같은 2개의 평행
사변형을 서로 다른 모양으로 그려야 합니다. 밑변의 길이와
높이가 같으면 평행사변형의 넓이는 같습니다.

18

(사다리꼴의 넓이)−(삼각형의 넓이)
=(21+35)×14÷2−35×10÷2
=392−175=217 (cm²)
왜 틀렸을까? 주어진 길이로는 여러 개의 도형으로 나누어
넓이를 구할 수 없습니다. 큰 사다리꼴의 넓이를 구한 다음 작
은 삼각형의 넓이를 빼어 구합니다.

19 (평행사변형의 넓이)＝(밑변의 길이)×(높이)이므로
   (높이)＝(넓이)÷(밑변의 길이)입니다.

   서술형 가이드 평행사변형의 넓이를 구하는 방법을 이용하여
   높이를 구하는 풀이 과정이 들어 있어야 합니다.

   채점 기준

상	평행사변형의 넓이를 구하는 방법을 이용하여 높이를 구함.
중	평행사변형의 넓이를 구하는 방법을 알지만 높이를 구하지 못함.
하	평행사변형의 넓이를 구하는 방법을 알지 못함.

20 (사다리꼴의 넓이)
   ＝(윗변의 길이＋아랫변의 길이)×(높이)÷2

   서술형 가이드 평행사변형의 넓이를 구한 다음 평행사변형의
   넓이와 사다리꼴의 넓이가 같음을 이용하여 사다리꼴의 높이
   를 구하는 풀이 과정이 들어 있어야 합니다.

   채점 기준

상	평행사변형의 넓이를 구한 다음 사다리꼴과 넓이가 같음을 이용하여 사다리꼴의 높이를 구함.
중	평행사변형의 넓이는 구했지만 사다리꼴의 높이를 구하는 과정에서 실수하여 답이 틀림.
하	평행사변형의 넓이를 구하지 못함.

3단계 단원 평가 기본   111~112쪽

01 높이
02 사, 넓이
03 20 cm
04 20 cm
05 171 cm²
06 5 cm²
07 605000000
08 1850
09 100 cm²
10 m²
11 54 cm²
12 42 cm²
13 ㉡
14 ㉯
15 8, 6
16 18
17
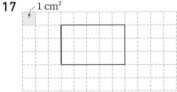
18 ㉡, ㉢, ㉠
19 15
20 예
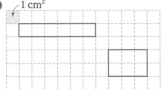

01 평행사변형의 밑변과 높이는 서로 수직입니다.

02 1 cm²는 한 변의 길이가 1 cm인 정사각형의 넓이입
   니다.

03 (정오각형의 둘레)＝4×5＝20 (cm)

04 (7＋3)×2＝20 (cm)

05 19×9＝171 (cm²)

06 1 cm²가 5개이므로 5 cm²입니다.

07 1 km²＝1000000 m²

09 (정사각형의 넓이)＝10×10＝100 (cm²)

10 약 1 cm², 약 1 m², 약 1 km²의 물건이나 땅 등을
   떠올려 비교해 봅니다.

11 (평행사변형의 넓이)＝9×6＝54 (cm²)

12 (마름모의 넓이)＝12×7÷2＝42 (cm²)

13 높이가 모두 같으므로 밑변의 길이가 다른 ㉡의 넓이
   가 다릅니다.

14 ㉮ (5＋7)×6÷2＝36 (cm²)
   ㉯ (6×2)×(4×2)÷2＝48 (cm²)
   ⇨ 36＜48이므로 ㉯가 더 넓습니다.

15 (정육각형의 둘레)＝(한 변의 길이)×6＝48,
   ⇨ (한 변의 길이)＝8 cm
   (정팔각형의 둘레)＝(한 변의 길이)×8＝48,
   ⇨ (한 변의 길이)＝6 cm

16 직사각형의 세로의 길이를 □ cm라고 하면
   (30＋□)×2＝96, 30＋□＝48, □＝18입니다.

17 (직사각형의 넓이)＝(가로)×3＝15, (가로)＝5 cm

18 ㉠ 10×6÷2＝30 (cm²)   ㉡ 5×8＝40 (cm²)
   ㉢ 10×7÷2＝35 (cm²)
   ⇨ 40＞35＞30이므로 ㉡＞㉢＞㉠입니다.

19 정사각형의 한 변의 길이를 □ cm라고 하면
   □×□＝225, 15×15＝225에서 □＝15입니다.

20 모눈 1칸의 넓이가 1 cm²이므로 넓이가 모눈 6칸인
   직사각형을 그립니다.

1 자연수의 혼합 계산

잘 틀리는 **실력 유형**   **6~7쪽**

유형 01 5, 2

01 8, 4, 2(또는 4, 8, 2) / 4

02 168, 60

유형 02 232, 28, 4

03 $(5+7) \times 6 - 4 = 68$ **04** $30 - 18 \div (3+6) = 28$

유형 03 6, 8, 27, 33, 23

05 $-$, $\div$ **06** $+$, $\times$

07 예 $4 + 3 \times 2 - 9 = 1$ / 예 $5 + 9 \div 3 - 7 = 1$

08 예 $7 - 2 \times (9+6) \div 5 = 1$

     / 예 $(8+7) \div 3 \times 2 - 9 = 1$

6쪽

01 $24 \div (8+4) \times 2 = 24 \div 12 \times 2 = 2 \times 2 = 4$

     $24 \div (4+8) \times 2 = 24 \div 12 \times 2 = 2 \times 2 = 4$

왜 틀렸을까? 계산 결과가 가장 작으려면 곱하는 수를 가장 작게 합니다.

02 가장 클 때:

     $210 \div (2+3) \times 4 = 210 \div 5 \times 4$

                       $= 42 \times 4 = 168$

     $210 \div (3+2) \times 4 = 210 \div 5 \times 4$

                       $= 42 \times 4 = 168$

가장 작을 때:

     $210 \div (4+3) \times 2 = 210 \div 7 \times 2$

                       $= 30 \times 2 = 60$

     $210 \div (3+4) \times 2 = 210 \div 7 \times 2$

                       $= 30 \times 2 = 60$

왜 틀렸을까? 계산 결과가 가장 크려면 곱하는 수를 가장 크게 하고 가장 작으려면 곱하는 수를 가장 작게 합니다.

03 $5 + 7 \times 6 - 4 = 5 + 42 - 4 = 47 - 4 = 43$

     $(5+7) \times 6 - 4 = 12 \times 6 - 4 = 72 - 4 = 68$ (○)

     $5 + (7 \times 6) - 4 = 5 + 42 - 4 = 47 - 4 = 43$ (×)

     $5 + 7 \times (6-4) = 5 + 7 \times 2 = 5 + 14 = 19$ (×)

왜 틀렸을까? ( )로 묶을 곳을 먼저 찾고 만든 혼합 계산식을 계산하여 계산 결과를 확인합니다.

04

$30 - 18 \div 3 + 6 = 30 - 6 + 6 = 24 + 6 = 30$

$(30-18) \div 3 + 6 = 12 \div 3 + 6 = 4 + 6 = 10$ (×)

$30 - (18 \div 3) + 6 = 30 - 6 + 6 = 24 + 6 = 30$ (×)

$30 - 18 \div (3+6) = 30 - 18 \div 9 = 30 - 2 = 28$ (○)

왜 틀렸을까? ( )로 묶을 곳을 먼저 찾고 만든 혼합 계산식을 계산하여 계산 결과를 확인합니다.

7쪽

05 $(20-6) \div 7 = 2$

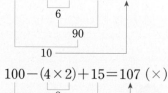

왜 틀렸을까? ○ 안에 $-$, $\div$ 또는 $\div$, $-$를 순서대로 넣어 혼합 계산식을 계산하여 계산 결과를 확인합니다.

06 $100 - (4+2) \times 15 = 10$ (○)

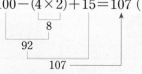

$100 - (4 \times 2) + 15 = 107$ (×)

왜 틀렸을까? ○ 안에 $+$, $\times$ 또는 $\times$, $+$를 순서대로 넣어 혼합 계산식을 계산하여 계산 결과를 확인합니다.

07 $4 + 3 \times 2 - 9 = 4 + 6 - 9$

                    $= 10 - 9 = 1$

     $5 + 9 \div 3 - 7 = 5 + 3 - 7$

                    $= 8 - 7 = 1$

참고

여러 가지 혼합 계산식이 나옵니다.

$5 - 6 \times 2 \div 3 = 1$, $6 + 7 - 3 \times 4 = 1$ 등

08 $7 - 2 \times (9+6) \div 5 = 7 - 2 \times 15 \div 5$

                             $= 7 - 30 \div 5$

                             $= 7 - 6 = 1$

     $(8+7) \div 3 \times 2 - 9 = 15 \div 3 \times 2 - 9$

                            $= 5 \times 2 - 9$

                            $= 10 - 9 = 1$

참고

여러 가지 혼합 계산식이 나옵니다.

$7 - (6+9) \div 5 \times 2 = 1$, $(8+4) \times 2 \div 3 - 7 = 1$ 등

다르지만 같은 유형

8~9쪽

01 ㉡   02 ㉡
03 ㉡, ㉢   04 100
05 5   06 8
07 $20 \times 9 \div (15-9) = 30$
08 $(65-5) \times 3 + 6$ / 186
09 $36 \div (3 \times 6) - 2 + 8$ / 8
10 41   11 1, 2, 3, 4, 5
12 7개

8쪽

01~03 **핵심**

• 혼합 계산식의 계산 순서
( ) 안을 계산합니다.
⇨ ×, ÷를 앞에서부터 계산합니다.
⇨ +, −를 앞에서부터 계산합니다.

01 ( )가 없는 혼합 계산식에서 가장 먼저 계산하는 부분을 ( )로 묶으면 ( )가 있어도 계산 순서는 같습니다.
㉠ $80 - 3 \times 9 + 7$, $80 - 3 \times (9+7)$

㉡ $13 + 62 - 56 \div 4$, $13 + 62 - (56 \div 4)$

02 계산 순서가 같으면 계산 결과가 같습니다.
㉡ $19 + 2 \times 46 - 27$, $19 + (2 \times 46) - 27$

03 ㉠ $9 + 45 \div 3 = 9 + 15 = 24$

$(9+45) \div 3 = 54 \div 3 = 18$

㉡ $35 + 29 - 11 \times 4 = 35 + 29 - 44$
$= 64 - 44 = 20$

$(35+29) - 11 \times 4 = 64 - 11 \times 4$
$= 64 - 44 = 20$

㉢ $84 \div 12 + 46 - 37 = 7 + 46 - 37$
$= 53 - 37 = 16$

$84 \div 12 + (46-37) = 84 \div 12 + 9$
$= 7 + 9 = 16$

04~06 **핵심**

혼합 계산식의 계산 순서, 덧셈과 뺄셈의 관계, 곱셈식과 나눗셈식의 관계를 이용하여 □ 안에 알맞은 수를 찾습니다.

04 $\square - 6 \times (35-19) = 4$, $\square - 6 \times 16 = 4$,
$\square - 96 = 4$, $\square = 96 + 4$, $\square = 100$

05 $\square \times 5 - (16+2) = 7$, $\square \times 5 - 18 = 7$,
$\square \times 5 = 7 + 18$, $\square \times 5 = 25$,
$\square = 25 \div 5$, $\square = 5$

06 $20 - 8 + 56 \div \square = 19$, $12 + 56 \div \square = 19$,
$56 \div \square = 19 - 12$, $56 \div \square = 7$, $\square \times 7 = 56$,
$\square = 56 \div 7$, $\square = 8$

9쪽

07~09 **핵심**

( )로 묶을 곳을 먼저 찾아 계산하거나 계산 결과를 크게 하려면 +와 ×에 ( )를 묶고 계산 결과를 작게 하려면 −와 ÷에 ( )를 묶어 계산합니다.

07 $20 \times 9 \div 15 - 9 = 180 \div 15 - 9 = 12 - 9 = 3$
$(20 \times 9) \div 15 - 9 = 180 \div 15 - 9 = 12 - 9 = 3$ (×)
$20 \times (9 \div 15) - 9$ ⇨ 계산 안됨 (×)
$20 \times 9 \div (15-9) = 20 \times 9 \div 6 = 180 \div 6 = 30$ (○)

08 $(65-5) \times 3 + 6 = 60 \times 3 + 6$
$= 180 + 6 = 186$

$65 - (5 \times 3) + 6 = 65 - 15 + 6$
$= 50 + 6 = 56$

$65 - 5 \times (3+6) = 65 - 5 \times 9$
$= 65 - 45 = 20$

09 $(36 \div 3) \times 6 - 2 + 8 = 12 \times 6 - 2 + 8$
$= 72 - 2 + 8$
$= 70 + 8 = 78$

$36 \div (3 \times 6) - 2 + 8 = 36 \div 18 - 2 + 8$
$= 2 - 2 + 8$
$= 0 + 8 = 8$

$36 \div 3 \times (6-2) + 8 = 36 \div 3 \times 4 + 8$
$= 12 \times 4 + 8$
$= 48 + 8 = 56$

$36 \div 3 \times 6 - (2+8) = 36 \div 3 \times 6 - 10$
$= 12 \times 6 - 10$
$= 72 - 10 = 62$

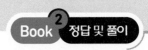

10~12 핵심

> 또는 <를 =로 바꾸어 계산하고 □ 안에 알맞은 수를 먼저 찾습니다.

10 $14+5\times7-(6+1)=14+5\times7-7$
$\qquad\qquad\qquad\qquad\quad=14+35-7$
$\qquad\qquad\qquad\qquad\quad=49-7=42$

⇨ 42>□에서 □ 안에 들어갈 수 있는 자연수는
1, 2, ..., 40, 41이므로 가장 큰 수는 41입니다.

11 $84\div(33-29)+4\times6=84\div4+4\times6$
$\qquad\qquad\qquad\qquad\qquad=21+4\times6$
$\qquad\qquad\qquad\qquad\qquad=21+24=45$

$78\div2+□=39+□$이므로 $45=39+□$에서
$□=45-39$, □=6입니다.

45>39+□에서 □ 안에 들어갈 수 있는 자연수는
6보다 작은 1, 2, 3, 4, 5입니다.

12 $(59-35)\times4\div6+11+□\times8$
$=24\times4\div6+11+□\times8$
$=96\div6+11+□\times8$
$=16+11+□\times8$
$=27+□\times8$

⇨ $27+□\times8=91$이면
$\quad □\times8=91-27$, $□\times8=64$,
$\quad □=64\div8$, □=8입니다.

따라서 □<8이므로 □ 안에 들어갈 수 있는 자연수는 1, 2, 3, 4, 5, 6, 7로 모두 7개입니다.

공부를 조금만 더 열심히 하자!

응용 유형

10~13쪽

01 22, 23, 24, 25 　　　　**02** 8

03 예 $8+4\times3=20$ / 20개

04 38

05 예 $20000-(950\times3+3200\div4\times6+1500\div2$
$\qquad +1800\times2)=8000$ / 8000원

06 51 　　　　　　　　**07** 33, 34, 35

08 ㉠ 　　　　　　　　　**09** 3

10 72, 6, 4, 12(또는 72, 4, 6, 12) / 36

11 $7\times7-5\times5=24$ / 24개

12 −, ÷, ×, + 　　　　**13** 50

14 19

15 예 $20000-(8400\div12\times8+3600\times2$
$\qquad +2000\div2+1400\times4)=600$ / 600원

16 예 +, ×, − / ×, +, − / ×, ×, ÷

17 25

18 예 $8+6\div(4-2)=11$ / 11

10쪽

01 $36-5\times3=36-15=21$,
$47-(8+13)=47-21=26$
$21<□<26$ ⇨ □=22, 23, 24, 25

02 $40\div8=5$, $56\div□=△$ 라 하면
$5+△=12$, $△=12-5$, △=7입니다.
⇨ $56\div□=7$, $□\times7=56$,
$\quad □=56\div7$, □=8

03 첫째: 8개
둘째: $8+4\times1=8+4=12$(개)
셋째: $8+4\times2=8+8=16$(개)
넷째: $8+4\times3=8+12=20$(개)

다른 풀이
첫째: $4+4\times1=8$(개)
둘째: $4+4\times2=12$(개)
셋째: $4+4\times3=16$(개)
넷째: $4+4\times4=20$(개)

11쪽

04 어떤 수를 □라 하면 $□+24-9=53$입니다.
⇨ $□+24=53+9$, $□+24=62$, $□=62-24$,
$\quad □=38$

05 닭고기 6인분: 950×3

감자 6인분: $3200 \div 4 \times 6$

양파 6인분: $1500 \div 2$

당근 6인분: 1800×2

⇨ $20000 - (950 \times 3 + 3200 \div 4 \times 6 + 1500 \div 2$

$+ 1800 \times 2)$

$= 20000 - (2850 + 4800 + 750 + 3600)$

$= 20000 - 12000 = 8000$(원)

06 앞에서부터 계산: $23 + 9 \times \square - 17 = 143$,

$32 \times \square - 17 = 143$, $32 \times \square = 143 + 17$,

$32 \times \square = 160$, $\square = 160 \div 32$, $\square = 5$

⇨ 바른 계산: $23 + 9 \times 5 - 17 = 23 + 45 - 17$

$= 68 - 17$

$= 51$

12쪽

07 $51 - 38 + 19 = 13 + 19 = 32$

$90 - 27 \times 2 = 90 - 54 = 36$

⇨ $32 < \square < 36$에서 $\square$ 안에 들어갈 수 있는 자연수
는 33, 34, 35입니다.

08 문제 분석

08 **①**기호 ◆에 대하여 가◆나=가+가×가−나÷가로 약속했습
니다. / **②**바르게 계산한 것의 기호를 쓰시오.

> ㉠ $4 \blacklozenge 32 = 12$ ㉡ $5 \blacklozenge 10 = 53$

> **①** 기호 ◆의 약속대로 ㉠과 ㉡을 각각 계산합니다.
> **②** **①**에서 계산 결과가 바른 것을 찾습니다.

① ㉠ $4 \blacklozenge 32 = 4 + 4 \times 4 - 32 \div 4 = 4 + 16 - 32 \div 4$

$= 4 + 16 - 8 = 20 - 8 = 12$

㉡ $5 \blacklozenge 10 = 5 + 5 \times 5 - 10 \div 5 = 5 + 25 - 10 \div 5$

$= 5 + 25 - 2 = 30 - 2 = 28$

②따라서 바르게 계산한 것은 ㉠입니다.

09 $29 \times 6 = 174$, $(\square + 15) \times 9 = \triangle$라 하면

$174 - \triangle = 12$, $\triangle + 12 = 174$, $\triangle = 174 - 12$,

$\triangle = 162$입니다.

⇨ $(\square + 15) \times 9 = 162$, $\square + 15 = 162 \div 9$,

$\square + 15 = 18$, $\square = 18 - 15$, $\square = 3$

10 문제 분석

10 **①**수 카드 [4], [72], [6], [12]를 한 번씩 사용하여 다음 식의

계산 결과가 가장 크게 되도록 / **②**□ 안에 알맞은 수를 써넣
고 답을 구하시오.

> $\square \div (\square \times \square \div \square)$

> **①** 계산 결과가 가장 크려면 ( ) 안의 계산 결과를 가장 작게
> 되도록 수를 써넣어야 합니다.
> **②** 맨 앞에는 가장 큰 수인 72를 써넣고 ( ) 안의 맨 뒤에는 남
> 은 수 중 가장 큰 수인 12를 써넣고 계산합니다.

①( ) 안의 계산 결과가 가장 작아야 합니다.

②⇨ $72 \div (6 \times 4 \div 12) = 72 \div (24 \div 12) = 72 \div 2 = 36$

$72 \div (4 \times 6 \div 12) = 72 \div (24 \div 12) = 72 \div 2 = 36$

11 첫째: $3 \times 3 - 1 \times 1 = 9 - 1 = 8$(개),

둘째: $4 \times 4 - 2 \times 2 = 16 - 4 = 12$(개),

셋째: $5 \times 5 - 3 \times 3 = 25 - 9 = 16$(개),

넷째: $6 \times 6 - 4 \times 4 = 36 - 16 = 20$(개),

다섯째: $7 \times 7 - 5 \times 5 = 49 - 25 = 24$(개)

12 문제 분석

12 **①**다음 식이 성립하도록 / **②**○ 안에 +, −, ×, ÷를 한 번씩
써넣으시오.

> **①**$30 \bigcirc 14 \bigcirc 2 \bigcirc 3 \bigcirc 4 = 13$

> **①** ÷가 들어갈 수 있는 곳을 먼저 찾습니다.
> **②** **①**에서 찾은 곳을 빼고 남은 혼합 계산식의 ○ 안에 +, −,
> ×를 앞에서부터 넣어가면서 계산합니다.

①÷가 들어갈 수 있는 곳은 $14 \div 2$뿐입니다.

②×가 들어가면 $30 \times 14 \div 2 \bigcirc 3 \bigcirc 4$에서 계산 결
과가 13보다 큽니다.

+가 들어가면 $30 + 14 \div 2 \bigcirc 3 \bigcirc 4$에서 계산 결
과가 13이므로 두 수의 곱을 빼야 합니다.

$30 + 14 \div 2 - 3 \times 4 = 30 + 7 - 3 \times 4$

$= 30 + 7 - 12$

$= 37 - 12 = 25 \ (\times)$

−가 들어가면 $30 - 14 \div 2 \bigcirc 3 \bigcirc 4$에서

$30 - 14 \div 2 + 3 \times 4 = 30 - 7 + 3 \times 4$

$= 30 - 7 + 12$

$= 23 + 12 = 35 \ (\times)$

$30 - 14 \div 2 \times 3 + 4 = 30 - 7 \times 3 + 4$

$= 30 - 21 + 4$

$= 9 + 4 = 13 \ (\bigcirc)$

13쪽

13 어떤 수를 □라 하면 □−3×6+20÷4=37입니다.

⇨ □−18+20÷4=37, □−18+5=37,

□−18=37−5, □−18=32,

□=18+32, □=50

> 14 **문제 분석**

14 ❶종이에 사인펜이 묻어 번졌습니다. / ❷번져서 보이지 않는 부분에 적힌 수는 얼마입니까?

$(25-\square)\times4\div3=8$

❶ 번져서 보이지 않는 부분을 □라 하여 혼합 계산식을 구합니다.
❷ ❶에서 혼합 계산식을 계산하여 □의 값을 구합니다.

❶번져서 보이지 않는 부분에 적힌 수를 □라 하면

$(25-\square)\times4\div3=8$입니다.

❷$(25-\square)\times4=8\times3$, $(25-\square)\times4=24$,

$25-\square=24\div4$, $25-\square=6$, □+6=25,

□=25−6, □=19

15 돼지고기 8인분: $8400\div12\times8$

감자 8인분: 3600×2

양파 8인분: $2000\div2$

당근 8인분: 1400×4

⇨ $20000-(8400\div12\times8+3600\times2+2000\div2$
$+1400\times4)$

$=20000-(5600+7200+1000+5600)$

$=20000-19400=600$(원)

> 16 **문제 분석**

16 ❶다음 식이 성립하도록 +, −, ×, ÷를 /❷○ 안에 써넣어서 서로 다른 식을 완성하시오. (단, 같은 기호를 여러 번 사용해도 됩니다.)

❶
$8\bigcirc8\bigcirc8\bigcirc8=64$
$8\bigcirc8\bigcirc8\bigcirc8=64$
$8\bigcirc8\bigcirc8\bigcirc8=64$

❶ +, −, ×, ÷ 중 2개를 사용할건지, 3개를 사용할건지 정합니다.
❷ ❶에서 정한 연산 기호를 사용하여 혼합 계산식이 나오도록 순서대로 넣어서 계산합니다.

❶·❷$8+8\times8-8=8+64-8=72-8=64$

$8\times8+8-8=64+8-8=72-8=64$

$8\times8\times8\div8=64\times8\div8=512\div8=64$

17 앞에서부터 계산: $72\div(\square+3)\times4-7=53$,

$72\div(\square+3)\times4=53+7$, $72\div(\square+3)\times4=60$,

$72\div(\square+3)=60\div4$, $72\div(\square+3)=15$,

$72\div\square=15-3$, $72\div\square=12$, $\square\times12=72$,

$\square=72\div12$, □=6

⇨ 바른 계산: $72\div(6+3)\times4-7=72\div9\times4-7$

$=8\times4-7$

$=32-7=25$

> 18 **문제 분석**

18 ❶다음 수 카드와 기호, ( )를 각각 한 번씩 모두 사용하여 계산 결과가 자연수인 식을 만들려고 합니다. / ❷계산 결과가 가장 크게 되도록 하나의 식으로 나타내고 답을 구하시오. / ❸(단, ( )가 없어도 계산 결과가 같은 경우는 생각하지 않습니다.)

❶
$2, 4, 6, 8$, $+, -, \div$

❶ 수 카드의 수와 +, −, ÷와 ( )를 사용하여 혼합 계산식을 만듭니다.
❷ ❶에서 만든 혼합 계산식의 계산 결과가 가장 큰 것을 찾습니다.
❸ ❷에서 찾은 혼합 계산식의 ( )가 없어도 계산 결과가 같은지 다른지 확인합니다.

❶$8+6\div(4-2)$ 또는 $6\div(4-2)+8$

❷$8+6\div(4-2)=8+6 : 2=8+3=11$

또는 $6\div(4-2)+8=6\div2+8=3+8=11$

❸$8+6\div4-2=7.5$ 또는 $6\div4-2+8=7.5$

주의

$8+6-(4\div2)=8+6-2=14-2=12$

$8+6-4\div2=8+6-2=14-2=12$이므로 ( )가 없어도 계산 결과가 같습니다.

🐱 사고력 유형 ⟨14~15쪽⟩

1 $7500\div5-5200\div4=200$ / 200원

2 $10000-(3000\times2+800\times3)=1600$ / 1600원

3 ❶ 6 ❷ 14 ❸ 11

14쪽

1 $7500\div5-5200\div4=1500-5200\div4$

$=1500-1300=200$(원)

2 $10000-(3000\times2+800\times3)$
$=10000-(6000+2400)$
$=10000-8400=1600$(원)

15쪽

3 ❶ $8-4+2=4+2=6$
❷ $5+3\times6-9=5+18-9$
$=23-9=14$
❸ $4+9\div3\times5-8=4+3\times5-8$
$=4+15-8$
$=19-8=11$

도전! 최상위 유형 16~17쪽

1 27
2 (1) 예 $4\times(4+4)-44\div4=21$
(2) 예 $44\times4\div(4+4)-4=18$
3 26   **4** 79

16쪽

1 □⊙84=757에서
□⊙84=□×□+84÷3=□×□+28이므로
□×□+28=757, □×□=757-28,
□×□=729입니다.
같은 수를 두 번 곱해서 729가 나오는 수를 알아봅니다.
$20\times20=400$, $30\times30=900$이므로 □ 안에 알맞은
수는 20보다 크고 30보다 작은 수입니다.
$25\times25=625$, $26\times26=676$, $27\times27=729$이므로
□ 안에 알맞은 수는 27입니다.

2 (1) $4\times(4+4)-44\div4=4\times8-44\div4$
$=32-44\div4$
$=32-11=21$
(2) $44\times4\div(4+4)-4=44\times4\div8-4$
$=176\div8-4$
$=22-4=18$

17쪽

3 $8+●\times5-▲$를 앞에서부터 계산한 뒤 3으로 나눈
값이 18이므로 $8+●\times5-▲=18\times3$,
$8+●\times5-▲=54$입니다.

$8+●$에 5를 곱하면 일의 자리 숫자는 0 또는 5이므
로 한 자리 수인 ▲를 빼서 54가 될 수 있는 수는 55
또는 60입니다.
$8+●$는 11 또는 12입니다.
$8+●=11$, $●=11-8$, $●=3$ 또는
$8+●=12$, $●=12-8$, $●=4$입니다.
$●=3$일 때 $55-▲=54$, $54+▲=55$,
$▲=55-54$, $▲=1$입니다.
$●=4$일 때 $60-▲=54$, $54+▲=60$,
$▲=60-54$, $▲=6$입니다.
➡ $●=3$, $▲=1$일 때 $8+3\times5-1\div3$의 계산 결
과는 자연수가 아닙니다.
$●=4$, $▲=6$일 때
$8+4\times5-6\div3=8+20-6\div3=8+20-2$
$=28-2=26$
입니다.

4 ㉠㉡-㉢㉣÷㉤의 계산 결과가 가장 큰 자연수이려
면 ㉠㉡은 가능한 한 크고 ㉢㉣÷㉤의 값은 가능한
한 작은 자연수이어야 합니다.
• ㉠㉡=86인 경우
2, 3, 4로 만들 수 있는 ㉢㉣÷㉤은 $34\div2=17$,
$42\div3=14$, $24\div3=8$, $32\div4=8$입니다.
➡ $86-24\div3=86-8=78$ 또는
$86-32\div4=86-8=78$
• ㉠㉡=84인 경우
2, 3, 6으로 만들 수 있는 ㉢㉣÷㉤은 $36\div2=18$
입니다.
➡ $84-36\div2=86-18=68$
• ㉠㉡=83인 경우
2, 4, 6으로 만들 수 있는 ㉢㉣÷㉤은
$64\div2=32$, $46\div2=23$, $42\div6=7$, $24\div6=4$
입니다.
➡ $83-24\div6=83-4=79$
• ㉠㉡=82인 경우
3, 4, 6으로 만들 수 있는 ㉢㉣÷㉤은 $36\div4=9$
입니다.
➡ $82-36\div4=82-9=73$
따라서 ㉠㉡=68이거나 68보다 작은 경우 계산 결과
는 79보다 클 수 없으므로 가장 큰 값은 79입니다.

2 약수와 배수

잘 틀리는 🄼 실력유형   20~21쪽

유형 01 7, 4   01 10개

02 3개   03 30

유형 02 12, 24, 3

04 5일, 10일, 15일, 20일, 25일, 30일

05 9번   06 5시 46분

유형 03 공배수   07 22

08 37, 72   09 6

10 예 1×6=6 / 예 2×3=6 / 1, 2, 3, 6

11 0, 2, 4, 6, 8

20쪽

01 1×48=48, 2×24=48, 3×16=48,

4×12=48, 6×8=48

⇨ 1, 2, 3, 4, 6, 8, 12, 16, 24, 48로 모두 10개입니다.

왜 틀렸을까? 어떤 수의 약수를 두 수의 곱으로 나타내어 구합니다.

02 어떤 수는 25의 약수입니다.

25의 약수: 1, 5, 25 ⇨ 3개

왜 틀렸을까? 어떤 수를 나누어떨어지게 하는 수는 어떤 수의 약수입니다.

03 45의 약수: 1, 3, 5, 9, 15, 45 ⇨ 6개

38의 약수: 1, 2, 19, 38 ⇨ 4개

30의 약수: 1, 2, 3, 5, 6, 10, 15, 30 ⇨ 8개

왜 틀렸을까? 어떤 수를 나누어떨어지게 하는 수 또는 두 수의 곱으로 나타내어 약수의 수를 각각 구합니다.

04 5×1=5, 5×2=10, 5×3=15, 5×4=20,

5×5=25, 5×6=30

왜 틀렸을까? 줄넘기를 주기적으로 하는 것이므로 5의 배수를 활용하여 계산합니다.

05 7의 배수는 7, 14, 21, 28, 35, 42, 49, 56이므로

출발 시각은 10시, 10시 7분, 10시 14분, …,

10시 56분으로 9번 출발합니다.

왜 틀렸을까? 버스가 주기적으로 출발하는 것이므로 7의 배수를 활용하여 계산합니다.

06 5번째 열차는 4×4=16(분) 후에 출발하고,

5시 30분+16분=5시 46분에 출발합니다.

왜 틀렸을까? 지하철이 주기적으로 출발하는 것이므로 4의 배수를 활용하여 계산합니다.

21쪽

07 (어떤 수)−4가 9와 6으로 나누어떨어지므로

(어떤 수)−4는 9와 6의 공배수입니다.

9와 6의 최소공배수는 18이고, 어떤 수 중 가장 작은 수는 18보다 4만큼 더 큰 수인 22입니다.

왜 틀렸을까? 9와 6의 공배수보다 4만큼 더 큰 수 중 구합니다.

08 (어떤 수)−2가 7과 5로 나누어떨어지므로

(어떤 수)−2는 7과 5의 공배수입니다.

7과 5의 최소공배수는 35이고, 어떤 수는 35의 배수보다 2만큼 더 큰 수이므로 35+2=37,

70+2=72, 105+2=107, …에서 100보다 작은 수는 37, 72입니다.

왜 틀렸을까? 7과 5의 공배수보다 2만큼 더 큰 수 중 구합니다.

09 22−4=18, 28−4=24에서 어떤 수는 18과 24의 공약수입니다. 18과 24의 최대공약수는 6이고 공약수는 1, 2, 3, 6인데 나머지가 4이므로 어떤 수는 4보다 큰 수인 6입니다.

왜 틀렸을까? 22보다 4만큼 더 작은 수와 28보다 4만큼 더 작은 수의 공약수 중 4보다 큰 수를 구합니다

10 1×6=6, 2×3=6이므로 6의 약수는 1, 2, 3, 6입니다.

11 끝의 두 자리 수인 □0이 00이거나 4의 배수이어야 합니다.

20÷4=5, 40÷4=10, 60÷4=15, 80÷4=20

⓪0, ②0, ④0, ⑥0, ⑧0이므로 빈 곳에 알맞은 수는 0, 2, 4, 6, 8입니다.

참고

• 2의 배수: 일의 자리 숫자가 0, 2, 4, 6, 8인 수

예 ③② ⇦ 일의 자리 숫자가 2   └ 짝수

• 3의 배수: 각 자리 숫자의 합이 3의 배수인 수

예 143 ⇦ 1+4+3=8은 3의 배수가 아닙니다.

• 4의 배수: 끝의 두 자리 수가 00이거나 4의 배수인 수

예 7②④ ⇦ 24가 4의 배수

• 5의 배수: 일의 자리 숫자가 0이거나 5인 수

예 5④ ⇦ 일의 자리 숫자 4가 0, 5가 아닙니다.

• 9의 배수: 각 자리 숫자의 합이 9의 배수인 수

예 233 ⇦ 2+3+3=8은 9의 배수가 아닙니다.

다르지만 같은 유형

22~23쪽

01 (△)(○)(○)

02 (○)( )
( )(○)

03 (1) ○ (2) ○ (3) ○

04 52, 56, 60, 64, 68, 72, 76, 80

05 예 15의 배수는 15를 1배, 2배, 3배, ... 한 수입니다.

$15 \times 1 = 15$, $15 \times 2 = 30$, $15 \times 3 = 45$,

$15 \times 4 = 60$, $15 \times 5 = 75$, $15 \times 6 = 90$,

$15 \times 7 = 105$, ...

⇨ 15, 30, 45, 60, 75, 90

/ 15, 30, 45, 60, 75, 90

06 9개   **07** 4명

08 6개   **09** 9명

10 45 cm   **11** 36 cm

12 3번

22쪽

01~03 핵심

2의 배수는 짝수와 같은 말입니다.
2의 배수이고 3의 배수이면 6의 배수입니다.

01 짝수는 2로 나누어떨어지는 수이므로 2의 배수입니다.
홀수는 짝수가 아닌 수이므로 2의 배수가 아닙니다.

$31 \div 2 = 15 \cdots 1$ ⇨ 홀수

$76 \div 2 = 38$ ⇨ 짝수

$194 \div 2 = 97$ ⇨ 짝수

02 2의 배수: 일의 자리 숫자가 0, 2, 4, 6, 8인 수

03 (1) 일의 자리 숫자가 2이므로 2의 배수입니다.

(2) $4 + 7 + 8 + 2 = 21$(3의 배수)

(3) 2의 배수이고 3의 배수이면 6의 배수이므로 4782는 6의 배수입니다.

04~06 핵심

주어진 수의 배수는 주어진 수를 몇 배 하여 구한 뒤 조건에 맞는 수를 찾습니다.

04 $4 \times 13 = 52$, $4 \times 14 = 56$, $4 \times 15 = 60$,

$4 \times 16 = 64$, $4 \times 17 = 68$, $4 \times 18 = 72$,

$4 \times 19 = 76$, $4 \times 20 = 80$

05 서술형 가이드 15를 1배, 2배, 3배, ... 하여 15의 배수를 구한 뒤 두 자리 수를 모두 구하는 풀이 과정이 들어 있어야 합니다.

채점 기준

상	15를 1배, 2배, 3배, ... 하여 15의 배수를 구한 뒤 두 자리 수를 모두 구했음.
중	15를 1배, 2배, 3배, ... 하여 15의 배수를 구했지만 그중 두 자리 수를 구하지 못함.
하	15를 1배, 2배, 3배, ... 하지도 못함.

06 1부터 39까지 7의 배수: $39 \div 7 = 5 \cdots 4$

→ 5개

1부터 100까지 7의 배수: $100 \div 7 = 14 \cdots 2$

→ 14개

⇨ $14 - 5 = 9$(개)

23쪽

07~09 핵심

최대 몇 명에게 나누어 줄 때, 최대한 많이 똑같이 담을 때 등
⇨ 두 수의 최대공약수를 구합니다.

07 2) 36   52
    2) 18   26
        9   13

⇨ 최대공약수: $2 \times 2 = 4$

따라서 최대 4명의 학생에게 나누어 줄 수 있습니다.

08 24와 42를 나누어떨어지게 하는 수 중 가장 큰 수는 최대공약수입니다.

    2) 24   42
    3) 12   21
        4   7

⇨ 최대공약수: $2 \times 3 = 6$

따라서 봉지는 최대 6개가 필요합니다.

09 3) 45   27
    3) 15   9
        5   3

⇨ 최대공약수: $3 \times 3 = 9$

따라서 최대 9명의 학생에게 나누어 줄 수 있습니다.

10~12 핵심

직사각형 여러 개로 만든 정사각형의 한 변의 길이, 같은 간격으로 찍은 두 점이 같은 곳에서 찍히는 곳, 동시에 출발했다가 다시 만날 때 등
⇨ 두 수의 최소공배수를 구합니다.

10 3)9 15
         3 5

⇨ 최소공배수: $3 \times 3 \times 5 = 45$

따라서 만들 수 있는 가장 작은 정사각형의 한 변의 길이는 45 cm입니다.

11 2)12 18
       3) 6 9
            2 3

⇨ 최소공배수: $2 \times 3 \times 2 \times 3 = 36$

따라서 빨간색 점과 파란색 점이 처음으로 같이 찍히는 곳은 시작점에서 36 cm 떨어진 곳입니다

12 4와 5의 최소공배수는 20이므로 20분에 한 번씩 만나게 됩니다.

출발 후 만나는 시간은 출발한 지 20분 후, 40분 후, 60분 후, ...이므로 60분 동안 3번 다시 만납니다.

응용 유형
24~27쪽

01 지혜	02 3
03 180	04 33
05 89	06 4개, 3개
07 은미	08 4, 8
09 6, 12	10 10
11 504	12 8번
13 5번	14 91
15 7월 13일, 4번	16 83
17 4	18 7개, 5개

24쪽

01 2)20 36
       2)10 18
            5 9 ⇨ 최대공약수: $2 \times 2 = 4$

최대공약수의 약수가 공약수이므로 공약수는 1, 2, 4이고, 가장 작은 수는 1입니다.

02 • 2보다 크고 9보다 작은 수: 3, 4, 5, 6, 7, 8
• 위의 수 중 24의 약수인 수: 3, 4, 6, 8
• 위의 수 중 홀수: 3

03 4)12 20
         3 5 ⇨ 최소공배수: $4 \times 3 \times 5 = 60$

$200 \div 60 = 3 \cdots 20$이므로 $60 \times 3 = 180$,
$60 \times 4 = 240$ 중 200에 더 가까운 수는 180입니다.

25쪽

04 11)77 (어떤 수)
         7   □

최소공배수는 $11 \times 7 \times \square = 231$이므로
$77 \times \square = 231$, $\square = 231 \div 77$, $\square = 3$입니다.

⇨ (어떤 수) $= 11 \times \square = 11 \times 3 = 33$

05 어떤 수는 5로 나누어떨어지기에도 1이 모자라고 6으로 나누어떨어지기에도 1이 모자랍니다.

어떤 수를 □라 하면 (□+1)은 5와 6의 공배수입니다.

$\square + 1 = 30, 60, 90, 120, ...$

⇨ $\square = 29, 59, 89, 119, ...$이고 그중 100에 가장 가까운 수는 89입니다.

> **참고**
> 5로 나누면 4가 남는다.
> ⇨ 5의 배수보다 4만큼 더 큰 수 또는
> 5의 배수보다 1만큼 더 작은 수
> 6으로 나누면 5가 남는다.
> ⇨ 6의 배수보다 5만큼 더 큰 수 또는
> 6의 배수보다 1만큼 더 작은 수
> $100 - 89 = 11$, $119 - 100 = 19$

06 나누어 준 사탕 수: $65 - 1 = 64$(개),
나누어 준 초콜릿 수: $50 - 2 = 48$(개)

2)64 48
2)32 24
2)16 12
2) 8 6
     ④ ③ ⇨ 최대공약수: $2 \times 2 \times 2 \times 2 = 16$

사탕 수: $64 \div 16 = 4$(개)
초콜릿 수: $48 \div 16 = 3$(개)

26쪽

07 2)18 24
       3) 9 12
            3 4

⇨ 최대공약수: $2 \times 3 = 6$
   최소공배수: $2 \times 3 \times 3 \times 4 = 72$

08 문제분석

08 \조건/을 / ❸만족하는 수를 모두 구하시오.

조건
❶ • 3보다 크고 14보다 작습니다.
❷ • 4의 배수이고 ❸16의 약수입니다.

❶ 3과 14는 포함되지 않습니다.
❷ ❶에서 수 중 4의 배수를 구합니다.
❸ ❷에서 수 중 16의 약수를 구합니다.

❶ • 3보다 크고 14보다 작은 수: 4, 5, 6, 7, 8, 9, 10, 11, 12, 13
❷ • 위의 수 중 4의 배수: 4, 8, 12
❸ • 위의 수 중 16의 약수: 4, 8

09 • 5보다 크고 16보다 작은 수: 6, 7, 8, 9, 10, 11, 12, 13, 14, 15
• 위의 수 중 3의 배수이고 12의 약수인 수: 6, 12
• 위의 수 중 짝수: 6, 12

10 문제분석

10 \조건/을 / ❸만족하는 수 중 가장 작은 수를 구하시오.

조건
❶ • 3으로 나누면 1이 남습니다.
❷ • 4로 나누면 2가 남습니다.

❶ 3의 배수보다 1만큼 더 큰 수이거나 3의 배수보다 2만큼 더 작은 수입니다.
❷ 4의 배수보다 2만큼 더 큰 수이거나 4의 배수보다 2만큼 더 작은 수입니다.
❸ 3과 4의 공배수보다 2만큼 더 작은 수 중 가장 작은 수를 구합니다.

❶3으로 나누면 1이 남으므로 3의 배수보다 1만큼 더 큰 수 또는 3의 배수보다 2만큼 더 작은 수입니다.
❷4로 나누면 2가 남으므로 4의 배수보다 2만큼 더 큰 수 또는 4의 배수보다 2만큼 더 작은 수입니다.
❸어떤 수는 3과 4의 공배수보다 2만큼 더 작은 수이므로 3과 4의 최소공배수인 12의 배수보다 2만큼 더 작은 수입니다.
⇨ ⑩, 22, 34, ...

11 6) 18   24
      3   4 ⇨ 최소공배수: 6×3×4=72
500÷72=6…68이므로 72×6=432,
72×7=504 중 500에 더 가까운 수는 504입니다.

12 문제분석

12 ❶진아와 경호가 규칙에 따라 각각 바둑돌 50개를 놓을 때 / ❷같은 자리에 검은 바둑돌이 놓이는 경우는 모두 몇 번입니까?

진아 ○○●○○●○○●○○●○ ……
❶경호 ○●○●○●○●○●○●○ ……

❶ 진아와 경호가 검은 바둑돌을 놓은 규칙은 어떤 수의 배수인지 구합니다.
❷ ❶에서 구한 두 수의 공배수마다 검은 바둑돌이 같은 자리에 놓입니다.

❶진아는 검은 바둑돌을 3의 배수로 놓았고 경호는 검은 바둑돌을 2의 배수로 놓았습니다.
❷3과 2의 최소공배수는 6이므로 같은 자리에 검은 바둑돌이 놓이는 경우는 6의 배수일 때입니다.
50÷6=8…2이므로 같은 자리에 검은 바둑돌이 놓이는 경우는 8번입니다.

참고
50까지 6의 배수: 6, 12, 18, 24, 30, 36, 42, 48 ⇨ 8번

27쪽

13 문제분석

13 ❶어느 역에서 대전행 기차는 10분마다, 부산행 기차는 15분마다 출발한다고 합니다. / ❷오전 10시에 두 기차가 처음으로 동시에 출발하였다면 낮 12시까지 두 기차는 몇 번이나 동시에 출발하는지 구하시오.

❶ 두 수의 최소공배수를 구합니다.
❷ ❶에서 구한 최소공배수를 이용하여 오전 10시부터 낮 12시까지 동시에 출발한 시각을 구합니다.

5) 10   15
      2   3
❶10과 15의 최소공배수: 5×2×3=30
두 기차는 30분마다 동시에 출발합니다.
오전 10시, 오전 10시 30분, 오전 11시,
        +30분   +30분
오전 11시 30분, 낮 12시
+30분   +30분
따라서 5번 동시에 출발합니다.

14 13) (어떤 수)   39
           □   3
최소공배수는 13×□×3=273이므로
39×□=273, □=273÷39, □=7입니다.
⇨ (어떤 수)=13×□=13×7=91

15 문제 분석

15 ❶유리는 3일마다, 현우는 4일마다 도서관에 갑니다. / ❷두 사람이 7월 1일에 도서관에서 만났다면 그 다음번에 도서관에서 다시 만나는 날짜를 구하고, / ❸그때까지 유리는 도서관에 몇 번 더 가야 하는지 차례로 쓰시오.

> ❶ 두 수의 최소공배수를 구합니다.
> ❷ ❶에서 구한 최소공배수를 이용하여 다시 만나는 날짜를 구합니다.
> ❸ ❶에서 구한 최소공배수를 이용하여 도서관에 몇 번 더 가야 하는지 구합니다.

❶3과 4의 최소공배수는 12입니다.
❷유리와 현우가 다시 만나는 날은
$1+12=13$(일)입니다.
❸12일 동안 유리는 도서관에 $12 \div 3 = 4$(번) 더 가야 합니다.

16 어떤 수는 6으로 나누어떨어지기에도 1이 모자라고 7로 나누어떨어지기에도 1이 모자랍니다.
어떤 수를 □라 하면 (□+1)은 6과 7의 공배수입니다.
□+1=42, 84, 126, ...
⇨ □=41, 83, 125, ...이고 그중 100에 가장 가까운 수는 83입니다.

17 문제 분석

17 ❶43을 어떤 수로 나누면 나머지가 3이고, / ❷54를 어떤 수로 나누면 나머지가 2입니다. / ❸어떤 수를 구하시오.

> ❶ 43보다 3만큼 더 작은 수는 어떤 수로 나누어떨어집니다.
> ❷ 54보다 2만큼 더 작은 수는 어떤 수로 나누어떨어집니다.
> ❸ ❶과 ❷에서 구한 두 수의 공약수 중 3보다 큰 수를 구합니다.

❶·❷43−3=40과 54−2=52의 최대공약수는 4입니다.
❸4의 약수는 1, 2, 4이고 이 중에서 3보다 큰 수는 4입니다.
따라서 어떤 수는 4입니다.

18 60−4=56, 43−3=40이므로 56과 40의 최대공약수를 구합니다.

```
2) 56  40
2) 28  20
2) 14  10
   ⑦   ⑤  ⇨ 최대공약수: 2×2×2=8
```

구슬 수: $56 \div 8 = 7$(개)
공깃돌 수: $40 \div 8 = 5$(개)

🐱 사고력 유형
28~29쪽

1 1597년

2 1882년, 1894년

3 10, 20, 30, 40, 50

4 ❶ 아닙니다에 ○표 ❷ 맞습니다에 ○표

28쪽

1 임진 → 계사 → 갑오 → 을미 → 병신 → 정유
  (1년) (2년) (3년) (4년) (5년)
정유년은 1592년에서 5년 뒤이므로 1597년입니다.

2 임오 → 계미 → 갑신 → 을유 → 병술 → 정해 →
무자 → 기축 → 경인 → 신묘 → 임진 → 계사 →
갑오

임오군란은 갑신정변보다 2년 전에 일어났으므로 1882년입니다.
갑오개혁은 갑신정변보다 10년 뒤에 일어났으므로 1884년입니다.

참고

임오군란(1882년): 신식 군대인 별기군과의 차별 대우로 구식 군대의 군인들이 벌인 난리
갑신정변(1884년): 개화당이 혁신적인 정부를 세우기 위하여 일으킨 정변
갑오개혁(1894~1896년): 과거의 문물제도를 근대식으로 고치는 혁신을 단행한 3차에 이르는 개혁

29쪽

3 손뼉을 치면서 발을 구르는 수는 2와 5의 공배수입니다.
2와 5의 최소공배수는 10이므로
50까지 2와 5의 공배수는 10, 20, 30, 40, 50입니다.

4 ❶ 56783의 각 자리 숫자의 합은
$5+6+7+8+3=29$이고
$29 \div 9 = 3 \cdots 2$이므로
56783은 9의 배수가 아닙니다.
❷ 2749860의 각 자리 숫자의 합은
$2+7+4+9+8+6+0=36$이고
$36 \div 9 = 4$이므로
2749860은 9의 배수가 맞습니다.

도전! 최상위 유형

30~31쪽

1 17개　　　　**2** 29, 58, 580

3 7개　　　　**4** 224

30쪽

1 ㉠과 ㉡을 만족하는 수는 5의 배수이고 6의 배수이므로 30의 배수입니다.

㉡을 만족하는 30의 배수이므로

$500 \div 30 = 16 \cdots 20$, $999 \div 30 = 33 \cdots 9$입니다.

몫이 17부터 33까지 나오면 되므로

$30 \times 17 = 510$, ..., $30 \times 33 = 990$입니다.

➡ $33 - 17 + 1 = 17$(개)

다른 풀이

1부터 999까지 30의 배수: $999 \div 30 = 33 \cdots 9$ ➡ 33개

1부터 500까지 30의 배수: $500 \div 30 = 16 \cdots 20$ ➡ 16개

➡ $33 - 16 = 17$(개)

2 667의 일의 자리 숫자가 7이므로

□7×□1 또는 □9×□3 뿐입니다.

$667 = 29 \times 23$이므로 세 수의 최대공약수가 가장 크려면 세 수의 최대공약수는 29가 되어야 합니다.

세 수를 $29 \times ㉠$, $29 \times ㉡$, $29 \times ㉢$($㉠ < ㉡ < ㉢$)이라 하면 $29 \times ㉠ + 29 \times ㉡ + 29 \times ㉢ = 667$이므로

$㉠ + ㉡ + ㉢ = 23$입니다.

㉢이 가장 커야 하므로 $㉠ = 1$, $㉡ = 2$, $㉢ = 20$입니다.

➡ $29 \times ㉠ = 29 \times 1 = 29$

$29 \times ㉡ = 29 \times 2 = 58$

$29 \times ㉢ = 29 \times 20 = 580$

31쪽

3 약수의 개수가 3개인 수는 1과 자기 자신을 제외한 약수가 1개 있습니다.

□×□의 약수가 1, □, □×□이 되려면 □의 약수가 1과 자기 자신만 나와야 합니다.

가장 작은 세 자리 수는 100이고 $10 \times 10 = 100$이므로 10보다 큰 □의 약수가 1과 □뿐인 □를 구하면

□= 11, 13, 17, 19, 23, 29, 37, ...입니다.

$11 \times 11 = 121$, $13 \times 13 = 169$, $17 \times 17 = 289$,

$19 \times 19 = 361$, $23 \times 23 = 529$, $29 \times 29 = 841$,

$31 \times 31 = 961$, $37 \times 37 = 1369$, ...

따라서 만족하는 세 자리 수는 121, 169, 289, 361, 529, 841, 961로 모두 7개입니다.

4 9의 배수가 아닌 수 중 200째에 있는 수를 찾아야 합니다. $200 \div 9 = 22 \cdots 2$이므로

$9 \times 23 = 207$

➡ 1부터 207까지의 수 중 9의 배수가 아닌 수는
　$207 - 23 = 184$(개)입니다.

$9 \times 24 = 216$

➡ 1부터 216까지의 수 중 9의 배수가 아닌 수는
　$216 - 24 = 192$(개)입니다.

$9 \times 25 = 225$

➡ 1부터 225까지의 수 중 9의 배수가 아닌 수는
　$225 - 25 = 200$(개)입니다.

따라서 200째에 있는 수는 224입니다.

다른 풀이

9의 배수를 기준으로 8개씩 묶어집니다.

$200 \div 8 = 25$(묶음)

200째에 있는 수는 25번째 묶음의 8번째 수입니다.

➡ $9 \times 25 - 1 = 225 - 1 = 224$

3 규칙과 대응

잘 틀리는 **실력** 유형 · 34~35쪽

유형 **01** 3, 3, 15 　　 **01** 8

02 150 　　 **03** 72

유형 **02** 4, 4

04 ○×12=△ 또는 △÷12=○

05 □−2011=▽ 또는 ▽+2011=□

06 ☆×6=◇ 또는 ◇÷6=☆

유형 **03** 20, 20, 160 　　 **07** 270 킬로칼로리

08 24개 　　 **09** 5, 4, 3

10 합, 11 　　 **11** 예 □+△=11

34쪽

01 ○가 1씩 커질 때마다 ◇는 1씩 커지므로 ◇는 ○보다 3만큼 더 큽니다. ⇨ 5보다 3만큼 더 큰 8입니다.

왜 틀렸을까? ○가 1씩 커질 때마다 ◇가 1씩 커지는 규칙을 찾지 못했습니다.

02 □가 1씩 커질 때마다 ▽는 30씩 커지므로 ▽는 □의 30배입니다. ⇨ 5의 30배는 150입니다.

왜 틀렸을까? □가 1씩 커질 때마다 ▽가 30씩 커지는 규칙을 찾지 못했습니다.

03 ♡가 1씩 커질 때마다 ◎는 8씩 커지므로 ◎는 ♡의 8배입니다. ⇨ 9의 8배는 72입니다.

왜 틀렸을까? ♡가 1씩 커질 때마다 ◎가 8씩 커지는 규칙을 찾지 못했습니다.

04 과자 상자의 수가 1, 2, 3, …개일 때 과자 봉지의 수는 12, 24, 36, …개입니다. 따라서 과자 봉지의 수는 과자 상자의 수의 12배입니다.

왜 틀렸을까? 과자 상자의 수와 과자 봉지의 수 사이의 대응 관계를 이해하지 못했습니다.

05 연도가 2023, 2024, 2025, …년일 때 동수의 나이는 12, 13, 14, …살입니다. 따라서 동수의 나이는 연도에서 2011을 뺀 수입니다.

왜 틀렸을까? 연도와 동수의 나이 사이의 대응 관계를 이해하지 못했습니다.

06 시간이 1, 2, 3, …초일 때 엘리베이터가 올라간 거리는 6, 12, 18, … m입니다. 따라서 올라간 거리는 시간의 6배입니다.

왜 틀렸을까? 시간과 올라간 거리 사이의 대응 관계를 이해하지 못했습니다.

35쪽

07 (소모된 열량)=(시간)×9이므로
(30분 동안 소모된 열량)=30×9=270(킬로칼로리)입니다.

왜 틀렸을까? 시간과 소모된 열량 사이의 관계를 식으로 나타내지 못했습니다.

08 (꽃다발의 수)=(장미의 수)÷5이므로
(꽃다발의 수)=120÷5=24(개)입니다.

왜 틀렸을까? 장미의 수와 꽃다발의 수 사이의 관계를 식으로 나타내지 못했습니다.

09 6과 5, 7과 4, 8과 3을 선분으로 이었습니다.

10 3+8=11, 4+7=11, 5+6=11,
6+5=11, 7+4=11, 8+3=11
⇨ 선분으로 이은 두 수의 합이 11로 같습니다.

11 다른 답으로 11−△=□ 등이 있습니다.

다르지만 **같은** 유형 · 36~37쪽

01 2, 4, 6, 8 　　 **02** 1개

03

04 ㉠ 　　 **05** 선예

06 [방법 1]
예 검은 바둑돌은 흰 바둑돌보다 2개 더 적습니다.

[방법 2]
예 흰 바둑돌은 검은 바둑돌보다 2개 더 많습니다.

07 예 | 닭의 수 | × | 2 | = | 다리의 수 |

08 △+3=□ 또는 □−3=△

09 예 ○, ◇, ○×12=◇

10 60개 　　 **11** 49번

12 50개

36쪽

대응되는 두 양을 찾고 두 양 사이의 규칙을 알아봅니다.

01 책상의 수가 1개씩 늘어날 때마다 의자의 수는 2개씩 늘어납니다.
책상 1개에 의자 2개, 책상 2개에 의자 4개, 책상 3개에 의자 6개, 책상 4개에 의자 8개입니다.

02

사각형의 수(개)	1	2	3	…
원의 수(개)	2	3	4	…

사각형이 1개씩 늘어날 때마다 원은 1개씩 늘어납니다.

03 사각형 1개에 위로 삼각형이 2개씩 있는 모양이므로 넷째에는 사각형이 4개이고 각 사각형마다 위로 삼각형이 2개씩 있는 모양입니다.

대응되는 두 양 사이의 관계를 이해해야 합니다.

04

관람객의 수(명)	1	2	3	4	…
엽서의 수(장)	3	6	9	12	…

⇨ 관람객의 수에 3배를 하면 엽서의 수와 같습니다.

05

상자의 수(개)	1	2	3	4	…
감의 수(개)	8	16	24	32	…

⇨ 감의 수를 8로 나누면 상자의 수와 같습니다.

06 대응 관계를 찾아 설명합니다.

서술형가이드 흰 바둑돌의 수와 검은 바둑돌의 수 사이의 대응 관계를 이해하여 2가지 방법으로 설명했는지 확인합니다.

채점 기준

상	2가지 방법으로 설명함.
중	1가지 방법으로 설명함.
하	1가지 방법으로도 설명하지 못함.

37쪽

대응 관계에 있는 두 양을 나타낼 수 있는 기호를 정하고, 대응 관계를 +, −, ×, ÷를 이용하여 식으로 나타냅니다.

07 닭의 수가 1마리씩 늘어날 때마다 다리의 수는 2개씩 늘어납니다.
⇨ 다리의 수는 닭의 수의 2배입니다.

08 • 정우는 동생보다 3살이 더 많습니다. ⇨ △＋3＝□
• 동생은 정우보다 3살이 더 적습니다. ⇨ □−3＝△

09 ◇÷12＝○ (샤워기를 사용한 시간: ○, 물의 양: ◇)
로 쓰거나 두 양을 ○, ◇ 외의 다른 기호로 표현하여 식으로 나타내는 경우도 정답입니다.

대응 관계를 식으로 알아보고 주어진 수에 대응하는 값을 구합니다.

10 검은 바둑돌의 수는 흰 바둑돌의 수의 2배입니다. 따라서 흰 바둑돌이 30개이면 검은 바둑돌은 30×2＝60(개)입니다.

11 도막의 수는 자른 횟수보다 1만큼 더 큽니다.
따라서 50도막이 되려면 50−1＝49(번) 잘라야 합니다.

12 원의 수는 삼각형의 수의 반입니다. 따라서 삼각형의 수가 100개일 때 원의 수는 100÷2＝50(개)입니다.

응용유형

01 예 꽃 모양의 수는 카드의 수의 2배입니다.

02 △×25＝♡ 또는 ♡÷25＝△

03 □×8＝○ 또는 ○÷8＝□ / 80

04 10, 16 / □×3−2＝△ 또는 (△＋2)÷3＝□

05 예 모둠의 수에 6배 한 만큼 학생들이 있으므로 ○×6＝△, △÷6＝○로 나타내야 합니다.

06 18개

07 예 책의 수는 책꽂이 칸 수의 8배입니다.

08 ○＋1000＝□ 또는 □−1000＝○

09 ○−3＝□ 또는 □＋3＝○ / 22

10 예 가로등의 수는 도로의 길이보다 1만큼 더 큽니다.

11 6, 7 / □÷2+1＝△ 또는 △×2−2＝□

12 ☆×7＝△ 또는 △÷7＝☆ / 84

13 24, 29 / ☆×5−1＝○ 또는 (○＋1)÷5＝☆

14 10, 13 / ☆×3+1＝□ 또는 (□−1)÷3＝☆

15 0.5＋□×6＝♡ 또는 (♡−0.5)÷6＝□

16 예 사람의 수의 3배가 사탕의 수이므로 ☆은 사람의 수, ◇는 사탕의 수를 나타냅니다.

17 32개   **18** 144개

38쪽

01 다른 답으로 '꽃 모양의 수를 2로 나누면 카드의 수입니다.' 등이 있습니다.

02 그림의 수는 상영하는 시간의 25배입니다.

03 □와 ○ 사이의 대응 관계를 식으로 나타내면
□×8=○입니다.
⇨ 10×8=80, ○=80

39쪽

04 1×3−2=1, 2×3−2=4, 3×3−2=7,
4×3−2=10, 5×3−2=13, 6×3−2=16
⇨ △는 □의 3배보다 2만큼 더 작습니다.
□와 △ 사이의 대응 관계를 식으로 나타내면
□×3−2=△입니다.

> **참고**
> □와 △ 사이의 대응 관계를 나눗셈식으로 나타낼 수도 있습니다. □는 △+2를 3으로 나눈 것과 같습니다.

05 대응 관계를 나타낸 식이 틀렸습니다.

06 식탁의 수가 1개씩 늘어날 때마다 의자의 수는 2개씩 늘어납니다. 식탁의 수와 의자의 수의 대응 관계를 표로 나타내어 봅니다.

식탁의 수(개)	1	2	3	4	…
의자의 수(개)	4	6	8	10	…

⇨ 식탁의 수가 8개이면 의자의 수는 18개입니다.

40쪽

07 책꽂이 칸 수가 1개씩 늘어날 때마다 책의 수는 8권씩 늘어납니다.
다른 답으로 '책의 수를 8로 나누면 책꽂이 칸 수입니다.' 등이 있습니다.

08 형은 1000원을 먼저 저금통에 넣었기 때문에 1000원에서 시작하고, 형과 동생 모두 1주일이 지날 때마다 모은 돈이 1000원씩 늘어납니다. 따라서 형이 모은 돈은 동생이 모은 돈보다 항상 1000원이 많습니다.

09 10−3=7, 11−3=8, 12−3=9, 13−3=10
⇨ □는 ○보다 3만큼 더 작습니다.
○와 □ 사이의 대응 관계를 식으로 나타내면
○−3=□입니다.
⇨ 25−3=22, □=22

> **10 문제 분석**
>
> **10** ❶도로의 시작부터 1 m 간격으로 가로등이 있습니다. / ❷도로의 길이와 가로등의 수 사이의 대응 관계를 쓰시오. (단, 가로등의 두께는 생각하지 않습니다.)
>
>
>
> 1 m
>
> ❶ 도로의 길이가 1 m씩 늘어날 때마다 가로등의 수가 몇 개씩 늘어나는지 알아봅니다.
> ❷ ❶에서 알아본 규칙을 도로의 길이와 가로등의 수를 넣어 대응 관계를 씁니다.

❶도로의 길이와 가로등의 수 사이의 대응 관계를 표로 나타내어 봅니다.

도로의 길이(m)	1	2	3	4	…
가로등의 수(개)	2	3	4	5	…

⇨ 도로의 길이가 1 m씩 늘어날 때마다 가로등의 수는 1개씩 늘어납니다.

❷따라서 가로등의 수는 도로의 길이보다 1만큼 더 큽니다. 다른 답으로 '도로의 길이는 가로등의 수보다 1만큼 더 작습니다.' 등이 있습니다.

11 2÷2+1=2, 4÷2+1=3, 6÷2+1=4,
8÷2+1=5, 10÷2+1=6, 12÷2+1=7
⇨ △는 □를 2로 나눈 수보다 1만큼 더 크므로 □와 △ 사이의 대응 관계를 식으로 나타내면
□÷2+1=△입니다.

> **다른 풀이**
> □는 △×2보다 2만큼 더 작습니다. 따라서 △와 □ 사이의 대응 관계는 △×2−2=□로 나타낼 수도 있습니다.

> **12 문제 분석**
>
> **12** ❶표를 보고 ☆과 △ 사이의 대응 관계를 식으로 나타내시오. / ❷또 ☆=12일 때 △의 값을 구하시오.
>
> | ☆ | 3 | 4 | 5 | 6 | … |
> |---|---|---|---|---|---|
> | △ | 21 | 28 | 35 | 42 | … |
>
> ❶ ☆과 △ 사이의 대응 관계를 +, −, ×, ÷ 등을 이용하여 식으로 나타냅니다.
> ❷ ❶의 식을 이용하여 ☆=12일 때 △의 값을 구합니다.

❶☆과 △ 사이의 대응 관계를 식으로 나타내면
☆×7=△입니다.
❷⇨ 12×7=84, △=84

41쪽

13 문제 분석

13 ❶표를 완성하고 / ❷☆과 ○ 사이의 대응 관계를 식으로 나타내시오.

☆	1	2	3	4	5	6
○	4	9	14	19		

❶ ☆과 ○ 사이의 대응 관계를 알아봅니다.
❷ ❶에서 알아본 ☆과 ○ 사이의 대응 관계를 +, −, ×, ÷ 등을 이용하여 식으로 나타냅니다.

❶☆이 1씩 커질 때마다 ○는 5씩 커지므로 ☆이 5일 때 ○=19+5=24, ☆이 6일 때 ○=24+5=29 입니다.

$1×5−1=4$, $2×5−1=9$, $3×5−1=14$,
$4×5−1=19$, $5×5−1=24$, $6×5−1=29$

⇨ ○는 ☆의 5배보다 1만큼 더 작습니다.

❷따라서 ☆과 ○ 사이의 대응 관계를 식으로 나타내면 ☆×5−1=○입니다.

14 문제 분석

14 그림과 같이 성냥개비로 사각형을 만들고 있습니다. ❶만든 사각형의 수를 ☆, 성냥개비의 수를 □라고 할 때 표를 완성하고, / ❷☆과 □ 사이의 대응 관계를 식으로 나타내시오.

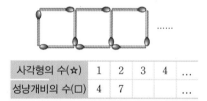

사각형의 수(☆)	1	2	3	4	…
성냥개비의 수(□)	4	7			…

❶ 사각형의 수와 성냥개비의 수 사이의 대응 관계를 알아봅니다.
❷ ❶에서 알아본 사각형의 수와 성냥개비의 수 사이의 대응 관계를 +, −, ×, ÷ 등을 이용하여 식으로 나타냅니다.

❶사각형의 수가 1개씩 늘어날 때마다 성냥개비의 수는 3개씩 늘어나므로 사각형이 3개일 때 성냥개비는 7+3=10(개), 사각형이 4개일 때 성냥개비는 10+3=13(개)입니다.

$1×3+1=4$, $2×3+1=7$
$3×3+1=10$, $4×3+1=13$

⇨ 성냥개비의 수는 사각형의 수의 3배보다 1만큼 더 큽니다.

❷따라서 ☆과 □ 사이의 대응 관계를 나타내면 ☆×3+1=□입니다.

15 문제 분석

15 ❶물 0.5 L가 들어 있는 수조에 1분에 6 L씩 물이 나오는 수도꼭지를 틀어 물을 받았습니다. / ❷물을 받은 시간을 □, 수조 안의 물의 양을 ♡라고 할 때 □와 ♡ 사이의 대응 관계를 식으로 나타내시오.

❶ 물을 받은 시간과 물의 양 사이의 대응 관계를 알아봅니다.
❷ ❶에서 알아본 물을 받은 시간과 물의 양 사이의 대응 관계를 +, −, ×, ÷ 등을 이용하여 식으로 나타냅니다.

❶ 물을 받은 시간(분)	1	2	3	4	…
물의 양(L)	6.5	12.5	18.5	24.5	…

⇨ 물의 양은 물을 받은 시간의 6배보다 0.5만큼 더 큽니다.

❷따라서 □와 ♡ 사이의 대응 관계를 식으로 나타내면 0.5+□×6=♡입니다

16 ☆, ◇가 나타내는 것에 대한 설명이 틀렸습니다.

17 회의 탁자의 수가 1개씩 늘어날 때마다 의자의 수는 6개씩 늘어납니다.

회의 탁자의 수(개)	1	2	3	4	…
의자의 수(개)	8	14	20	26	…

⇨ 회의 탁자의 수가 5개이면 의자의 수는 32개입니다.

18 문제 분석

18 규칙에 따라 모양을 만들고 있습니다. ❸12번째 모양은 가장 작은 정사각형이 몇 개입니까?

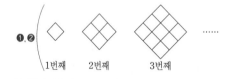

1번째 2번째 3번째

❶ 그림을 보고 순서와 가장 작은 정사각형의 수 사이의 대응 관계를 표로 나타낼 수 있습니다.
❷ 대응 관계를 나타낸 표를 이용하여 순서와 가장 작은 정사각형의 수 사이의 대응 관계를 +, −, ×, ÷ 등을 이용하여 식으로 나타냅니다.
❸ ❷에서 구한 식을 이용하여 12번째 모양의 가장 작은 정사각형의 수를 구합니다.

❶ 순서(◇)	1	2	3	4	…
가장 작은 정사각형의 수(△)	1	4	9	16	…

❷순서(◇)와 가장 작은 정사각형의 수(△) 사이의 대응 관계를 식으로 나타내면 ◇×◇=△입니다.

❸따라서 12번째 모양은 가장 작은 정사각형이 12×12=144(개)입니다.

사고력 유형 42~43쪽

1 24

2 5번

3 ❶ 6, 9, 12, 15, 18

    ❷ □×3+3=△ 또는 (△−3)÷3=□

    ❸ 93개

도전! 최상위 유형 44~45쪽

1 69   **2** 144

3 88   **4** 497

42쪽

1 요술 상자에 들어간 도형의 꼭짓점 수와 요술 상자에서 나온 수 사이의 대응 관계를 표로 나타내어 봅니다.

꼭짓점 수(개)	3	4	5	…
요술 상자에서 나온 수	9	12	15	…

⇨ 요술 상자에서 나온 수는 들어간 도형의 꼭짓점 수의 3배입니다.

따라서 팔각형의 꼭짓점 수는 8개이므로 □ 안에 알맞은 수는 8×3=24입니다.

참고

도형의 변의 수 또는 각의 수와 요술 상자에서 나온 수 사이의 대응 관계를 찾아도 됩니다.

2

자른 횟수(번)	1	2	3	4	…
도막의 수(도막)	3	5	7	9	…

자른 횟수가 1번씩 늘어날 때마다 도막의 수는 2도막씩 늘어납니다.

자른 횟수를 □, 도막의 수를 △라고 할 때 □와 △ 사이의 대응 관계를 식으로 나타내면 □×2+1=△입니다.

따라서 □×2+1=11, □×2=10, □=5이므로 11도막으로 자르려면 끈을 5번 잘라야 합니다.

43쪽

3 ❶ 그림 1장을 붙일 때 필요한 누름 못은 6개이고 그림 1장을 더 붙일 때마다 누름 못이 3개씩 더 필요합니다.

    ❷ (그림의 수)×3+3=(누름 못의 수)

      ⇨ 그림의 수를 □, 누름 못의 수를 △로 나타내면 □×3+3=△입니다.

    ❸ □=30일 때 30×3+3=93이므로 누름 못은 93개 필요합니다.

44쪽

1 ■번째 줄의 흰 바둑돌의 개수는 (■−1)개이고, ■번째 줄의 검은 바둑돌의 위치는 왼쪽에서부터 ■번째입니다.

따라서 35번째 줄의 흰 바둑돌의 개수는 34개이고, 검은 바둑돌은 왼쪽에서부터 35번째이므로 ㉠+㉡=34+35=69입니다.

2 A★B에서 A와 B의 합을 나누는 수를 □라고 하면 6.4★17.6=(6.4+17.6)÷□=8입니다.

24÷□=8, □=3이므로 A★B는 A와 B의 합을 3으로 나누는 규칙입니다.

㉠★16=(㉠+16)÷3=45에서

㉠=45×3−16=119입니다.

35★㉡=(35+㉡)÷3=20에서

㉡=20×3−35=25입니다.

⇨ ㉠+㉡=119+25=144

45쪽

3 $f(1)+f(2)+f(3)+\cdots+f(30)$은 1부터 30까지 수의 각 자리 숫자 중 홀수인 숫자들을 더한 것입니다.

1부터 30까지의 수를 나열하면 일의 자리에 1, 3, 5, 7, 9가 각각 3번씩 사용되고 십의 자리에 1이 10번, 3이 1번 사용됩니다.

    ⇨ (1+3+5+7+9)×3+1×10+3

      =25×3+10+3

      =75+10+3=88

4 1행은 1열부터 0, 4, 8, 12, …이고, 2행은 1열부터 1, 5, 9, 13, …이므로 4씩 커집니다.

1행 26열은 26×4−4=100이므로 (1, 26)=㉠=100이고,

2행 100열은 100×4−3=397이므로 (2, ㉠)=(2, 100)=㉡=397입니다.

    ⇨ ㉠+㉡=100+397=497

참고

각 열에서 2행은 1행보다 1만큼 더 큽니다.

4 약분과 통분

48~49쪽

잘 **틀**리는 **실력유형**

유형 01 $\dfrac{2}{4}$, 6, 9, $\dfrac{2}{4}$

01 $\dfrac{3}{12}$ **02** $\dfrac{6}{9}$

03 $\dfrac{6}{10}$, $\dfrac{9}{15}$

유형 02 5, 5

04 1, 3, 5, 7 **05** 1, 2, 3, 4, 5, 6

06 1, 3, 7, 9

유형 03 7, 10, 7, 10, $\dfrac{8}{35}$, $\dfrac{9}{35}$

07 $\dfrac{9}{40}$ **08** $\dfrac{29}{36}$, $\dfrac{30}{36}$, $\dfrac{31}{36}$, $\dfrac{32}{36}$

09 2개 **10** 4개

11 $\dfrac{3}{4}$

48쪽

01 $\dfrac{1}{4}$과 크기가 같은 분수를 만듭니다.

$$\dfrac{1}{4}=\dfrac{2}{8}=\dfrac{3}{12}=\dfrac{4}{16}=\cdots$$

⇨ 4+1=5, 8+2=10, 12+3=15, 16+4=20, …이므로 분모와 분자의 합이 10보다 크고 20보다 작은 분수는 $\dfrac{3}{12}$입니다.

왜 틀렸을까? $\dfrac{1}{4}$과 크기가 같은 분수를 만든 후에 분모와 분자의 합이 10보다 크고 20보다 작은 분수를 구합니다.

02 $\dfrac{2}{3}$와 크기가 같은 분수를 만듭니다.

$$\dfrac{2}{3}=\dfrac{4}{6}=\dfrac{6}{9}=\dfrac{8}{12}=\cdots$$

⇨ 3+2=5, 6+4=10, 9+6=15, 12+8=20, …이므로 분모와 분자의 합이 10보다 크고 20보다 작은 분수는 $\dfrac{6}{9}$입니다.

왜 틀렸을까? $\dfrac{2}{3}$와 크기가 같은 분수를 만든 후에 분모와 분자의 합이 10보다 크고 20보다 작은 분수를 구합니다.

03 $\dfrac{3}{5}$과 크기가 같은 분수를 만듭니다.

$$\dfrac{3}{5}=\dfrac{6}{10}=\dfrac{9}{15}=\dfrac{12}{20}=\cdots$$

⇨ 5+3=8, 10+6=16, 15+9=24, 20+12=32, …이므로 분모와 분자의 합이 10보다 크고 30보다 작은 분수는 $\dfrac{6}{10}$, $\dfrac{9}{15}$입니다.

왜 틀렸을까? $\dfrac{3}{5}$과 크기가 같은 분수를 만든 후에 분모와 분자의 합이 10보다 크고 30보다 작은 분수를 구합니다.

04 $\dfrac{\blacksquare}{8}$가 진분수이므로 ■는 8보다 작은 자연수입니다.

8보다 작은 자연수 중에서 8과 공약수가 1뿐인 자연수는 1, 3, 5, 7입니다.

왜 틀렸을까? 8보다 작은 자연수 중에서 8과 공약수가 1뿐인 수를 모두 구합니다.

05 $\dfrac{\blacksquare}{7}$가 진분수이므로 ■는 7보다 작은 자연수입니다.

7보다 작은 자연수 중에서 7과 공약수가 1뿐인 자연수는 1, 2, 3, 4, 5, 6입니다.

왜 틀렸을까? 7보다 작은 자연수 중에서 7과 공약수가 1뿐인 수를 모두 구합니다.

06 $\dfrac{\blacksquare}{10}$가 진분수이므로 ■는 10보다 작은 자연수입니다.

10보다 작은 자연수 중에서 10과 공약수가 1뿐인 자연수는 1, 3, 7, 9입니다.

왜 틀렸을까? 10보다 작은 자연수 중에서 10과 공약수가 1뿐인 수를 모두 구합니다.

49쪽

07 공통분모가 40인 분수로 통분합니다.

$$\left(\dfrac{1}{5}, \dfrac{1}{4}\right) \Rightarrow \left(\dfrac{1\times8}{5\times8}, \dfrac{1\times10}{4\times10}\right) \Rightarrow \left(\dfrac{8}{40}, \dfrac{10}{40}\right)$$

$\dfrac{8}{40}$보다 크고 $\dfrac{10}{40}$보다 작으므로 구하는 분수는 $\dfrac{9}{40}$입니다.

왜 틀렸을까? $\dfrac{1}{5}$과 $\dfrac{1}{4}$의 분모를 40으로 통분합니다.

08 공통분모가 36인 분수로 통분합니다.

$$\left(\dfrac{7}{9}, \dfrac{11}{12}\right) \Rightarrow \left(\dfrac{7\times4}{9\times4}, \dfrac{11\times3}{12\times3}\right) \Rightarrow \left(\dfrac{28}{36}, \dfrac{33}{36}\right)$$

$\dfrac{28}{36}$보다 크고 $\dfrac{33}{36}$보다 작으므로 구하는 분수는 $\dfrac{29}{36}$, $\dfrac{30}{36}$, $\dfrac{31}{36}$, $\dfrac{32}{36}$입니다.

왜 틀렸을까? $\dfrac{7}{9}$ 과 $\dfrac{11}{12}$ 의 분모를 36으로 통분합니다.

09

$\dfrac{1}{2}$	
$\dfrac{1}{4}$	$\dfrac{1}{4}$

$\dfrac{1}{4}$ 막대 2개는 $\dfrac{2}{4}$ 이고 $\dfrac{1}{2}$ 과 크기가 같습니다.

10

$\dfrac{1}{3}$		$\dfrac{1}{3}$	
$\dfrac{1}{6}$	$\dfrac{1}{6}$	$\dfrac{1}{6}$	$\dfrac{1}{6}$

$\dfrac{1}{3}$ 막대 2개는 $\dfrac{2}{3}$ 입니다.

$\dfrac{1}{6}$ 막대 4개는 $\dfrac{4}{6}$ 이고 $\dfrac{2}{3}$ 와 크기가 같습니다.

11

$\dfrac{1}{4}$		$\dfrac{1}{4}$		$\dfrac{1}{4}$	
$\dfrac{1}{8}$	$\dfrac{1}{8}$	$\dfrac{1}{8}$	$\dfrac{1}{8}$	$\dfrac{1}{8}$	

$\dfrac{1}{4}$ 막대 3개는 $\dfrac{3}{4}$ 이고 $\dfrac{1}{8}$ 막대 5개는 $\dfrac{5}{8}$ 입니다.

길이가 더 긴 $\dfrac{3}{4}$ 이 더 큽니다.

다르지만 **같은 유형** **50~51쪽**

01 (1) > (2) >　　**02** ㉡

03 $\dfrac{2}{9}$　　**04** (○)( )

05 ③　　**06** $\dfrac{8}{9}$, $\dfrac{4}{5}$, $\dfrac{1}{2}$

07 $\dfrac{1}{6}$　　**08** 6개

09 8개　　**10** 12

11 $\dfrac{63}{98}$

12 예 분모가 63인 분수의 분자를 □라고 하면
$\dfrac{\square}{63} = \dfrac{4}{7}$ 입니다. $63 \div 9 = 7$ 이므로 □÷9=4,
$4 \times 9 = \square$, □=36입니다.
따라서 구하는 분수는 $\dfrac{36}{63}$ 입니다. / $\dfrac{36}{63}$

50쪽

01~03 핵심

---

01 분자가 같은 분수는 분모가 작을수록 큰 분수입니다.

(1) $11 < 14 \Rightarrow \dfrac{3}{11} > \dfrac{3}{14}$

(2) $2 < 5 \Rightarrow \dfrac{1}{2} > \dfrac{1}{5}$

02 $\left(\dfrac{9}{19}, \dfrac{3}{5}\right) \Rightarrow \left(\dfrac{9}{19}, \dfrac{3 \times 3}{5 \times 3}\right) \Rightarrow \left(\dfrac{9}{19}, \dfrac{9}{15}\right)$

$\Rightarrow \dfrac{9}{19} < \dfrac{3}{5}$

다른 풀이

$\left(\dfrac{9}{19}, \dfrac{3}{5}\right) \Rightarrow \left(\dfrac{9 \times 5}{19 \times 5}, \dfrac{3 \times 19}{5 \times 19}\right) \Rightarrow \left(\dfrac{45}{95}, \dfrac{57}{95}\right)$

$\Rightarrow \dfrac{9}{19} < \dfrac{3}{5}$

03 $\left(\dfrac{1}{6}, \dfrac{1}{8}, \dfrac{2}{9}\right) \Rightarrow \left(\dfrac{2}{12}, \dfrac{2}{16}, \dfrac{2}{9}\right) \Rightarrow \dfrac{2}{9} > \dfrac{1}{6} > \dfrac{1}{8}$

다른 풀이

$\left(\dfrac{1}{6}, \dfrac{1}{8}, \dfrac{2}{9}\right) \Rightarrow \left(\dfrac{12}{72}, \dfrac{9}{72}, \dfrac{16}{72}\right) \Rightarrow \dfrac{2}{9} > \dfrac{1}{6} > \dfrac{1}{8}$

04~06 핵심
분모가 분자보다 1만큼 더 큰 분수끼리의 비교는 분모가 클수록 더 큽니다.

04 분모가 분자보다 1만큼 더 큰 분수는 분모가 클수록 더 큽니다.
따라서 $\dfrac{11}{12}$ 이 $\dfrac{9}{10}$ 보다 더 큽니다.

다른 풀이

$\left(\dfrac{11}{12}, \dfrac{9}{10}\right) \Rightarrow \left(\dfrac{11 \times 5}{12 \times 5}, \dfrac{9 \times 6}{10 \times 6}\right) \Rightarrow \left(\dfrac{55}{60}, \dfrac{54}{60}\right)$

$\Rightarrow \dfrac{11}{12} > \dfrac{9}{10}$

05 분모가 분자보다 1만큼 더 큰 분수의 크기 비교이므로 분모가 15보다 더 큰 ③ $\dfrac{15}{16}$ 가 $\dfrac{14}{15}$ 보다 더 큰 분수입니다.

06 분모가 분자보다 1만큼 더 큰 분수의 크기 비교이므로 분모가 클수록 더 큽니다. 따라서 분모가 큰 수부터 차례로 쓰면 $\dfrac{8}{9}$, $\dfrac{4}{5}$, $\dfrac{1}{2}$ 입니다.

다른 풀이

$\left(\dfrac{1}{2}, \dfrac{8}{9}, \dfrac{4}{5}\right) \Rightarrow \left(\dfrac{45}{90}, \dfrac{80}{90}, \dfrac{72}{90}\right) \Rightarrow \dfrac{8}{9} > \dfrac{4}{5} > \dfrac{1}{2}$

51쪽

07~09 **핵심**
(분모가 ■이고 분자가 ▲보다 작은 기약분수의 개수)
＝(▲보다 작은 수 중에서 ■와 공약수가 1뿐인 수의 개수)

07 3보다 작은 자연수 중에서 6과 공약수가 1뿐인 수를 찾으면 1입니다.

⇨ 기약분수: $\dfrac{1}{6}$

참고
3보다 작은 자연수는 1, 2입니다.
2와 6의 공약수는 1, 2입니다.

08 17보다 작은 자연수 중에서 20과 공약수가 1뿐인 수를 모두 찾으면 1, 3, 7, 9, 11, 13입니다.
따라서 기약분수는 $\dfrac{1}{20}$, $\dfrac{3}{20}$, $\dfrac{7}{20}$, $\dfrac{9}{20}$, $\dfrac{11}{20}$, $\dfrac{13}{20}$으로 모두 6개입니다.

09 32와 공약수가 1뿐인 수를 모두 찾으면 1, 3, 5, 7, 9, 11, 13, 15입니다.
$\dfrac{1}{32}$, $\dfrac{3}{32}$, $\dfrac{5}{32}$, $\dfrac{7}{32}$, $\dfrac{9}{32}$, $\dfrac{11}{32}$, $\dfrac{13}{32}$, $\dfrac{15}{32}$ ⇨ 8개

10~12 **핵심**
분모와 분자를 ●로 약분하여 만든 기약분수는 기약분수의 분모와 분자에 ●를 곱한 분수와 크기가 같습니다.

10 $\dfrac{▲}{18}=\dfrac{▲÷\square}{18÷\square}=\dfrac{4}{6}$에서 $18÷\square=6$, $6\times\square=18$, $18÷6=\square$, $\square=3$입니다.
따라서 ▲ $=4\times3=12$입니다.

11 $14\times7=98$, $14\times8=112$이므로 분모가 될 수 있는 가장 큰 두 자리 수는 98입니다.
⇨ $\dfrac{9\times7}{14\times7}=\dfrac{63}{98}$

12 **서술형** 가이드 분모와 분자를 약분한 수를 찾아 약분하기 전의 분수를 구하는 풀이 과정이 들어 있어야 합니다.

채점 기준

상	분모와 분자를 약분한 수를 찾아 약분하기 전의 분수를 구함.
중	분모와 분자를 약분한 수를 찾았으나 약분하기 전의 분수를 구하지 못함.
하	분모와 분자를 약분한 수를 찾지 못함.

응용 유형   52~55쪽

01 5, 16   **02** $\dfrac{12}{18}$

03 7   **04** $\dfrac{91}{104}$

05 $\dfrac{40}{72}$ **06** 3

07 1, 8   **08** 4, 6

09 28   **10** $\dfrac{28}{35}$

11 도서관   **12** 4, 5, 6, 7

13 ㉠   **14** $\dfrac{99}{132}$

15 0.8   **16** $\dfrac{24}{28}$

17 13   **18** 80

52쪽

01 $\left(\dfrac{㉠}{6},\dfrac{9}{㉡}\right)$ ⇨ $\left(\dfrac{40}{48},\dfrac{27}{48}\right)$
$6\times8=48$이므로 ㉠$\times8=40$, $40÷8=$㉠, ㉠$=5$입니다.
$9\times3=27$이므로 ㉡$\times3=48$, $48÷3=$㉡, ㉡$=16$입니다.

02 15에 어떤 자연수를 곱해도 18이 될 수 없으므로 $\dfrac{10}{15}$을 먼저 기약분수로 나타냅니다.
$\dfrac{\overset{2}{\cancel{10}}}{\underset{3}{\cancel{15}}}=\dfrac{2}{3}$ ⇨ $\dfrac{2}{3}=\dfrac{2\times6}{3\times6}=\dfrac{12}{18}$

03 5, 10, 4의 최소공배수는 20입니다.
$\dfrac{3}{5}<\dfrac{\square}{10}<\dfrac{3}{4}$ ⇨ $\dfrac{12}{20}<\dfrac{\square\times2}{20}<\dfrac{15}{20}$
⇨ $12<\square\times2<15$에서 $\square=7$입니다.

53쪽

04 90에 가장 가까운 수를 찾으면 $7\times12=84$, $7\times13=91$이므로 91입니다.
91은 분자에 13을 곱한 수이므로 분모에도 13을 곱합니다.
⇨ $\dfrac{7\times13}{8\times13}=\dfrac{91}{104}$

05 약분하기 전 분수: $\dfrac{5 \times \square}{9 \times \square}$

(분모)$-$(분자)$=9 \times \square - 5 \times \square = 32$, $4 \times \square = 32$,

$32 \div 4 = \square$, $\square = 8$

$\Rightarrow \dfrac{5 \times 8}{9 \times 8} = \dfrac{40}{72}$

다른 풀이

$9 - 5 = 4$이므로 분모와 분자의 차가 32가 되려면
$4 \times 8 = 32$에서 분모와 분자에 8을 곱합니다.

$\Rightarrow \dfrac{5 \times 8}{9 \times 8} = \dfrac{40}{72}$

06 18과 12의 최소공배수는 36입니다.

$\dfrac{5}{18} = \dfrac{10}{36}$, $\dfrac{\square}{12} = \dfrac{\square \times 3}{36}$

$10 > \square \times 3$에서 $\square$ 안에 들어갈 수 있는 자연수는 1, 2, 3이므로 그중에서 가장 큰 수는 3입니다.

54쪽

07 $\left(\dfrac{\bigcirc}{3}, \dfrac{3}{\bigsqcup} \right) \Rightarrow \left(\dfrac{8}{24}, \dfrac{9}{24} \right)$

$3 \times 8 = 24$이므로 $\bigcirc \times 8 = 8$, $8 \div 8 = \bigcirc$, $\bigcirc = 1$입니다.

$3 \times 3 = 9$이므로 $\bigsqcup \times 3 = 24$, $24 \div 3 = \bigsqcup$, $\bigsqcup = 8$입니다.

08 〔문제 분석〕

08❶수 카드 4장 중에서 2장을 골라 한 번씩 사용하여 $\dfrac{8}{12}$을 약분한 분수를 만들려고 합니다. 수 카드 중에서 $\bigcirc$과 $\bigsqcup$에 알맞은 수를 쓰시오.

❶ $\dfrac{8}{12}$을 약분한 분수를 모두 찾습니다.

❷ ❶에서 찾은 분수 중 수 카드로 만들 수 있는 분수를 찾습니다.

❶
```
2) 12  8
 2)  6  4
     3  2  ⇨ 최대공약수: 2×2=4
```

$\dfrac{8}{12}$을 약분한 분수는 $\dfrac{\overset{4}{\cancel{8}}}{\underset{6}{\cancel{12}}} = \dfrac{4}{6}$ 또는 $\dfrac{\overset{2}{\cancel{8}}}{\underset{3}{\cancel{12}}} = \dfrac{2}{3}$입니다.

❷수 카드 중에 3은 없으므로 약분한 분수는 $\dfrac{4}{6}$입니다.

$\Rightarrow \bigcirc = 4$, $\bigsqcup = 6$

09 〔문제 분석〕

09❶$\dfrac{14}{18}$와 크기가 같은 분수 중에서 / ❷분모와 분자의 합이 64인 / ❸분수의 분자를 구하시오.

❶ $\dfrac{14}{18}$의 분모와 분자에 0이 아닌 수를 같은 수를 곱하여 크기가 같은 분수를 만듭니다.

❷ ❶에서 구한 분수 중에서 분모와 분자의 합이 64인 분수를 찾습니다.

❸ ❷에서 찾은 분수의 분자를 구합니다.

❶$\dfrac{14}{18}$와 크기가 같은 분수를 만듭니다.

$\dfrac{14}{18}$, $\dfrac{28}{36}$, $\dfrac{42}{54}$, $\cdots$

❷$\Rightarrow 18 + 14 = 32$, $36 + 28 = 64$, $54 + 42 = 96$, $\cdots$이므로 분모와 분자의 합이 64인 분수는 $\dfrac{28}{36}$입니다.

❸따라서 분자는 28입니다.

10 40을 어떤 자연수로 나누어도 28이 될 수 없으므로 $\dfrac{40}{50}$을 먼저 기약분수로 나타냅니다.

$\dfrac{\overset{4}{\cancel{40}}}{\underset{5}{\cancel{50}}} = \dfrac{4}{5} \Rightarrow \dfrac{4}{5} = \dfrac{4 \times 7}{5 \times 7} = \dfrac{28}{35}$

11 〔문제 분석〕

11 집에서 우체국, 은행, 도서관까지의 거리를 알아보았더니 각각 ❶$\dfrac{3}{4}$ km, $\dfrac{5}{9}$ km, $\dfrac{7}{18}$ km였습니다. / ❷집에서 가장 가까운 곳은 어디인지 구하시오.

❶ 두 분수씩 크기를 비교합니다.

❷ 통분한 분수 중 분자가 가장 작은 것을 찾습니다.

❶$\left(\dfrac{3}{4}, \dfrac{5}{9} \right) \Rightarrow \left(\dfrac{27}{36}, \dfrac{20}{36} \right) \Rightarrow \dfrac{3}{4} > \dfrac{5}{9}$

$\left(\dfrac{5}{9}, \dfrac{7}{18} \right) \Rightarrow \left(\dfrac{10}{18}, \dfrac{7}{18} \right) \Rightarrow \dfrac{5}{9} > \dfrac{7}{18}$

❷따라서 $\dfrac{7}{18} < \dfrac{5}{9} < \dfrac{3}{4}$이므로 가장 가까운 곳은 도서관입니다.

다른 풀이

$\left(\dfrac{3}{4}, \dfrac{5}{9}, \dfrac{7}{18} \right) \Rightarrow \left(\dfrac{27}{36}, \dfrac{20}{36}, \dfrac{14}{36} \right)$

따라서 $\dfrac{7}{18} < \dfrac{5}{9} < \dfrac{3}{4}$이므로 가장 가까운 곳은 도서관입니다.

12 4, 12, 8의 최소공배수는 24입니다.

$$\frac{1}{4} < \frac{\square}{12} < \frac{5}{8} \Rightarrow \frac{6}{24} < \frac{\square \times 2}{24} < \frac{15}{24}$$

$\Rightarrow 6 < \square \times 2 < 15$에서 $\square = 4, 5, 6, 7$입니다.

55쪽

13 문제 분석

13 ❶약분하여 만들 수 있는 분수가 / ❷더 많은 것의 기호를 쓰시오.

❶ $\bigcirc \dfrac{12}{36}$ $\bigcirc \dfrac{16}{24}$

❶ 분모와 분자를 나눌 수 있는 수를 모두 구합니다.
❷ ❶에서 구한 개수를 비교합니다.

❶1을 제외한 분모와 분자의 공약수의 개수를 구해 비교합니다.

$$\begin{array}{r} 3\,)\underline{\,36\quad 12\,} \\ 4\,)\underline{\,12\quad 4\,} \\ 3\quad 1 \end{array} \qquad \begin{array}{r} 2\,)\underline{\,24\quad 16\,} \\ 4\,)\underline{\,12\quad 8\,} \\ 3\quad 2 \end{array}$$

$\Rightarrow$최대공약수: $3 \times 4 = 12$ $\Rightarrow$최대공약수: $2 \times 4 = 8$

$\bigcirc$: 2, 3, 4, 6, 12이므로 5개입니다.

$\bigcirc$: 2, 4, 8이므로 3개입니다.

❷따라서 5개>3개이므로 약분하여 만들 수 있는 분수가 더 많은 것은 $\bigcirc$입니다.

14 100에 가장 가까운 수를 찾으면 $3 \times 33 = 99$, $3 \times 34 = 102$이므로 99입니다.

99는 분자에 33을 곱한 수이므로 분모에도 33을 곱합니다.

$$\Rightarrow \frac{3 \times 33}{4 \times 33} = \frac{99}{132}$$

15 문제 분석

15 ❶수 카드 3장 중에서 2장을 골라 한 번씩 사용하여 진분수를 만들려고 합니다. 만들 수 있는 진분수 중에서 / ❷가장 큰 수를 / ❸소수로 나타내시오.

❶ 2 5 4

❶ 수 카드로 만들 수 있는 진분수를 모두 찾습니다.
❷ 가장 큰 진분수를 구합니다.
❸ ❷에서 구한 진분수를 소수로 나타냅니다.

❶주어진 수 카드 중에서 2장을 골라 한 번씩 사용하여 진분수를 만들면 $\dfrac{2}{4}$, $\dfrac{2}{5}$, $\dfrac{4}{5}$입니다.

❷,❸$\left(\dfrac{2}{4}, \dfrac{2}{5}, \dfrac{4}{5} \right) \Rightarrow \left(\dfrac{4}{8}, \dfrac{4}{10}, \dfrac{4}{5} \right)$

이 중에서 가장 큰 수는 $\dfrac{4}{5}$이고 소수로 나타내면

$$\frac{4}{5} = \frac{8}{10} = 0.8입니다.$$

16 약분하기 전 분수: $\dfrac{6 \times \square}{7 \times \square}$

(분모)+(분자)$=7 \times \square + 6 \times \square = 52$,

$13 \times \square = 52$, $52 \div 13 = \square$, $\square = 4$

$$\Rightarrow \frac{6 \times 4}{7 \times 4} = \frac{24}{28}$$

다른 풀이

$6 + 7 = 13$이므로 분모와 분자의 합이 52가 되려면 $13 \times 4 = 52$에서 분모와 분자에 4를 곱합니다.

$$\Rightarrow \frac{6 \times 4}{7 \times 4} = \frac{24}{28}$$

17 $\begin{array}{r} 2\,)\underline{\,16\quad 24\,} \\ 4\,)\underline{\,8\quad 12\,} \\ 2\quad 3 \end{array}$ $\Rightarrow$ 최소공배수: $2 \times 4 \times 2 \times 3 = 48$

$\dfrac{9}{16} = \dfrac{27}{48}$, $\dfrac{\square}{24} = \dfrac{\square \times 2}{48}$

$27 > \square \times 2$에서 $\square$ 안에 들어갈 수 있는 자연수는 1, 2, 3, ..., 13이므로 그중에서 가장 큰 수는 13입니다.

18 문제 분석

18 ❶$\dfrac{13}{20}$의 분자에 52를 더했을 때 / ❷분모에 얼마를 더해야 분수의 크기가 변하지 않습니까?

❶ $\dfrac{13}{20}$의 분자에 52를 더해 봅니다.

$\Rightarrow \dfrac{13}{20} = \dfrac{13+52}{20+\square}$

❷ ❶의 분자가 13에 얼마를 곱한 것인지 알아보고 분모에도 같은 수를 곱해야 분수의 크기가 변하지 않습니다.

❶분모에 더해야 하는 수를 $\square$라 하고 식을 만듭니다.

$$\underset{\underset{\times 5}{\longrightarrow}}{\overset{\overset{\times 5}{\longrightarrow}}{\frac{13}{20} = \frac{13+52}{20+\square} = \frac{65}{20+\square}}}$$

❷분자에 5를 곱한 것과 같으므로 분모에 5를 곱한 것과 같아야 크기가 변하지 않습니다.

$\Rightarrow 20 + \square = 20 \times 5$, $20 + \square = 100$,

$100 - 20 = \square$, $\square = 80$

1 $\dfrac{31}{43}$, $\dfrac{20}{32}$

2 $\dfrac{8}{27}$

3 112 cm

4 7, 8, 9

1 1   **2** 5개

3 29   **4** 29

56쪽

1 분모와 분자를 4로 나눈 분수가 $\dfrac{5}{8}$이므로 나누기 전의 분수는 $\dfrac{5 \times 4}{8 \times 4} = \dfrac{20}{32}$입니다.

어떤 분수의 분모와 분자에서 11을 뺐더니 $\dfrac{20}{32}$이 되었으므로 어떤 분수는 $\dfrac{20+11}{32+11} = \dfrac{31}{43}$입니다.

2 파란색 색종이를 붙인 부분은 종이 전체를 81칸으로 나눈 것 중의 24칸이므로 $\dfrac{24}{81}$입니다.

따라서 기약분수로 나타내면 $\dfrac{\overset{8}{\cancel{24}}}{\underset{27}{\cancel{81}}} = \dfrac{8}{27}$입니다.

57쪽

3 직사각형의 짧은 변의 길이를 $\square$ cm라 하면

$\dfrac{\square}{32} = \dfrac{3}{4}$입니다.

$32 \div 8 = 4$이므로 $\square \div 8 = 3$, $3 \times 8 = \square$,

$\square = 24$입니다.

따라서 직사각형의 네 변의 길이의 합은

$32 + 24 + 32 + 24 = 112$ (cm)입니다.

4 분자를 같게 하여 비교합니다.

$\left(\dfrac{3}{7}, \dfrac{4}{\square} \right) \Rightarrow \left(\dfrac{3 \times 4}{7 \times 4}, \dfrac{4 \times 3}{\square \times 3} \right) \Rightarrow \left(\dfrac{12}{28}, \dfrac{12}{\square \times 3} \right)$

이므로 $\square \times 3 < 28$입니다.

$\Rightarrow \square = 2, 3, 4, 5, 6, 7, 8, 9$

$\left(\dfrac{4}{\square}, \dfrac{5}{8} \right) \Rightarrow \left(\dfrac{4 \times 5}{\square \times 5}, \dfrac{5 \times 4}{8 \times 4} \right) \Rightarrow \left(\dfrac{20}{\square \times 5}, \dfrac{20}{32} \right)$

이므로 $\square \times 5 > 32$입니다.

$\Rightarrow \square = 7, 8, 9, 10, \ldots$

따라서 $\square$ 안에 공통으로 들어갈 수 있는 수는 7, 8, 9입니다.

58쪽

1 어떤 수를 $\square$라 하면 $\dfrac{756}{841 - \square} = \dfrac{9}{10}$입니다.

$\dfrac{9}{10} = \dfrac{9 \times 84}{10 \times 84} = \dfrac{756}{840}$이므로

$841 - \square = 840$, $\square = 1$입니다.

2 • $0.42 = \dfrac{42}{100}$

$\left(\dfrac{42}{100}, \dfrac{\bigcirc}{28} \right) \Rightarrow \left(\dfrac{42 \times 28}{100 \times 28}, \dfrac{\bigcirc \times 100}{28 \times 100} \right)$

$\Rightarrow \left(\dfrac{1176}{2800}, \dfrac{\bigcirc \times 100}{2800} \right)$

$\Rightarrow \bigcirc \times 100 > 1176$, $\bigcirc = 12, 13, 14, 15, 16, \ldots$

• $0.6 = \dfrac{6}{10}$

$\left(\dfrac{\bigcirc}{28}, \dfrac{6}{10} \right) \Rightarrow \left(\dfrac{\bigcirc \times 10}{28 \times 10}, \dfrac{6 \times 28}{10 \times 28} \right)$

$\Rightarrow \left(\dfrac{\bigcirc \times 10}{280}, \dfrac{168}{280} \right)$

$\Rightarrow \bigcirc \times 10 < 168$, $\bigcirc = 1, 2, \ldots, 15, 16$

따라서 $\bigcirc = 12, 13, 14, 15, 16$이므로 모두 5개입니다.

59쪽

3 짝수 번째 분수의 분모와 분자에 2를 곱하면

$\dfrac{1}{2} = \dfrac{2}{4}$, $\dfrac{2}{3} = \dfrac{4}{6}$, $\dfrac{3}{4} = \dfrac{6}{8}$, $\dfrac{4}{5} = \dfrac{8}{10}$입니다.

$\dfrac{1}{3}, \dfrac{2}{4}, \dfrac{3}{5}, \dfrac{4}{6}, \dfrac{5}{7}, \dfrac{6}{8}, \dfrac{7}{9}, \dfrac{8}{10}, \ldots$과 같이 분모와 분자가 1씩 늘어나는 규칙입니다.

따라서 28번째 분수는 $\dfrac{1+27}{3+27} = \dfrac{28}{30} = \dfrac{14}{15}$입니다.

$\Rightarrow 15 + 14 = 29$

4 분자가 같을 때 분모가 클수록 작은 분수이므로 분모를 가장 크게 만들어야 합니다.

약분하여 단위분수가 되었으므로 ABC는 33의 배수입니다. ABC가 될 수 있는 수는 132, 165, ..., 957, 990이고 A, B, C가 서로 다른 자연수이므로 ABC가 될 수 있는 수 중 가장 큰 수는 957입니다.

$\dfrac{33}{957} = \dfrac{33 \div 33}{957 \div 33} = \dfrac{1}{29} \Rightarrow 29$

5 분수의 덧셈과 뺄셈

잘 **틀리는** 🔖 **실력 유형**　62~63쪽

유형 **01** 5, 19, 10, 19

01 >　　　　　02 ㉡

03 ㉡

유형 **02** 39, 29, 54, 29

04 <　　　　　05 ㉠

06 ㉠

유형 **03** <, 11

07 $\dfrac{39}{40}$　　　　08 $2\dfrac{13}{14}$

09 $\dfrac{31}{64}$　　　　10 $2\dfrac{1}{4}$

62쪽

01 $\dfrac{3}{5}+\dfrac{1}{2}+\dfrac{7}{10}=\dfrac{6}{10}+\dfrac{5}{10}+\dfrac{7}{10}$

$\qquad\qquad=\dfrac{18}{10}=1\dfrac{8}{10}=1\dfrac{4}{5}$

$\dfrac{3}{4}+\dfrac{3}{20}+\dfrac{1}{10}=\dfrac{15}{20}+\dfrac{3}{20}+\dfrac{2}{20}=\dfrac{20}{20}=1$

$\Rightarrow 1\dfrac{4}{5}>1$

왜 틀렸을까? $1\dfrac{4}{5}$는 $1+\dfrac{4}{5}$이므로 $1\dfrac{4}{5}>1$입니다

02 ㉠ $\dfrac{2}{3}+\dfrac{4}{9}+\dfrac{5}{6}=\dfrac{12}{18}+\dfrac{8}{18}+\dfrac{15}{18}=\dfrac{35}{18}=1\dfrac{17}{18}$

㉡ $\dfrac{1}{6}+\dfrac{7}{9}+\dfrac{5}{18}=\dfrac{3}{18}+\dfrac{14}{18}+\dfrac{5}{18}=\dfrac{22}{18}=1\dfrac{4}{18}$

$\Rightarrow 1\dfrac{17}{18}>1\dfrac{4}{18}$

왜 틀렸을까? ㉠과 ㉡을 각각 분모가 18인 분수로 통분하여 크기를 비교합니다.

03 ㉠ $\dfrac{1}{8}+\dfrac{1}{6}+\dfrac{3}{4}=\dfrac{3}{24}+\dfrac{4}{24}+\dfrac{18}{24}=\dfrac{25}{24}=1\dfrac{1}{24}$

㉡ $\dfrac{2}{3}+\dfrac{4}{5}+\dfrac{1}{10}=\dfrac{20}{30}+\dfrac{24}{30}+\dfrac{3}{30}=\dfrac{47}{30}=1\dfrac{17}{30}$

$\left(1\dfrac{1}{24},\ 1\dfrac{17}{30}\right)\Rightarrow\left(1\dfrac{5}{120},\ 1\dfrac{68}{120}\right)\Rightarrow 1\dfrac{1}{24}<1\dfrac{17}{30}$

왜 틀렸을까? ㉠은 공통분모를 24로, ㉡은 공통분모를 30으로 하여 통분합니다. 두 계산 결과를 다시 통분하여 크기를 비교합니다.

04 $\dfrac{8}{9}-\dfrac{2}{3}-\dfrac{1}{5}=\dfrac{40}{45}-\dfrac{30}{45}-\dfrac{9}{45}=\dfrac{1}{45}$

$\dfrac{14}{15}-\dfrac{1}{3}-\dfrac{2}{5}=\dfrac{14}{15}-\dfrac{5}{15}-\dfrac{6}{15}=\dfrac{3}{15}=\dfrac{1}{5}$

$\Rightarrow \dfrac{1}{45}<\dfrac{1}{5}$

왜 틀렸을까? 분자가 같은 분수는 분모가 작을수록 더 큽니다.

05 ㉠ $3\dfrac{1}{2}-\dfrac{4}{5}-\dfrac{7}{8}=3\dfrac{20}{40}-\dfrac{32}{40}-\dfrac{35}{40}$

$\qquad\qquad=1\dfrac{100}{40}-\dfrac{32}{40}-\dfrac{35}{40}=1\dfrac{33}{40}$

㉡ $4\dfrac{3}{4}-1\dfrac{1}{2}-\dfrac{2}{3}=4\dfrac{9}{12}-1\dfrac{6}{12}-\dfrac{8}{12}$

$\qquad\qquad=3\dfrac{21}{12}-1\dfrac{6}{12}-\dfrac{8}{12}=2\dfrac{7}{12}$

$\Rightarrow 1\dfrac{33}{40}<2\dfrac{7}{12}$

왜 틀렸을까? $1\dfrac{33}{40}$과 $2\dfrac{7}{12}$의 자연수를 비교합니다.

06 ㉠ $2\dfrac{3}{4}-\dfrac{1}{6}-1\dfrac{1}{2}=2\dfrac{9}{12}-\dfrac{2}{12}-1\dfrac{6}{12}=1\dfrac{1}{12}$

㉡ $3\dfrac{1}{2}-2\dfrac{1}{10}-\dfrac{1}{3}=3\dfrac{15}{30}-2\dfrac{3}{30}-\dfrac{10}{30}$

$\qquad\qquad=1\dfrac{2}{30}=1\dfrac{1}{15}$

$\Rightarrow 1\dfrac{1}{12}>1\dfrac{1}{15}$

왜 틀렸을까? $1\dfrac{1}{12}$과 $1\dfrac{1}{15}$의 자연수와 분자가 같으므로 분모를 비교합니다. 분모가 작을수록 더 큽니다.

63쪽

07 만들 수 있는 진분수: $\dfrac{3}{5}$, $\dfrac{3}{8}$, $\dfrac{5}{8}$

진분수의 크기 비교: $\dfrac{3}{5}>\dfrac{3}{8}$, $\dfrac{3}{8}<\dfrac{5}{8}$

$\left(\dfrac{3}{5},\ \dfrac{5}{8}\right)\Rightarrow\left(\dfrac{24}{40},\ \dfrac{25}{40}\right)\Rightarrow \dfrac{3}{5}<\dfrac{5}{8}$이므로

$\dfrac{3}{8}<\dfrac{3}{5}<\dfrac{5}{8}$입니다.

합이 가장 작을 때: $\dfrac{3}{8}+\dfrac{3}{5}=\dfrac{15}{40}+\dfrac{24}{40}=\dfrac{39}{40}$

왜 틀렸을까? 만들 수 있는 진분수를 모두 찾아 가장 작은 분수와 두 번째로 작은 분수를 더합니다.

08 자연수 부분에 1을 놓고 나머지 수 카드로 진분수를 만듭니다.

만들 수 있는 진분수: $\dfrac{3}{6}$, $\dfrac{3}{7}$, $\dfrac{6}{7}$

다음 페이지에 풀이 계속

진분수의 크기 비교: $\dfrac{3}{6} > \dfrac{3}{7}$, $\dfrac{3}{7} < \dfrac{6}{7}$

$\left(\dfrac{3}{6}, \dfrac{6}{7} \right) \Rightarrow \left(\dfrac{21}{42}, \dfrac{36}{42} \right) \Rightarrow \dfrac{3}{6} < \dfrac{6}{7}$ 이므로

$\dfrac{3}{7} < \dfrac{3}{6} < \dfrac{6}{7}$ 입니다.

$\Rightarrow 1\dfrac{3}{7} + 1\dfrac{3}{6} = 1\dfrac{18}{42} + 1\dfrac{21}{42} = 2\dfrac{39}{42} = 2\dfrac{13}{14}$

왜 틀렸을까? 자연수 부분에 1을 놓고 남은 수 카드로 만들 수 있는 진분수를 모두 찾아 가장 작은 분수와 두 번째로 작은 분수를 더합니다.

09 단위분수는 분모가 작을수록 큰 분수입니다.

$\Rightarrow \dfrac{1}{2} - \dfrac{1}{64} = \dfrac{32}{64} - \dfrac{1}{64} = \dfrac{31}{64}$

10 ♪: $\dfrac{1}{4}$, ♩: $1\dfrac{1}{2}$, ♪: $\dfrac{1}{2}$

$\Rightarrow \dfrac{1}{4} + 1\dfrac{1}{2} + \dfrac{1}{2} = \dfrac{1}{4} + 1\dfrac{2}{4} + \dfrac{2}{4} = 1\dfrac{5}{4} = 2\dfrac{1}{4}$

다르지만 같은 유형   64~65쪽

01 $10\dfrac{4}{15}$ m   **02** $1\dfrac{17}{30}$ L

03 예 (버스를 타고 간 거리)+(걸어서 간 거리)

$= 2\dfrac{4}{5} + 1\dfrac{1}{8} = 2\dfrac{32}{40} + 1\dfrac{5}{40} = 3\dfrac{37}{40}$ (km)

/ $3\dfrac{37}{40}$ km

04 $\dfrac{5}{39}$ m   **05** $5\dfrac{47}{48}$ m

06 예 $\dfrac{3}{4} > \dfrac{3}{8}$ 이므로 훈정이가 현수보다

$\dfrac{3}{4} - \dfrac{3}{8} = \dfrac{24}{32} - \dfrac{12}{32} = \dfrac{12}{32} = \dfrac{3}{8}$ (L) 더 많이 마셨

습니다. / 훈정, $\dfrac{3}{8}$ L

07 1, 2, 3   **08** 7, 8

09 예 $9\dfrac{2}{5} - 1\dfrac{7}{10} = 9\dfrac{4}{10} - 1\dfrac{7}{10} = 8\dfrac{14}{10} - 1\dfrac{7}{10}$

$= 7\dfrac{7}{10}$

따라서 $3 < \square < 7\dfrac{7}{10}$ 에서 □ 안에 알맞은 자연수

는 4, 5, 6, 7로 모두 4개입니다. / 4개

10 $1\dfrac{5}{24}$ **11** $\dfrac{19}{20}$ **12** ㉡

64쪽

01~03 핵심

모두 얼마입니까, ~와 ~의 합 등과 같은 표현이 있으면 덧셈을 합니다.

01 $6\dfrac{2}{3} + 3\dfrac{3}{5} = 6\dfrac{10}{15} + 3\dfrac{9}{15} = 9\dfrac{19}{15} = 10\dfrac{4}{15}$ (m)

02 $\dfrac{5}{6} + \dfrac{11}{15} = \dfrac{25}{30} + \dfrac{22}{30} = \dfrac{47}{30} = 1\dfrac{17}{30}$ (L)

03 서술형 가이드   버스를 타고 간 거리와 걸어서 간 거리를 더하는 풀이 과정이 들어 있어야 합니다.

채점 기준

상	버스를 타고 간 거리와 걸어서 간 거리를 더해 별이네 집에서 고모네 집까지의 거리를 구함.
중	버스를 타고 간 거리와 걸어서 간 거리를 더했으나 별이네 집에서 고모네 집까지의 거리를 잘못 구함.
하	버스를 타고 간 거리와 걸어서 간 거리를 더하지 못함.

04~06 핵심

남은 양은 얼마입니까, ~와 ~의 차 등과 같은 표현이 있으면 뺄셈을 합니다.

04 $\dfrac{7}{13} < \dfrac{2}{3}$ 이므로 $\dfrac{2}{3} - \dfrac{7}{13} = \dfrac{26}{39} - \dfrac{21}{39} = \dfrac{5}{39}$ (m)입니다.

05 $10\dfrac{5}{12} - 4\dfrac{7}{16} = 10\dfrac{20}{48} - 4\dfrac{21}{48}$

$= 9\dfrac{68}{48} - 4\dfrac{21}{48} = 5\dfrac{47}{48}$ (m)

06 서술형 가이드 $\dfrac{3}{4}$ 과 $\dfrac{3}{8}$ 의 크기를 비교한 후에 뺄셈을 하는 풀이 과정이 들어 있어야 합니다.

채점 기준

상	$\dfrac{3}{4}$ 과 $\dfrac{3}{8}$ 의 크기를 비교한 후에 뺄셈을 하여 답을 구함.
중	$\dfrac{3}{4}$ 과 $\dfrac{3}{8}$ 의 크기를 비교한 후에 뺄셈을 하였으나 답이 틀림.
하	$\dfrac{3}{4}$ 과 $\dfrac{3}{8}$ 의 크기를 잘못 비교함.

65쪽

07~09 핵심

$\blacksquare\dfrac{\triangle}{\bullet} < 가 < \square\dfrac{\triangle}{\bigcirc} \Rightarrow 가 = \blacksquare + 1, \blacksquare + 2, ..., \square - 1, \square$

07 $5\dfrac{2}{5}-1\dfrac{2}{3}=5\dfrac{6}{15}-1\dfrac{10}{15}$

$\qquad\qquad=4\dfrac{21}{15}-1\dfrac{10}{15}=3\dfrac{11}{15}$

따라서 $3\dfrac{11}{15}>\square$에서 $\square$ 안에 알맞은 자연수는
1, 2, 3입니다.

08 $3\dfrac{4}{7}+2\dfrac{5}{6}=3\dfrac{24}{42}+2\dfrac{35}{42}=5\dfrac{59}{42}=6\dfrac{17}{42}$

따라서 $6\dfrac{17}{42}<\square<9$에서 $\square$ 안에 알맞은 자연수는
7, 8입니다.

09 (서술형) **가이드** $9\dfrac{2}{5}-1\dfrac{7}{10}$을 계산해 $\square$ 안에 알맞은 자연수의 개수를 구하는 풀이 과정이 들어 있어야 합니다.

채점 기준

상	$9\dfrac{2}{5}-1\dfrac{7}{10}$을 계산해 $\square$ 안에 알맞은 자연수의 개수를 구함.
중	$9\dfrac{2}{5}-1\dfrac{7}{10}$을 계산했으나 $\square$ 안에 알맞은 자연수의 개수를 구하지 못함.
하	$9\dfrac{2}{5}-1\dfrac{7}{10}$을 계산하지 못함.

10~12 **핵심**

$\square+\triangle=\bigcirc\Rightarrow\square=\bigcirc-\triangle,\ \triangle=\bigcirc-\square$
$\square-\triangle=\bigcirc\Rightarrow\square=\bigcirc+\triangle,\ \triangle=\square-\bigcirc$

10 $\square-\dfrac{3}{8}=\dfrac{5}{6}$,

$\square=\dfrac{5}{6}+\dfrac{3}{8}=\dfrac{20}{24}+\dfrac{9}{24}=\dfrac{29}{24}=1\dfrac{5}{24}$

11 어떤 분수를 $\square$라 하면 $\square+3\dfrac{3}{10}=4\dfrac{1}{4}$입니다.

$\square=4\dfrac{1}{4}-3\dfrac{3}{10}=4\dfrac{5}{20}-3\dfrac{6}{20}$

$\qquad=3\dfrac{25}{20}-3\dfrac{6}{20}=\dfrac{19}{20}$

12 ㉠ $\dfrac{5}{9}+\square=\dfrac{11}{15}$, $\square=\dfrac{11}{15}-\dfrac{5}{9}=\dfrac{33}{45}-\dfrac{25}{45}=\dfrac{8}{45}$

㉡ $\dfrac{8}{9}-\square=\dfrac{1}{3}$, $\square+\dfrac{1}{3}=\dfrac{8}{9}$,

$\square=\dfrac{8}{9}-\dfrac{1}{3}=\dfrac{8}{9}-\dfrac{3}{9}=\dfrac{5}{9}$

$\left(\dfrac{8}{45},\dfrac{5}{9}\right)\Rightarrow\left(\dfrac{8}{45},\dfrac{25}{45}\right)\Rightarrow\dfrac{8}{45}<\dfrac{5}{9}$

(응용) **유형** 66~69쪽

01 8, 2 또는 2, 8 　　**02** $8\dfrac{7}{20}$

03 $8\dfrac{8}{9}$ 　　　　　　**04** $\dfrac{9}{10}$ kg

05 $5\dfrac{2}{3}$ m 　　　　　**06** 오후 1시 14분

07 $22\dfrac{2}{15}$ m 　　　　**08** 3, 2 또는 2, 3

09 $\dfrac{17}{35}$ kg 　　　　　**10** $3\dfrac{7}{72}$

11 4, 5, 6 　　　　　　**12** $3\dfrac{7}{12}$

13 $\dfrac{1}{2}$ kg 　　　　　**14** $5\dfrac{3}{4}$ m

15 별이, $1\dfrac{7}{12}$ m 　　**16** 오후 12시 50분

17 $\dfrac{1}{100}$ 　　　　　　**18** 16쪽

66쪽

01 8의 약수: 1, 2, 4, 8 중 $1+4=5$입니다.

$\dfrac{5}{8}=\dfrac{1}{8}+\dfrac{4}{8}=\dfrac{1}{8}+\dfrac{1}{2}$

02 가장 큰 대분수를 만들려면 자연수 부분에 5를 놓고 나머지 수로 가장 큰 진분수를 만듭니다.

$\dfrac{2}{4}<\dfrac{2}{3}<\dfrac{3}{4}$이므로 가장 큰 대분수는 $5\dfrac{3}{4}$입니다.

가장 작은 대분수를 만들려면 자연수 부분에 2를 놓고 나머지 수로 가장 작은 진분수를 만듭니다.

$\dfrac{3}{5}<\dfrac{3}{4}<\dfrac{4}{5}$이므로 가장 작은 대분수는 $2\dfrac{3}{5}$입니다.

$\Rightarrow 5\dfrac{3}{4}+2\dfrac{3}{5}=5\dfrac{15}{20}+2\dfrac{12}{20}=7\dfrac{27}{20}=8\dfrac{7}{20}$

(참고)

분모가 분자보다 1만큼 더 큰 분수는 분모가 클수록 더 큽니다.

03 어떤 수를 $\square$라 하면 $\square-3\dfrac{1}{3}=2\dfrac{2}{9}$입니다.

$\Rightarrow\square=2\dfrac{2}{9}+3\dfrac{1}{3}=2\dfrac{2}{9}+3\dfrac{3}{9}=5\dfrac{5}{9}$

따라서 바르게 계산하면

$5\dfrac{5}{9}+3\dfrac{1}{3}=5\dfrac{5}{9}+3\dfrac{3}{9}=8\dfrac{8}{9}$입니다.

67쪽

04 (고기의 무게의 반)$=4\frac{4}{5}-2\frac{17}{20}=4\frac{16}{20}-2\frac{17}{20}$

$\qquad\qquad=3\frac{36}{20}-2\frac{17}{20}=1\frac{19}{20}$ (kg)

$\quad$(빈 바구니의 무게)$=2\frac{17}{20}-1\frac{19}{20}=1\frac{37}{20}-1\frac{19}{20}$

$\qquad\qquad\qquad=\frac{18}{20}=\frac{9}{10}$ (kg)

05 $3\frac{1}{9}+2\frac{5}{6}=3\frac{2}{18}+2\frac{15}{18}=5\frac{17}{18}$ (m)

$\quad\Rightarrow 5\frac{17}{18}-\frac{5}{18}=5\frac{12}{18}=5\frac{2}{3}$ (m)

06 10분$=\frac{10}{60}$시간

$\quad 2\frac{2}{3}+\frac{2}{5}+\frac{10}{60}=2\frac{40}{60}+\frac{24}{60}+\frac{10}{60}=2\frac{74}{60}$

$\qquad\qquad=3\frac{14}{60}$ (시간) → 3시간 14분

$\quad\Rightarrow$ 오전 10시+3시간 14분=13시 14분

$\qquad\qquad\qquad\qquad\qquad$=오후 1시 14분

참고

1분은 $\frac{1}{60}$시간이므로 시간의 합을 구할 때는 분모가 60인 분수로 나타내는 것이 편합니다.

68쪽

07 문제 분석

07 ^{❷}직사각형의 네 변의 길이의 합은 몇 m입니까?

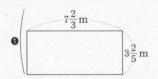

❶ (긴 변의 길이)+(짧은 변의 길이)$=7\frac{2}{3}+3\frac{2}{5}$

❷ (직사각형의 네 변의 길이의 합)=❶+❶

❶(긴 변의 길이)+(짧은 변의 길이)

$\quad=7\frac{2}{3}+3\frac{2}{5}=7\frac{10}{15}+3\frac{6}{15}=10\frac{16}{15}=11\frac{1}{15}$ (m)

❷$\Rightarrow$ (직사각형의 네 변의 길이의 합)

$\qquad=11\frac{1}{15}+11\frac{1}{15}=22\frac{2}{15}$ (m)

08 12의 약수: 1, 2, 3, 4, 6, 12 중 1+4+6=11입니다.

$\quad\frac{11}{12}=\frac{1}{12}+\frac{4}{12}+\frac{6}{12}=\frac{1}{12}+\frac{1}{3}+\frac{1}{2}$

09 문제 분석

09 ❶무게가 같은 사과 2개의 무게는 $\frac{4}{7}$ kg이고, / ❷무게가 같은 배 3개의 무게는 $\frac{3}{5}$ kg입니다. / ❸사과 1개와 배 1개의 무게의 합은 몇 kg입니까?

❶ (사과 1개의 무게)+(사과 1개의 무게)
$\quad$=(사과 2개의 무게)
❷ (배 1개의 무게)+(배 1개의 무게)+(배 1개의 무게)
$\quad$=(배 3개의 무게)
❸ ❶과 ❷에서 구한 사과 1개와 배 1개의 무게를 더합니다.

❶사과 2개의 무게는 $\frac{4}{7}$ kg이고 $\frac{2}{7}+\frac{2}{7}=\frac{4}{7}$에서 사과 1개의 무게는 $\frac{2}{7}$ kg입니다.

❷배 3개의 무게는 $\frac{3}{5}$ kg이고 $\frac{1}{5}+\frac{1}{5}+\frac{1}{5}=\frac{3}{5}$에서 배 1개의 무게는 $\frac{1}{5}$ kg입니다.

❸$\Rightarrow \frac{2}{7}+\frac{1}{5}=\frac{10}{35}+\frac{7}{35}=\frac{17}{35}$ (kg)

10 가장 큰 대분수를 만들려면 자연수 부분에 9를 놓고 나머지 수로 가장 큰 진분수를 만듭니다. $\Rightarrow 9\frac{7}{8}$

$\quad$가장 작은 대분수를 만들려면 자연수 부분에 6을 놓고 나머지 수로 가장 작은 진분수를 만듭니다. $\Rightarrow 6\frac{7}{9}$

$\quad\Rightarrow 9\frac{7}{8}-6\frac{7}{9}=9\frac{63}{72}-6\frac{56}{72}=3\frac{7}{72}$

11 문제 분석

11 ❷□ 안에 알맞은 자연수를 모두 구하시오.

$$^{❶}1\frac{1}{5}+2\frac{1}{4}<□<9\frac{2}{9}-2\frac{5}{6}$$

❶ 분수의 덧셈과 뺄셈을 각각 계산합니다.
❷ ❶에서 구한 두 분수 사이에 들어갈 수 있는 자연수를 모두 구합니다.

❶$1\frac{1}{5}+2\frac{1}{4}=1\frac{4}{20}+2\frac{5}{20}=3\frac{9}{20}$

$\quad 9\frac{2}{9}-2\frac{5}{6}=9\frac{4}{18}-2\frac{15}{18}=8\frac{22}{18}-2\frac{15}{18}=6\frac{7}{18}$

❷따라서 $3\frac{9}{20}<□<6\frac{7}{18}$에서 □ 안에 알맞은 자연수는 4, 5, 6입니다.

12 어떤 수를 □라 하면 $□-\dfrac{2}{3}=2\dfrac{1}{4}$입니다.

$⇨ □=2\dfrac{1}{4}+\dfrac{2}{3}=2\dfrac{3}{12}+\dfrac{8}{12}=2\dfrac{11}{12}$

따라서 바르게 계산하면

$2\dfrac{11}{12}+\dfrac{2}{3}=2\dfrac{11}{12}+\dfrac{8}{12}=2\dfrac{19}{12}=3\dfrac{7}{12}$입니다.

69쪽

13 (들어 있던 물의 양의 반)

$=2\dfrac{3}{4}-1\dfrac{5}{8}=2\dfrac{6}{8}-1\dfrac{5}{8}=1\dfrac{1}{8}$ (kg)

(빈 양동이의 무게)$=1\dfrac{5}{8}-1\dfrac{1}{8}=\dfrac{4}{8}=\dfrac{1}{2}$ (kg)

14 $\left(2\dfrac{1}{6}+2\dfrac{1}{6}+2\dfrac{1}{6}\right)-\left(\dfrac{3}{8}+\dfrac{3}{8}\right)$

$=6\dfrac{3}{6}-\dfrac{6}{8}=6\dfrac{12}{24}-\dfrac{18}{24}=5\dfrac{36}{24}-\dfrac{18}{24}$

$=5\dfrac{18}{24}=5\dfrac{3}{4}$ (m)

15 문제 분석

15 ❶별이와 태진이는 각각 길이가 5 m인 리본을 가지고 있습니다. 선물을 포장하는 데 별이는 $2\dfrac{1}{6}$ m를 사용했고, / ❷태진이는 $3\dfrac{3}{4}$ m를 사용했습니다. / ❸누구의 리본이 몇 m 더 많이 남았습니까?

❶ (별이가 남긴 리본의 길이)$=5-2\dfrac{1}{6}$

❷ (태진이가 남긴 리본의 길이)$=5-3\dfrac{3}{4}$

❸ ❶과 ❷의 차를 구합니다.

❶별이: $5-2\dfrac{1}{6}=2\dfrac{5}{6}$ (m)

❷태진: $5-3\dfrac{3}{4}=1\dfrac{1}{4}$ (m)

❸별이의 리본이 태진이의 리본보다

$2\dfrac{5}{6}-1\dfrac{1}{4}=2\dfrac{10}{12}-1\dfrac{3}{12}=1\dfrac{7}{12}$ (m) 더 많이 남았습니다.

16 5분$=\dfrac{5}{60}$시간

$\dfrac{1}{6}+\dfrac{5}{60}+1\dfrac{7}{12}=\dfrac{10}{60}+\dfrac{5}{60}+1\dfrac{35}{60}=1\dfrac{50}{60}$(시간)

→ 1시간 50분

⇨ 오전 11시+1시간 50분=오후 12시 50분

17 문제 분석

17 ❶일정한 규칙대로 분수를 늘어놓은 것입니다. / ❷7번째 분수와 17번째 분수의 / ❸차를 구하시오.

$$\dfrac{1}{2},\ \dfrac{3}{5},\ \dfrac{5}{8},\ \dfrac{7}{11},\ \dfrac{9}{14},\ \cdots$$

❶ 분수가 놓인 규칙을 찾습니다.
❷ 규칙에 따라 7번째 분수와 17번째 분수를 각각 구합니다.
❸ ❷에서 구한 두 분수의 차를 구합니다.

❶분모는 3씩, 분자는 2씩 커지는 규칙입니다.

❷7번째 분수는 첫 번째 분수에서 분모와 분자를 각각 6번 뛰어 센 것입니다.

(7번째 분수)$=\dfrac{1+2\times6}{2+3\times6}=\dfrac{13}{20}$

17번째 분수는 첫 번째 분수에서 분모와 분자를 각각 16번 뛰어 센 것입니다.

(17번째 분수)$=\dfrac{1+2\times16}{2+3\times16}=\dfrac{33}{50}$

❸$⇨ \dfrac{33}{50}-\dfrac{13}{20}=\dfrac{66}{100}-\dfrac{65}{100}=\dfrac{1}{100}$

18 문제 분석

18 지민이는 ❶동화책을 어제까지 전체의 $\dfrac{4}{9}$를 읽고, 오늘은 전체의 $\dfrac{7}{15}$을 읽었습니다. / ❷동화책 전체가 180쪽일 때 남은 쪽수는 몇 쪽인지 구하시오.

❶ 읽은 책의 쪽수가 전체의 얼마인지 구한 다음 남은 부분은 전체의 얼마인지 구합니다.
❷ 180쪽 중 남은 부분만큼은 몇 쪽인지 구합니다.

❶지민이가 오늘까지 읽은 양은 전체의

$\dfrac{4}{9}+\dfrac{7}{15}=\dfrac{20}{45}+\dfrac{21}{45}=\dfrac{41}{45}$이므로 남은 부분은 전체의 $1-\dfrac{41}{45}=\dfrac{45}{45}-\dfrac{41}{45}=\dfrac{4}{45}$입니다.

❷따라서 180쪽의 $\dfrac{4}{45}$는 16쪽이므로 남은 쪽수는 16쪽입니다.

🐱 **사고력 유형** | 70~71쪽

1 $3\dfrac{17}{30}, 2\dfrac{47}{60}$ | | **2** 0.26 kg

3 ❶ $\dfrac{3}{4}$ ❷ $\dfrac{9}{20}$ ❸ $\dfrac{3}{20}$ ❹ $\dfrac{1}{20}$

70쪽

1 $\bigcirc = 5\frac{3}{20} - 1\frac{7}{12} = 5\frac{9}{60} - 1\frac{35}{60}$

$= 4\frac{69}{60} - 1\frac{35}{60} = 3\frac{34}{60} = 3\frac{17}{30}$

$\bigcirc = 4\frac{11}{30} - 1\frac{7}{12} = 4\frac{22}{60} - 1\frac{35}{60}$

$= 3\frac{82}{60} - 1\frac{35}{60} = 2\frac{47}{60}$

2 (사과 5개의 무게)$= \frac{11}{50} + \frac{11}{50} + \frac{11}{50} + \frac{11}{50} + \frac{11}{50}$

$= \frac{55}{50} = 1\frac{5}{50} = 1\frac{1}{10}$ (kg)

(빈 바구니의 무게)$= 1\frac{9}{25} - 1\frac{1}{10} = 1\frac{18}{50} - 1\frac{5}{50}$

$= \frac{13}{50}$ (kg)

따라서 $\frac{13}{50} = \frac{26}{100} = 0.26$이므로 빈 바구니의 무게는 0.26 kg입니다.

71쪽

3 ❶ $\frac{1}{10} + \frac{7}{20} + \frac{3}{10} = \frac{2}{20} + \frac{7}{20} + \frac{6}{20} = \frac{15}{20} = \frac{3}{4}$

❷ $\frac{3}{4} - \frac{1}{10} - \frac{1}{5} = \frac{15}{20} - \frac{2}{20} - \frac{4}{20} = \frac{9}{20}$

❸ $\frac{3}{4} - \frac{1}{5} - \frac{2}{5} = \frac{15}{20} - \frac{4}{20} - \frac{8}{20} = \frac{3}{20}$

❹ $\frac{3}{4} - \frac{3}{10} - \frac{2}{5} = \frac{15}{20} - \frac{6}{20} - \frac{8}{20} = \frac{1}{20}$

도전! 최상위 유형 **72~73**쪽

1 6개   **2** $\frac{7}{24}$

3 24일   **4** 3가지

72쪽

1 9, 36, 8, 24의 최소공배수인 72를 공통분모로 하여 통분합니다.

$\frac{2}{9} < \frac{\square}{36} - \frac{1}{8} < \frac{17}{24} \Rightarrow \frac{16}{72} < \frac{\square \times 2}{72} - \frac{9}{72} < \frac{51}{72}$

분자를 비교하면 $16 < \square \times 2 - 9 < 51$입니다.

$\square \times 2 - 9 = 16$이라 하면 $\square \times 2 = 25$, $\square = 12.5$이므로 $\square > 12.5$입니다.

$\square \times 2 - 9 = 51$이라 하면 $\square \times 2 = 60$, $\square = 30$이므로 $\square < 30$입니다.

$\Rightarrow \square = 13, 14, 15, \dots, 29$

이 중에서 36과 공약수가 1뿐인 수를 찾으면 13, 17, 19, 23, 25, 29이므로 모두 6개입니다.

2 $\left(\frac{1}{2}\right), \left(\frac{1}{2}, \frac{1}{3}\right), \left(\frac{1}{2}, \frac{1}{3}, \frac{1}{4}\right), \dots$

묶음을 보면 $\frac{1}{2}$부터 시작하여 분모가 1씩 커지고 분수가 1개씩 늘어나는 규칙입니다.

15번째 분수: $1+2+3+4+5=15$이므로 5번째 묶음의 5번째인 $\frac{1}{6}$입니다.

35번째 분수: $1+2+3+4+5+6+7+8=36$이므로 8번째 묶음의 7번째인 $\frac{1}{8}$입니다.

$\Rightarrow \frac{1}{6} + \frac{1}{8} = \frac{4}{24} + \frac{3}{24} = \frac{7}{24}$

73쪽

3 전체 일의 양을 1이라 하면 영우가 하루에 하는 일의 양은 $\frac{1}{40}$이고, 진우가 하루에 하는 일의 양은 $\frac{1}{60}$입니다.

두 사람이 함께 했을 때 하루에 하는 일의 양은

$\frac{1}{40} + \frac{1}{60} = \frac{3}{120} + \frac{2}{120} = \frac{5}{120} = \frac{1}{24}$입니다.

따라서 두 사람이 함께 하면 24일이 걸립니다.

4 48의 약수: 1, 2, 3, 4, 6, 8, 12, 16, 24, 48

더해서 세 수의 합이 23이 되는 경우를 찾아봅니다.

① $12+8+3=23$

$\Rightarrow \frac{23}{48} = \frac{12}{48} + \frac{8}{48} + \frac{3}{48} = \frac{1}{4} + \frac{1}{6} + \frac{1}{16}$

② $16+4+3=23$

$\Rightarrow \frac{23}{48} = \frac{16}{48} + \frac{4}{48} + \frac{3}{48} = \frac{1}{3} + \frac{1}{12} + \frac{1}{16}$

③ $16+6+1=23$

$\Rightarrow \frac{23}{48} = \frac{16}{48} + \frac{6}{48} + \frac{1}{48} = \frac{1}{3} + \frac{1}{8} + \frac{1}{48}$

따라서 나타낼 수 있는 방법은 모두 3가지입니다.

6 다각형의 둘레와 넓이

잘 **틀**리는 **실력 유형**   76~77쪽

유형 **01** 7, 7, 34

01 112 cm   02 16 m

유형 **02** 3, 3, 15

03 12 km²   04 20 km²

05 12 m²

유형 **03** 48, 20

06 14   07 12

08
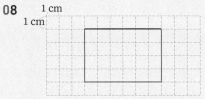

09 예
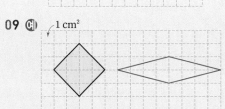

76쪽

01
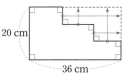

도형의 둘레는 가로가 36 cm, 세로가 20 cm인 직사각형의 둘레와 같습니다.

(도형의 둘레)=(36+20)×2=56×2=112 (cm)

왜 틀렸을까? 가로가 36 cm, 세로가 20 cm인 직사각형의 둘레와 같은 것을 이용하여 둘레를 구합니다.

02
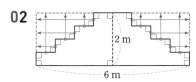

도형의 둘레는 가로가 6 m, 세로가 2 m인 직사각형의 둘레와 같습니다.

(도형의 둘레)=(6+2)×2=8×2=16 (m)

왜 틀렸을까? 가로가 6 m, 세로가 2 m인 직사각형의 둘레와 같은 것을 이용하여 둘레를 구합니다

03 2000 m=2 km입니다.

(직사각형의 넓이)=6×2=12 (km²)

왜 틀렸을까? 2000 m를 2 km로 바꾸어 직사각형의 넓이를 구합니다.

04 5000 m=5 km입니다.

(직사각형의 넓이)=5×4=20 (km²)

왜 틀렸을까? 5000 m를 5 km로 바꾸어 직사각형의 넓이를 구합니다.

05 600 cm=6 m입니다.

(직사각형의 넓이)=6×2=12 (m²)

왜 틀렸을까? 600 cm를 6 m로 바꾸어 직사각형의 넓이를 구합니다.

77쪽

06 평행사변형의 밑변의 길이를 ☐ cm라 하면

넓이는 ☐×11=154입니다.

154÷11=☐, ☐=14

왜 틀렸을까? 평행사변형의 넓이와 높이가 주어졌으므로 밑변의 길이를 구하는 식으로 바꿉니다.

07 평행사변형의 높이를 ☐ cm라 하면

넓이는 4×☐=48입니다.

48÷4=☐, ☐=12

왜 틀렸을까? 평행사변형의 넓이와 밑변의 길이가 주어졌으므로 높이를 구하는 식으로 바꿉니다.

08 직사각형의 가로는 6 cm입니다.

직사각형의 세로를 ☐ cm라 하면

둘레는 (6+☐)×2=20입니다.

6+☐=10, 10−6=☐, ☐=4

따라서 가로가 6 cm, 세로가 4 cm이고 네 각이 모두 직각이 되도록 변을 그려 직사각형을 완성합니다.

09 주어진 마름모의 두 대각선의 길이는 각각 4 cm, 4 cm이므로 두 대각선의 길이의 곱은 4×4=16입니다.

두 대각선의 길이의 곱이 16인 마름모를 그립니다.

참고

마름모는 네 변의 길이가 모두 같습니다.

다르지만 같은 유형

01 3	**02** 11 cm
03 3 cm	**04** 10
05 20	**06** 36 cm^2
07 12	**08** 17 cm
09 24 cm	**10** 6 cm
11 6	**12** 9 cm

78쪽

01~03 핵심

(가로)=(직사각형의 둘레)÷2−(세로)
(세로)=(직사각형의 둘레)÷2−(가로)

01 직사각형의 세로를 ☐ cm라 하면
둘레는 (5+☐)×2=16입니다.
5+☐=8, 8−5=☐, ☐=3

02 직사각형의 가로를 ☐ cm라 하면
둘레는 (☐+4)×2=30입니다.
☐+4=15, 15−4=☐, ☐=11

03 블록의 한 변의 길이를 ☐ cm라 하면
직사각형의 가로는 (☐×2) cm입니다.
⇨ (☐×2+☐)×2=18, (☐×3)×2=18,
☐×3=9, 9÷3=☐, ☐=3

다른 풀이

블록의 한 변의 길이를 ☐ cm라 하면 직사각형의 둘레는 블록의 한 변의 길이의 6배와 같습니다.
⇨ ☐×6=18, 18÷6=☐, ☐=3

04~06 핵심

(밑변의 길이)=(삼각형의 넓이)×2÷(높이)
(높이)=(삼각형의 넓이)×2÷(밑변의 길이)

04 삼각형의 높이를 ☐ cm라 하면
넓이는 16×☐÷2=80입니다.
16×☐=160, 160÷16=☐, ☐=10

05 왼쪽 삼각형의 넓이: 12×10÷2=60 (cm^2)
오른쪽 삼각형에서 밑변의 길이를 ☐ cm라 하면
넓이는 ☐×6÷2=60입니다.
☐×6=120, 120÷6=☐, ☐=20

06 선분 ㄱㄷ의 길이를 ☐ cm라 하면
(삼각형 ㄱㄴㄷ의 넓이)=4×☐÷2=12입니다.
4×☐=24, 24÷4=☐, ☐=6
⇨ (삼각형 ㄱㄴㄹ의 넓이)
=(4+8)×6÷2
=12×6÷2
=72÷2=36 (cm^2)

79쪽

07~09 핵심

(대각선의 길이)=(마름모의 넓이)×2÷(다른 대각선의 길이)

07 마름모의 대각선의 길이를 ☐ cm라 하면
넓이는 ☐×10÷2=60입니다.
☐×10=120, 120÷10=☐, ☐=12

08 마름모의 다른 대각선의 길이를 ☐ cm라 하면
넓이는 8×☐÷2=68입니다.
8×☐=136, 136÷8=☐, ☐=17

09 (마름모의 넓이)=(색칠한 부분의 넓이)×2
=60×2=120 (cm^2)
길이가 더 긴 대각선의 길이를 ☐ cm라 하면
넓이는 10×☐÷2=120입니다.
10×☐=240, 240÷10=☐, ☐=24

10~12 핵심

(높이)=(사다리꼴의 넓이)×2
÷(윗변의 길이+아랫변의 길이)

10 사다리꼴의 높이를 ☐ cm라 하면
넓이는 (8+12)×☐÷2=60입니다.
20×☐÷2=60, 20×☐=120,
120÷20=☐, ☐=6

11 사다리꼴의 높이를 ☐ cm라 하면
넓이는 (3+5)×☐÷2=24입니다.
8×☐÷2=24, 8×☐=48, 48÷8=☐, ☐=6

12 변 ㄴㄷ의 길이를 ☐ cm라 하면
넓이는 (11+19)×☐÷2=285입니다.
30×☐÷2=285, 30×☐=570, ☐=19
⇨ (사다리꼴 ㅁㅂㄷㄹ의 높이)
=(선분 ㅂㄷ)=19−10=9 (cm)

80~83쪽

응용 유형

01 6 cm	02 2
03 48 cm²	04 245 m²
05 80 cm	06 27 cm
07 2 cm	08 5
09 228 cm²	10 45 cm²
11 10 cm	12 90 cm
13 252 m²	14 156 cm²
15 168 cm	16 5 cm
17 450 cm²	18 68 cm²

80쪽

01 정육각형의 둘레는 $3 \times 6 = 18$ (cm)이므로
정삼각형의 한 변의 길이는 $18 \div 3 = 6$ (cm)입니다.

참고

(정 ■각형의 한 변의 길이)=(둘레)÷■

02 (삼각형의 넓이)=$6 \times 4 \div 2 = 12$ (cm²)
평행사변형의 밑변의 길이를 □ cm라 하면
(평행사변형의 넓이)=$\square \times 6 = 12$입니다.
$12 \div 6 = \square$, $\square = 2$

03
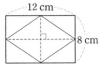

가로가 12 cm, 세로가 8 cm인 직사각형의 네 변의
가운데를 이어 그린 마름모는 두 대각선의 길이가 각
각 12 cm, 8 cm입니다.
⇨ (마름모의 넓이)=$12 \times 8 \div 2 = 48$ (cm²)

81쪽

04

그림과 같이 마름모를 나누면 겹친 부분 4개를 더한
것은 큰 마름모와 같습니다.
(마름모 1개의 넓이)=$20 \times 14 \div 2 = 140$ (m²)
(겹쳐진 부분의 넓이)=(큰 마름모 1개의 넓이)÷4
$= 140 \div 4 = 35$ (m²)
⇨ (도형의 넓이)=$140 \times 2 - 35 = 245$ (m²)

05
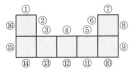

정사각형 7개를 붙여서 만든 도형의 넓이가 175 cm²
이므로 정사각형 한 개의 넓이는 $175 \div 7 = 25$ (cm²)
이고, $5 \times 5 = 25$이므로 정사각형의 한 변의 길이는
5 cm입니다.
그림과 같이 도형의 둘레에서 정사각형의 변의 수를
세어 보면 16개입니다.
따라서 만든 도형의 둘레는 정사각형의 한 변의 길이
의 16배와 같으므로 $5 \times 16 = 80$ (cm)입니다.

06 (삼각형 ㄱㄴㄷ의 넓이)=$15 \times 20 \div 2 = 150$ (cm²)
(사다리꼴 ㄱㄷㄹㅁ의 넓이)=$150 \times 3 = 450$ (cm²)
선분 ㄷㄹ의 길이를 □ cm라 하면
(사다리꼴 ㄱㄷㄹㅁ의 넓이)
$= (18 + \square) \times 20 \div 2 = 450$입니다.
$(18 + \square) \times 20 = 900$, $18 + \square = 45$, $45 - 18 = \square$,
$\square = 27$

82쪽

07 정오각형의 둘레는 $4 \times 5 = 20$ (cm)이므로
정십각형의 한 변의 길이는 $20 \div 10 = 2$ (cm)입니다.

08 (삼각형의 넓이)=$9 \times 4 \div 2 = 18$ (cm²)
사다리꼴의 아랫변의 길이를 □ cm라 하면
(사다리꼴의 넓이)=$(1 + \square) \times 6 \div 2 = 18$입니다.
$(1 + \square) \times 6 = 36$, $1 + \square = 6$, $\square = 5$

09 문제 분석

09 ❶한 변의 길이가 15 cm인 정사각형의 가로를 3 cm 줄이고, / ❷세로를 4 cm 늘여서 / ❸만든 직사각형의 넓이는 몇 cm²인지 구하시오.

❶ 줄인 후 직사각형의 가로는 몇 cm인지 구합니다.
❷ 늘인 후 직사각형의 세로는 몇 cm인지 구합니다.
❸ ❶, ❷의 가로와 세로를 이용하여 직사각형의 넓이를 구합니다.

❶(직사각형의 가로)=$15 - 3 = 12$ (cm)

❷(직사각형의 세로)=$15 + 4 = 19$ (cm)

❸⇨ (직사각형의 넓이)=$12 \times 19 = 228$ (cm²)

10

가로가 9 cm, 세로가 10 cm인 직사각형의 네 변의 가운데를 이어 그린 마름모는 두 대각선의 길이가 각각 9 cm, 10 cm입니다.

⇨ (마름모의 넓이)=$9 \times 10 \div 2 = 45$ (cm²)

11 문제 분석

11 ❷ 삼각형에서 변 ㄴㄷ의 길이는 몇 cm인지 구하시오.

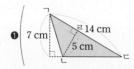

❶ 변 ㄱㄷ을 밑변으로 하여 삼각형의 넓이를 구합니다.
❷ 밑변을 변 ㄴㄷ으로 하는 삼각형의 넓이를 구하는 식을 이용하여 변 ㄴㄷ의 길이를 구합니다.

❶(밑변이 변 ㄱㄷ인 삼각형 ㄱㄴㄷ의 넓이)
=$14 \times 5 \div 2 = 35$ (cm²)
❷밑변을 변 ㄴㄷ이라고 하면 높이는 7 cm이므로
(변 ㄴㄷ)$\times 7 \div 2 = 35$, (변 ㄴㄷ)$\times 7 = 70$,
(변 ㄴㄷ)=10 cm입니다.

참고

(삼각형 ㄱㄴㄷ의 넓이)
=(변 ㄱㄷ)$\times 5 \div 2$=(변 ㄴㄷ)$\times 7 \div 2$

12 문제 분석

12 다음과 같이 ❶한 변의 길이가 100 cm인 정사각형을 크기가 같은 직사각형 20개로 나누었습니다. / ❷가장 작은 직사각형 한 개의 둘레는 몇 cm인지 구하시오.

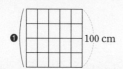

❶ 가로와 세로가 각각 몇 개의 직사각형으로 나누어졌는지 알아봅니다.
❷ 직사각형의 가로와 세로를 이용하여 둘레를 구합니다.

❶가로는 5개, 세로는 4개의 직사각형으로 나누어졌습니다.
❷(직사각형의 가로)=$100 \div 5 = 20$ (cm)
(직사각형의 세로)=$100 \div 4 = 25$ (cm)
⇨ (직사각형의 둘레)=$(20+25) \times 2 = 90$ (cm)

83쪽

13

그림과 같이 마름모를 나누면 겹친 부분 4개를 더한 것은 큰 마름모와 같습니다.
(마름모 1개의 넓이)=$16 \times 18 \div 2 = 144$ (m²)
(겹쳐진 부분의 넓이)=(큰 마름모의 넓이)$\div 4$
=$144 \div 4 = 36$ (m²)
⇨ (도형의 넓이)=$144 \times 2 - 36 = 252$ (m²)

14 문제 분석

14 ❷ 사다리꼴 ㄱㄴㄷㄹ의 넓이는 몇 cm²입니까?

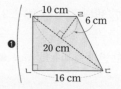

❶ 삼각형의 넓이를 이용하여 사다리꼴의 높이를 구합니다.
❷ 사다리꼴의 넓이를 구합니다.

❶(밑변이 변 ㄱㄷ인 삼각형 ㄱㄷㄹ의 넓이)
=$20 \times 6 \div 2 = 60$ (cm²)
삼각형 ㄱㄷㄹ에서 밑변을 변 ㄱㄹ이라 하면 높이는 변 ㄱㄴ이므로 $10 \times$ (변 ㄱㄴ)$\div 2 = 60$,
$10 \times$ (변 ㄱㄴ)$= 120$, (변 ㄱㄴ)=12 cm입니다.
❷(사다리꼴 ㄱㄴㄷㄹ의 넓이)
=$(10+16) \times 12 \div 2 = 156$ (cm²)

15

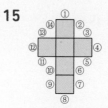

정사각형 6개를 붙여서 만든 도형의 넓이가 864 cm²이므로 정사각형 한 개의 넓이는 $864 \div 6 = 144$ (cm²)이고, $12 \times 12 = 144$이므로 정사각형의 한 변의 길이는 12 cm입니다.
그림과 같이 도형의 둘레에서 정사각형의 변의 수를 세어 보면 14개입니다.
따라서 만든 도형의 둘레는 정사각형의 한 변의 길이의 14배와 같으므로 $12 \times 14 = 168$ (cm)입니다.

16 (삼각형 ㄱㄴㅁ의 넓이)$=6\times8\div2=24$ (cm^2)

(사다리꼴 ㄱㄴㄷㄹ의 넓이)$=24\times4=96$ (cm^2)

변 ㄴㄷ의 길이를 ☐ cm라 하면 사다리꼴의 넓이는

$(19+☐)\times8\div2=96$입니다.

$(19+☐)\times8=192$, $19+☐=24$,

$24-19=☐$, $☐=5$

17 문제 분석

17 사각형 ㄱㄴㄷㄹ은 평행사변형입니다. **❶**색칠한 부분/의 **❷**넓이는 몇 cm^{2}인지 구하시오.

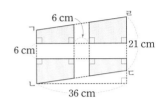

❶ 색칠한 부분을 모아봅니다.
❷ ❶에서 모아 만들어지는 도형의 넓이를 구합니다.

❶색칠한 부분을 모으면 그림과 같이 밑변의 길이가 15 cm이고 높이가 30 cm인 평행사변형이 됩니다.

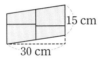

❷⇨ (색칠한 부분의 넓이)$=15\times30=450$ (cm^2)

18 문제 분석

18 **❸**도형의 넓이는 몇 cm^{2}입니까?

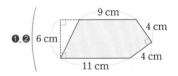

❶ 사다리꼴과 삼각형으로 나누어 봅니다.
❷ 사다리꼴과 삼각형의 넓이를 각각 구합니다.
❸ ❷에서 구한 넓이를 더합니다.

❶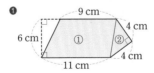

사다리꼴과 삼각형으로 나누어 넓이를 구해 더합니다.

❷① (사다리꼴의 넓이)$=(9+11)\times6\div2=60$ (cm^2)

② (삼각형의 넓이)$=4\times4\div2=8$ (cm^2)

❸(도형의 넓이)=(사다리꼴의 넓이)+(삼각형의 넓이)

$=60+8=68$ (cm^2)

사고력 유형

1 ❶ 64 ❷ 32 **2** 160 cm

3 80 cm^2

4

	3	1
	2	
4		6

84쪽

1 ❶ ①: $8\times8\div2=32$ (cm^2)

②: $8\times8\div2=32$ (cm^2)

⇨ $32+32=64$ (cm^2)

다른 풀이

밑변의 길이가 8 cm, 높이가 8 cm인 평행사변형이므로 넓이는 $8\times8=64$ (cm^2)입니다.

❷ ④: $4\times4\div2=8$ (cm^2)

⑤: $4\times4=16$ (cm^2)

⑥: $4\times4\div2=8$ (cm^2)

⇨ $8+16+8=32$ (cm^2)

다른 풀이

윗변의 길이가 4 cm,

아랫변의 길이가 $4+4+4=12$ (cm),

높이가 4 cm인 사다리꼴이므로

넓이는 $(4+12)\times4\div2=32$ (cm^2)입니다.

2

마름모 수(개)	1	2	3	4	…
둘레(cm)	20	30	40	50	…

마름모의 수가 1개씩 늘어날 때마다 마름모의 한 변의 수가 2개씩 늘어나므로 둘레가 10 cm씩 늘어납니다. 따라서 둘레는 $20+10\times14=20+140=160$ (cm)입니다.

85쪽

3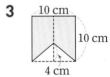

색종이를 펼친 모습은 그림과 같습니다.

(정사각형의 넓이)$=10\times10=100$ (cm^2)

(삼각형의 넓이)$=10\times4\div2=20$ (cm^2)

⇨ (남은 색종이의 넓이)$=100-20=80$ (cm^2)

4 넓이가 6 cm²인 직사각형을 만드는 방법은 2가지입니다.

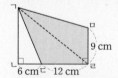

첫 번째와 같이 직사각형을 만들면 숫자 6 바로 위의 정사각형을 포함하는 직사각형을 나타낼 수 없습니다. 따라서 두 번째와 같이 나타내고 남은 숫자에 맞게 직사각형들로 나누어 나타냅니다.

도전! 🐱최상위 유형 **86~87쪽**

1 36 cm **2** 14 cm
3 216 cm² **4** 322 cm²

86쪽

1 28의 약수는 1, 2, 4, 7, 14, 28이므로 가로와 세로를 짝 지으면 (1, 28), (2, 14), (4, 7)입니다.
그릴 수 있는 직사각형 각각의 둘레를 구해 봅니다.

가로(cm)	1	2	4
세로(cm)	28	14	7
둘레(cm)	$(1+28)\times2$ $=58$	$(2+14)\times2$ $=32$	$(4+7)\times2$ $=22$

가장 긴 둘레: 58 cm, 가장 짧은 둘레: 22 cm
⇨ $58-22=36$ (cm)

2

색칠한 부분을 삼각형 ㄱㅁㄹ과 삼각형 ㄱㄷㄹ로 나눕니다.
(삼각형 ㄱㅁㄹ의 넓이)$=9\times18\div2=81$ (cm²)
(삼각형 ㄱㄷㄹ의 넓이)$=165-81=84$ (cm²)
변 ㄱㄴ의 길이는 삼각형 ㄱㄷㄹ의 높이와 같습니다.
(삼각형 ㄱㄷㄹ의 넓이)$=12\times$(변 ㄱㄴ)$\div2=84$,
$12\times$(변 ㄱㄴ)$=168$,
$168\div12=$(변 ㄱㄴ), (변 ㄱㄴ)$=14$ cm

87쪽

3 (삼각형 ㄱㄴㅁ의 둘레)
$=$(변 ㄱㄴ)$+$(변 ㄱㅁ)$+$(변 ㄴㅁ)
사각형 ㅁㄴㅂㄹ이 마름모이므로
(변 ㄴㅁ)$=$(변 ㅁㄹ)입니다.
(변 ㄱㅁ)$+$(변 ㄴㅁ)$=$(변 ㄱㅁ)$+$(변 ㅁㄹ)
$\qquad\qquad\qquad=$(변 ㄱㄹ)
⇨ (삼각형 ㄱㄴㅁ의 둘레)
$\quad=$(변 ㄱㄴ)$+$(변 ㄱㅁ)$+$(변 ㄴㅁ)
$\quad=$(변 ㄱㄴ)$+$(변 ㄱㄹ)
$\quad=$(직사각형 ㄱㄴㄷㄹ의 가로와 세로의 합)
$\quad=42$ cm
변 ㄱㄴ의 길이를 $\square$ cm라 하면 직사각형 ㄱㄴㄷㄹ의 가로는 세로의 6배이므로 변 ㄱㄹ의 길이는 $(6\times\square)$ cm입니다.
⇨ $6\times\square+\square=7\times\square=42$, $\square=6$입니다.
따라서 가로는 $6\times6=36$ (cm), 세로는 6 cm이므로
(직사각형 ㄱㄴㄷㄹ의 넓이)$=36\times6=216$ (cm²)입니다.

4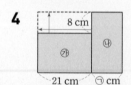

(직사각형 ㉮의 세로)
$=$(직사각형 ㉮의 넓이)$\div$(직사각형 ㉮의 가로)
$=315\div21=15$ (cm)
직사각형 ㉯의 가로를 ㉠ cm라 하면
도형 전체의 둘레는 가로가 $(21+㉠)$ cm, 세로가 $8+15=23$ (cm)인 직사각형의 둘레와 같습니다.
(직사각형의 둘레)$=(21+㉠+23)\times2=116$,
$(44+㉠)\times2=116$, $44+㉠=58$, $㉠=14$입니다.
⇨ (직사각형 ㉯의 넓이)$=14\times23=322$ (cm²)

수학 실력이 올라가는 마법 주문이 실행 중입니다.